潮编织

Fashion Knitting

超可爱的球球针

王春燕　主编

辽宁科学技术出版社

沈　阳

作者群

鞠少娟　李万春　王秀芹　李晶晶　王春耕　王俊萍　高丽娜　王　蕾
王潇音　刘天昊　黄梦词　马　欢　张卫华　李　微　金　虹　张福利
曾玲梓　米　雪　李艳红　张　旸　李亚林　李　佳　谢海民　潘世源
张可平　彭永辉　闫晓刚　迪丽娅娜·哈那提　米日阿依·阿布来提
阿孜古丽·尼加提　郭　嘉　戴一辰　高　雅

图书在版编目（CIP）数据

超可爱的球球针 / 王春燕主编. —沈阳：辽宁科学技术出版社，2014.2
（潮编织）
ISBN 978-7-5381-8387-0

Ⅰ. ①超…　Ⅱ. ①王…　Ⅲ. ①女服—毛衣—手工编织—图集　Ⅳ. ①TS941.763.2-64

中国版本图书馆CIP数据核字（2013）第279790号

出版发行：辽宁科学技术出版社
（地址：沈阳市和平区十一纬路29号　邮编：110003）
印 刷 者：沈阳新华印刷厂
经 销 者：各地新华书店
幅面尺寸：210mm×285mm
印　　张：12
字　　数：300千字
印　　数：1~4000
出版时间：2014年2月第1版
印刷时间：2014年2月第1次印刷
责任编辑：赵敏超
封面设计：央盛文化
版式设计：央盛文化
责任校对：李淑敏

书　　号：ISBN 978-7-5381-8387-0
定　　价：39.80元

联系电话：024-23284367
邮购热线：024-23284502
E-mail:purple6688@126.com
http://www.lnkj.com.cn

Contents

目录

  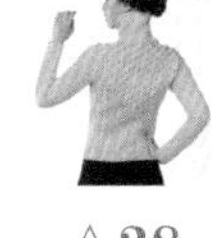                

     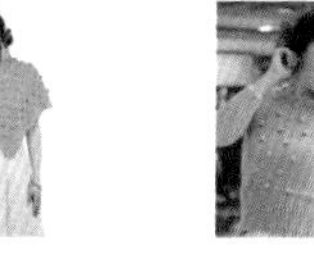  

Knitting
P80
Number
1

Knitting
P82
Number
2

FASHION SWEATER
Knitting
P84
Number
3

Knitting
P86
Number
4

Knitting
P88
Number
5

Knitting
P 90
Number
6

Knitting
P92
Number
7

Knitting
P94
Number
8

Knitting
P96
Number
9

UPERMODEL STYLE

Knitting

P 98

Number

10

Knitting
P100
Number
11

Knitting
P102
Number
12

Knitting

P 104
Number
13

Knitting
P 106
Number
14

Knitting

P108

Number

15

Pleasantly Surprised

Knitting
P 110
Number
16

Knitting
P112
Number
17

Knitting
P114
Number
18

Knitting
P116
Number
19

Knitting
P.118
Number
20

Knitting
P120
Number
21

Knitting
P122
Number
22

Knitting
P124
Number
23

Knitting
P126
Number
24

Knitting
P128
Number
25

Knitting
P138
Number
30

Knitting
P140
Number
31

Knitting
P142
Number
32

Knitting
P144
Number
33

Knitting
P146
Number
34

Knitting
P148
Number

Knitting
P150
Number
36

Knitting
P152
Number
37

Knitting
P154
Number
38

P156 Number

Knitting
P.158
Number
40

The
Fashion
Sweaters
ducti nd Tempting

Knitting
P160
Number
41

P162
Number
42

Pleasantly Surpris

Knitting
P164
Number
43

Knitting
P166
Number
44

Knitting
P168
Number
45

Knitting
P170
Number
46

Knitting
P172
Number
47

Knitting
P174
Number
48

Knitting
P176
Number
49

Knitting

P178
Number
50

Knitting

P180
Number
51

Knitting

Knitting
P184
Number
53

Knitting
P186
Number
54

Knitting
P188
Number
55

基础入门

1 棒针持线、持针方法

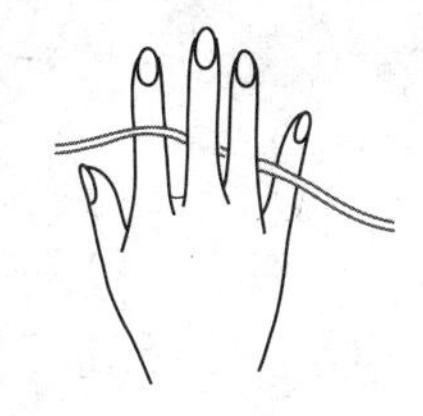

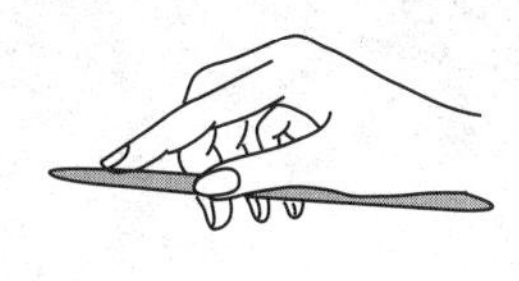

2 棒针双针双线起针方法

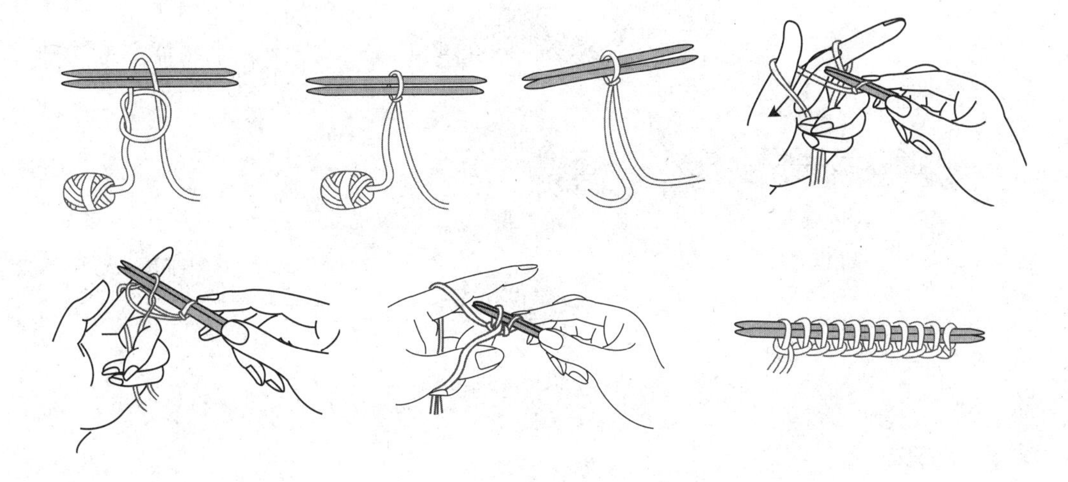

3 绕线起针方法

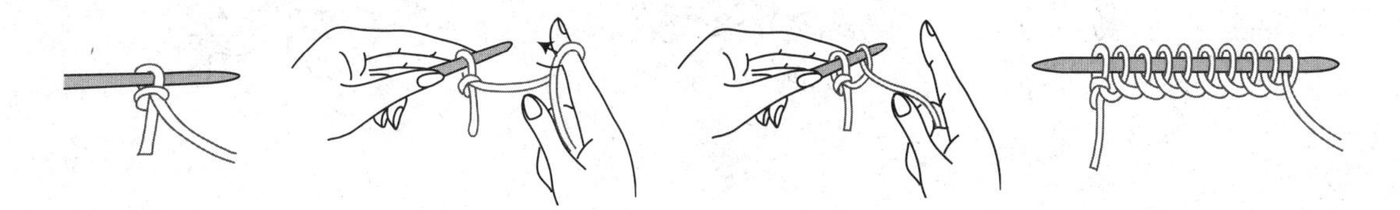

4 钩针配合棒针起针方法

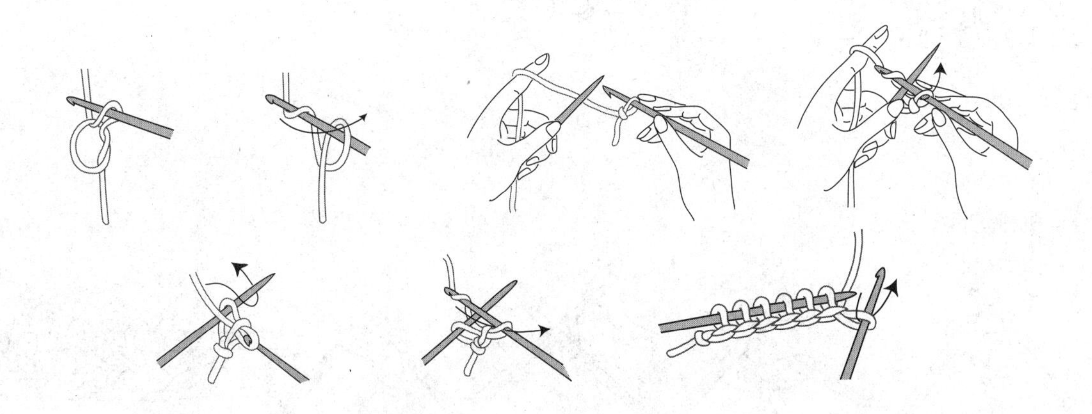

5 单罗纹起针方法（机械边）

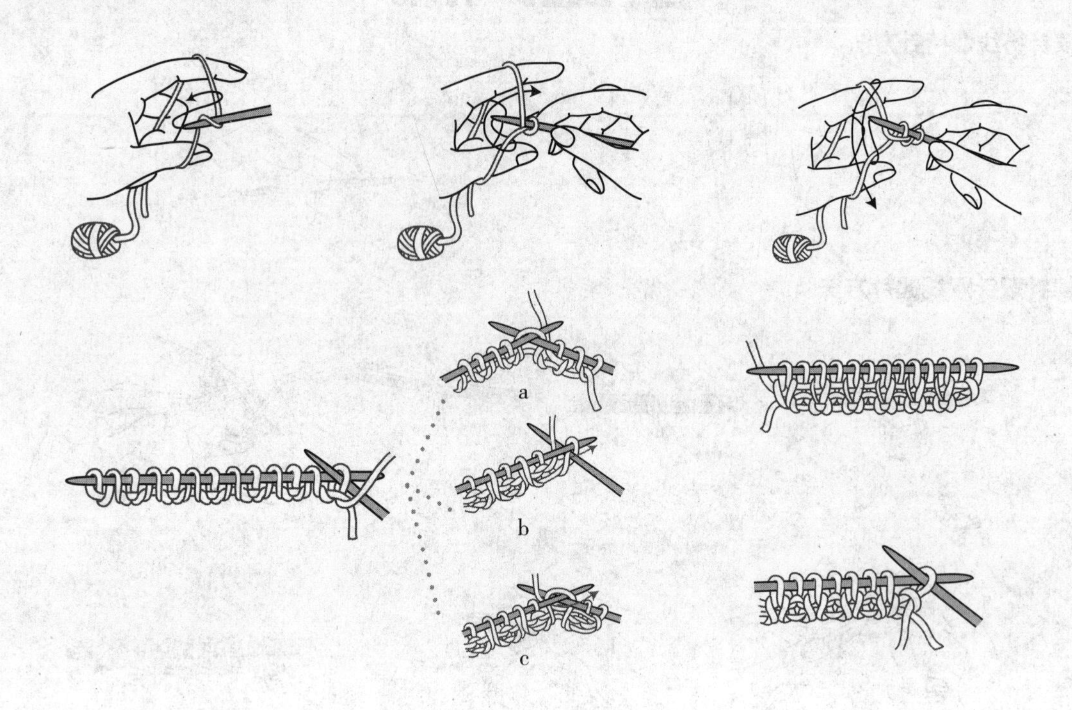

6 双线起针方法

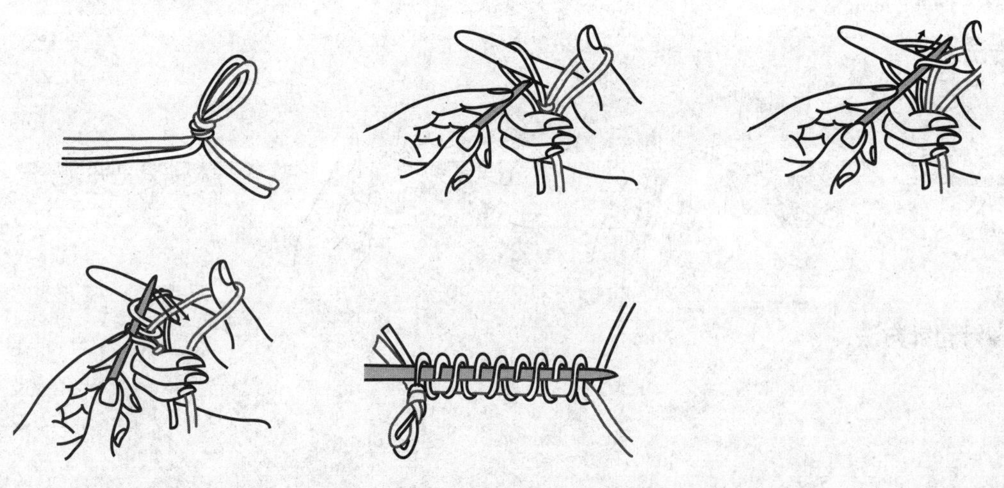

7 机械边起针方法

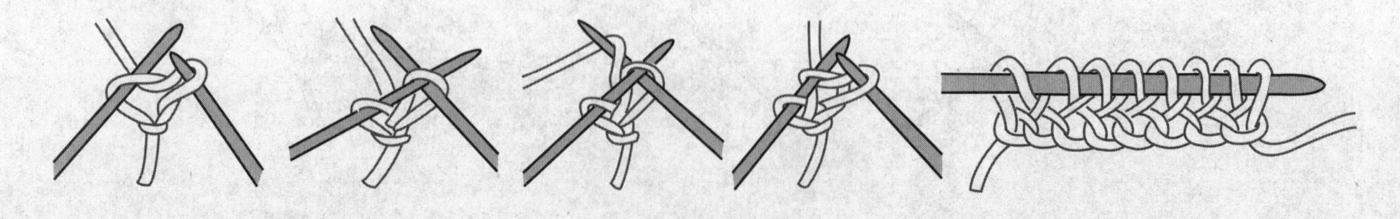

8 单罗纹变双罗纹方法

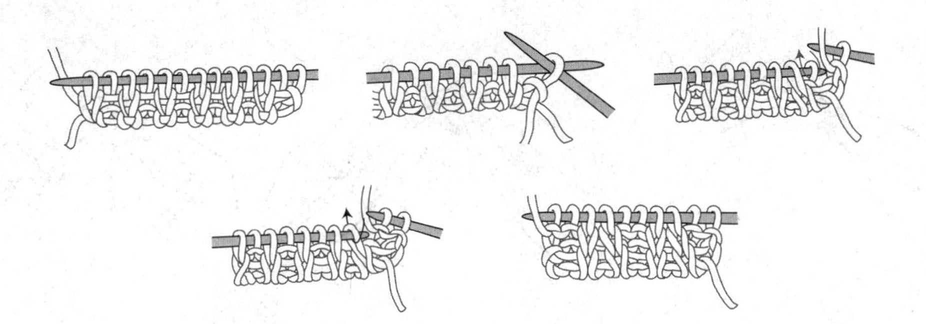

9 直针环形织法

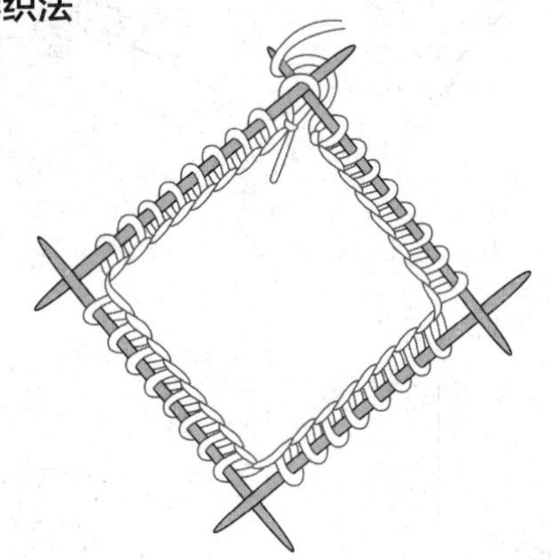

10 环形针用法

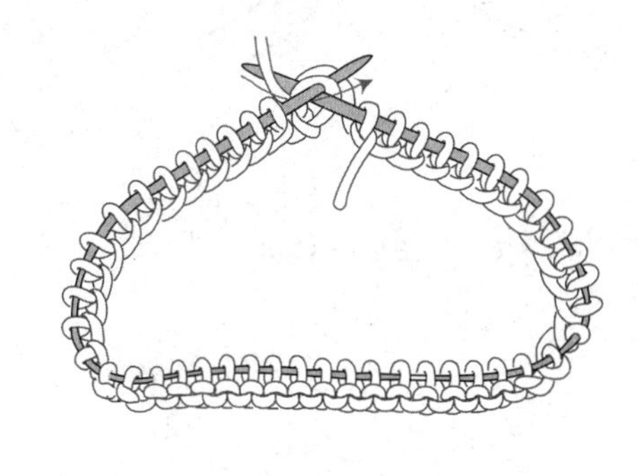

11 机械边绕线起针方法

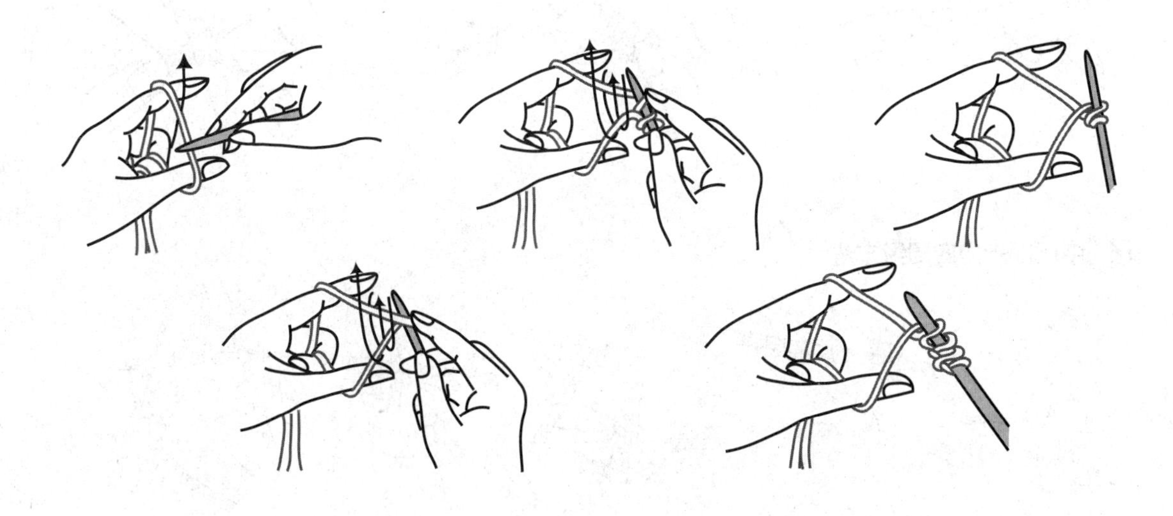

12 常规持线持针织法

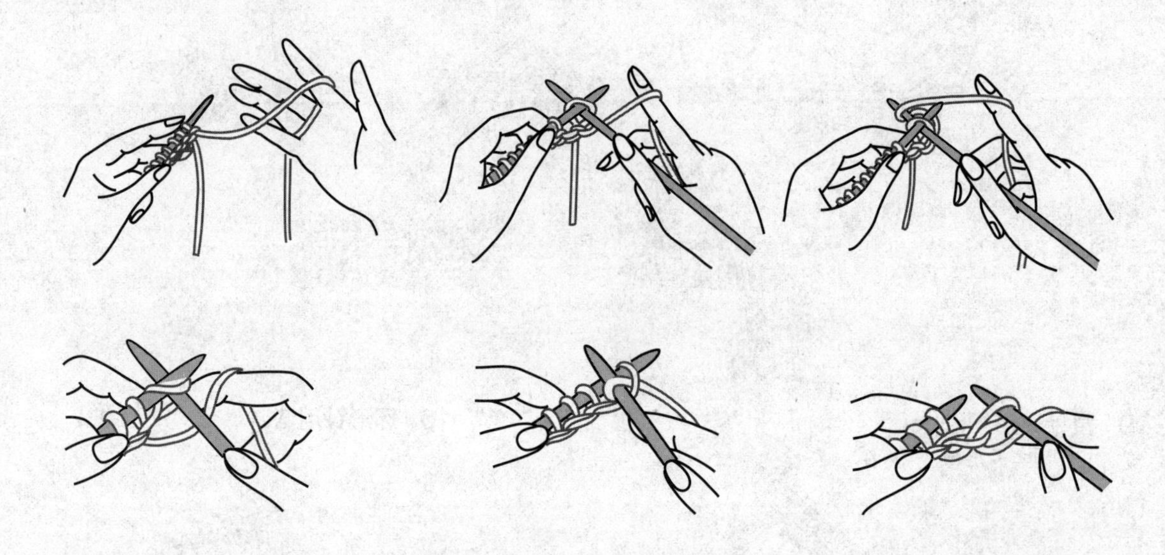

13 左手持线织法

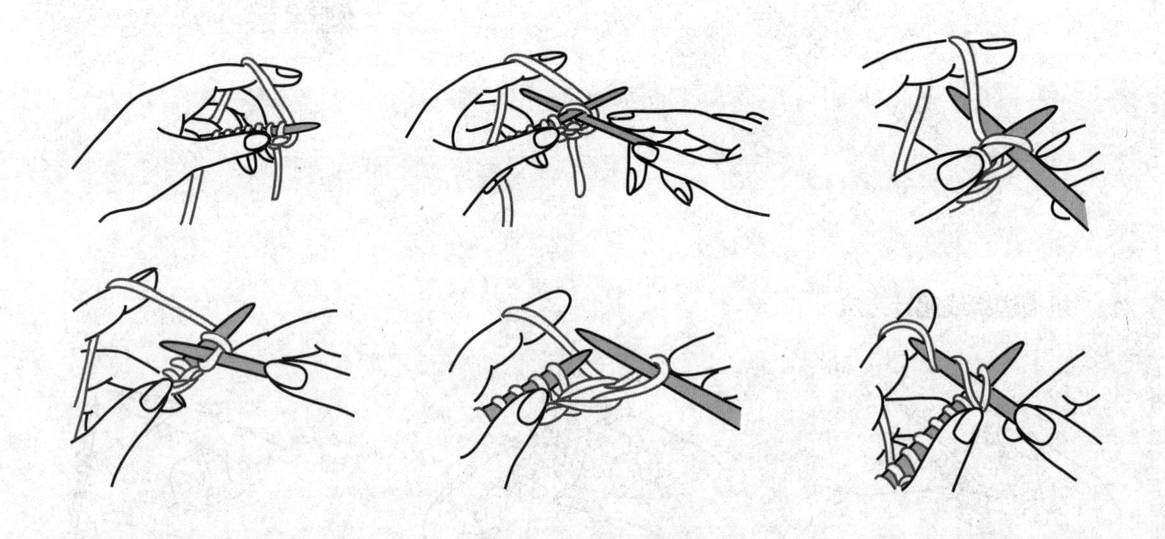

14 中间起针向四周织方法

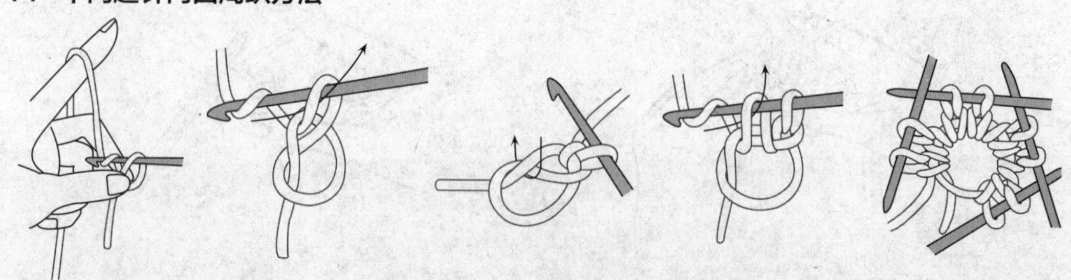

钩针符号及编织方法

1　钩针持线、持针方法

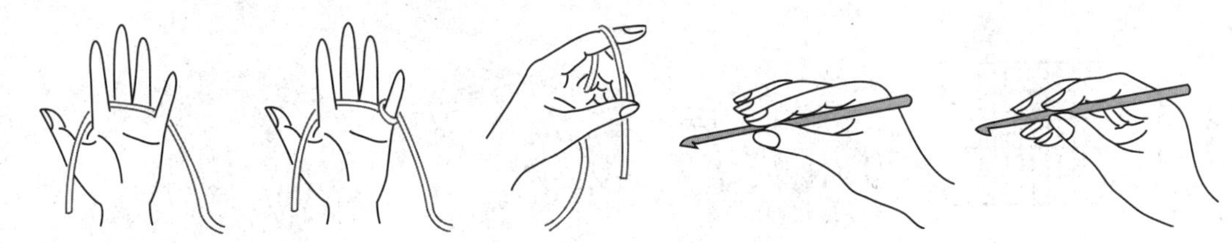

2　钩针起针方法（小辫针）

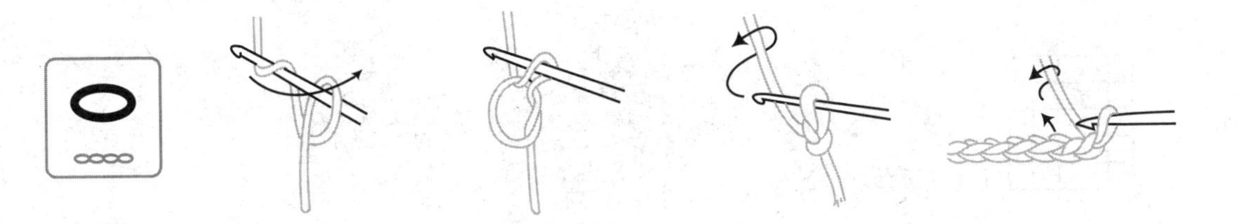

3　短针

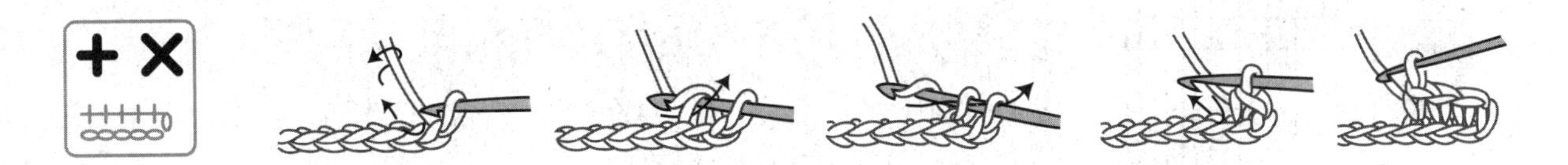

4　中长针

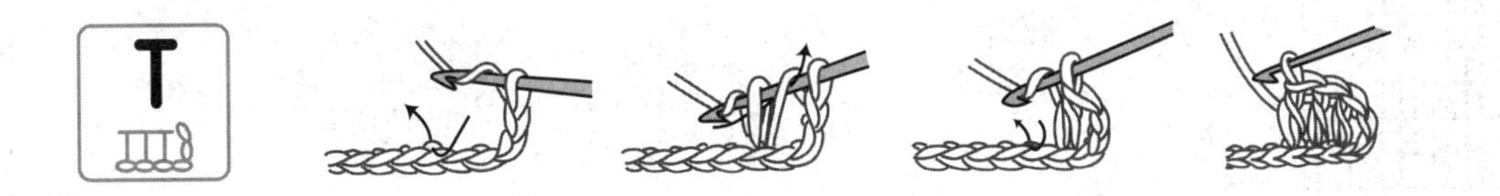

5　长针

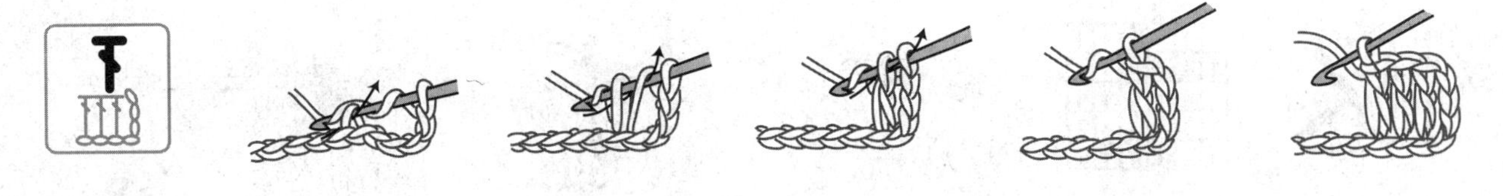

6　长长针

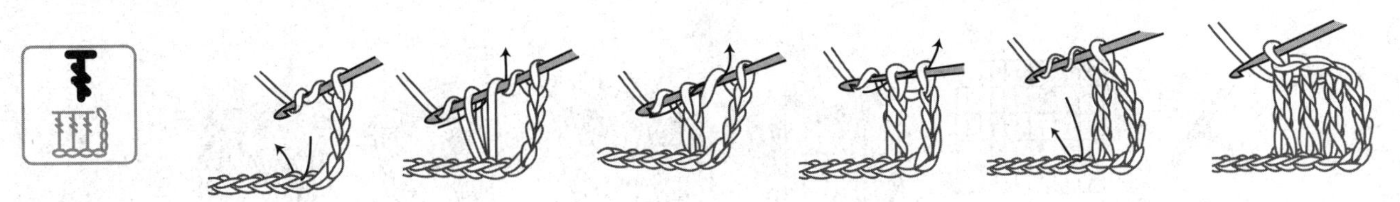

棒针编织符号及编织方法

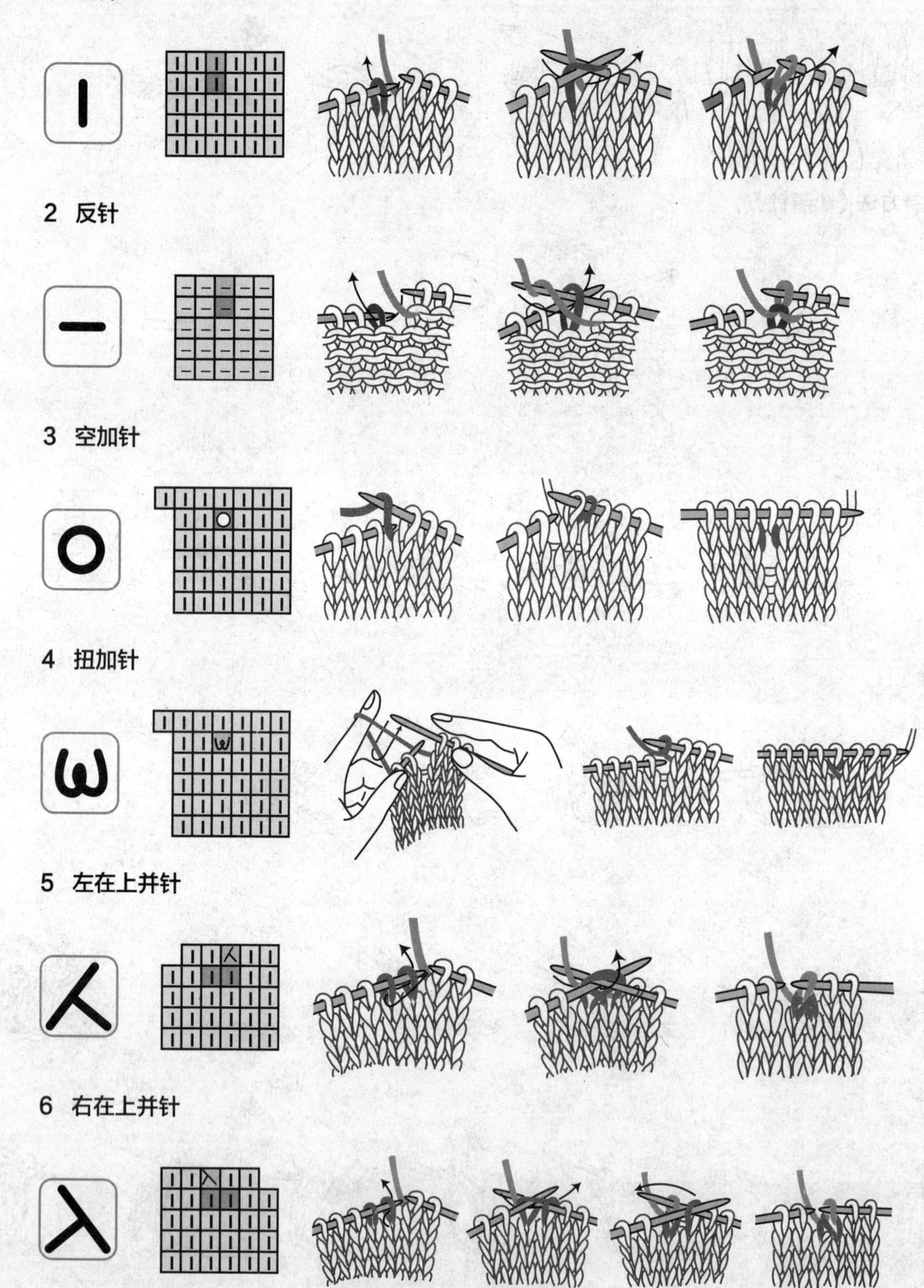

7 反针左在上2针并1针

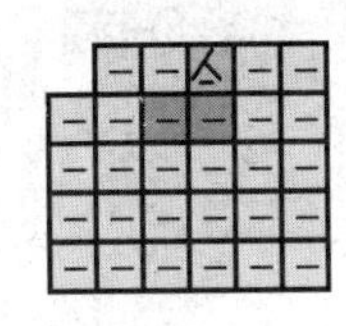
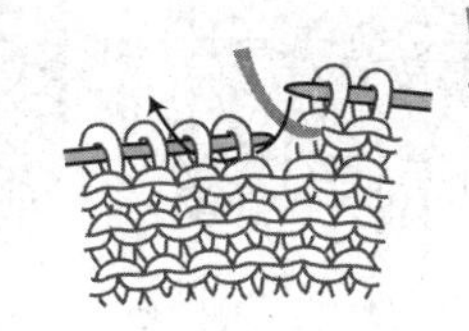
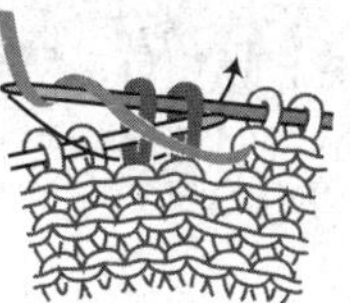

8 反针右在上2针并1针

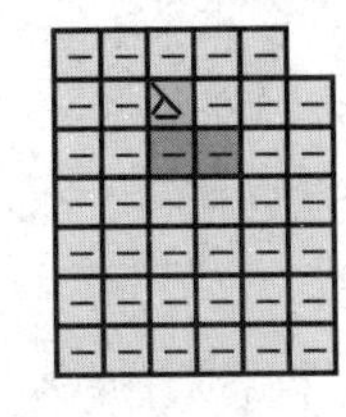
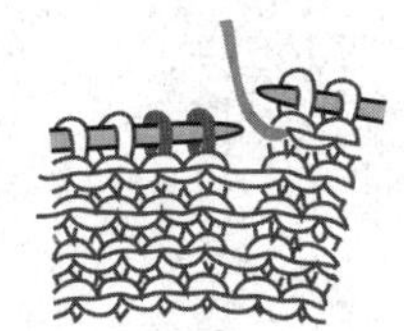
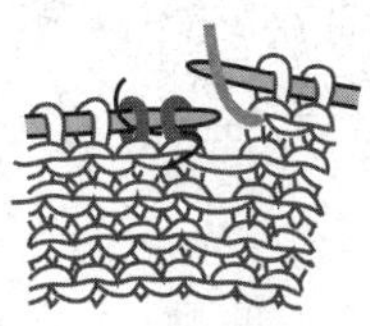
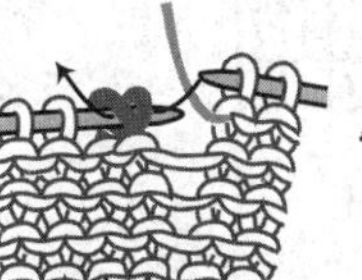

9 左在上3针并1针

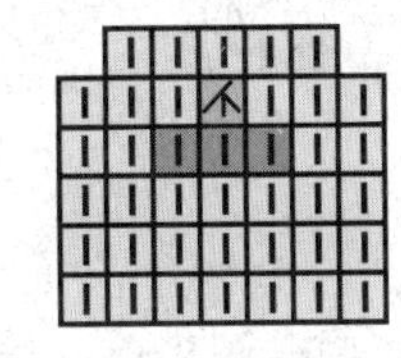
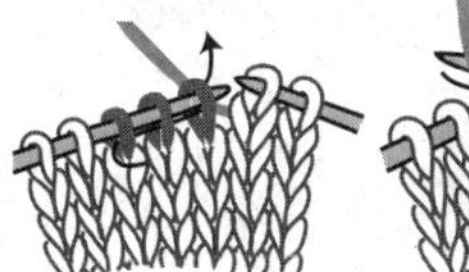

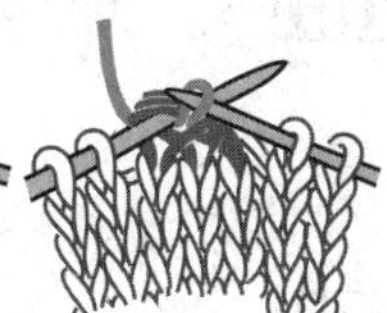

10 右在上3针并1针

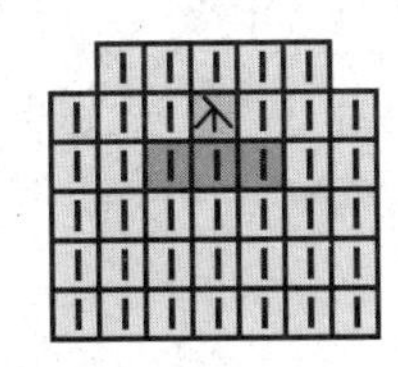
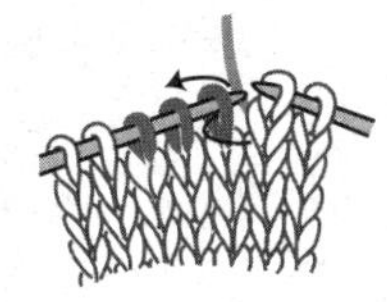

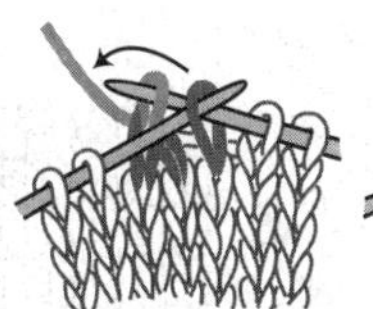

11 中在上3针并1针

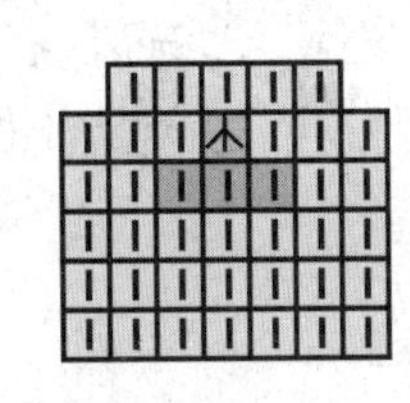
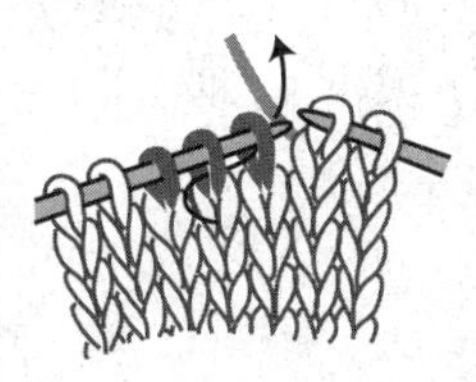

12 反针中在上3针并1针

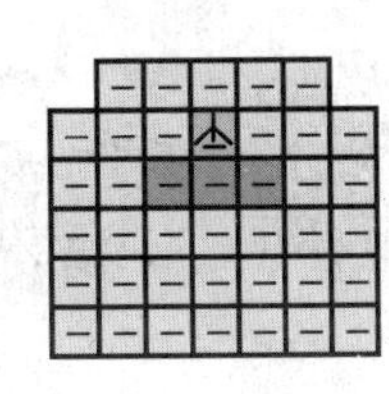
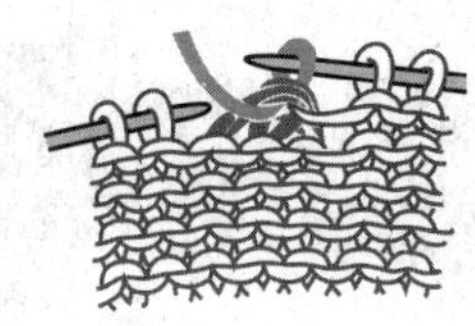

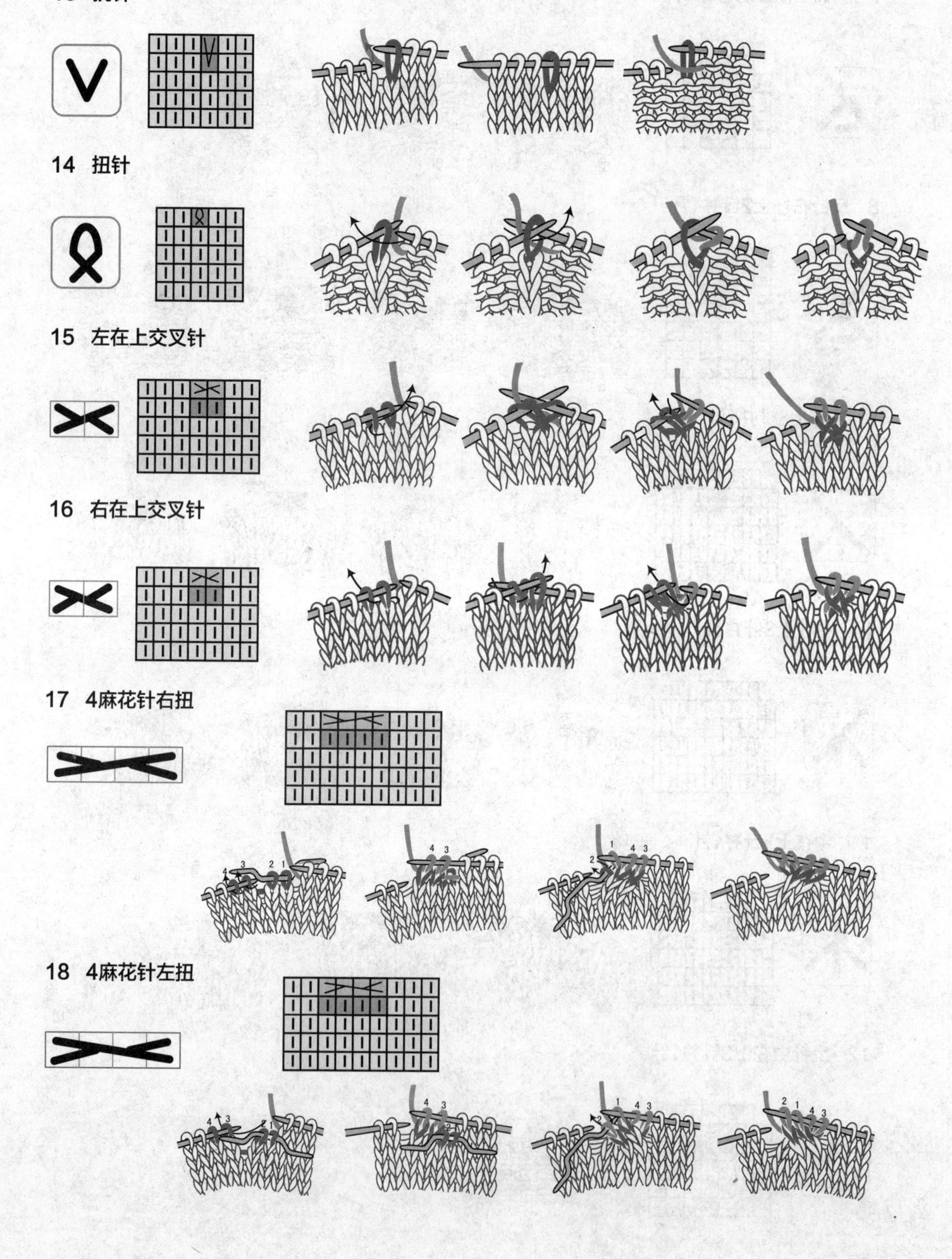
13 挑针
14 扭针
15 左在上交叉针
16 右在上交叉针
17 4麻花针右扭
18 4麻花针左扭

常用针法及编织效果

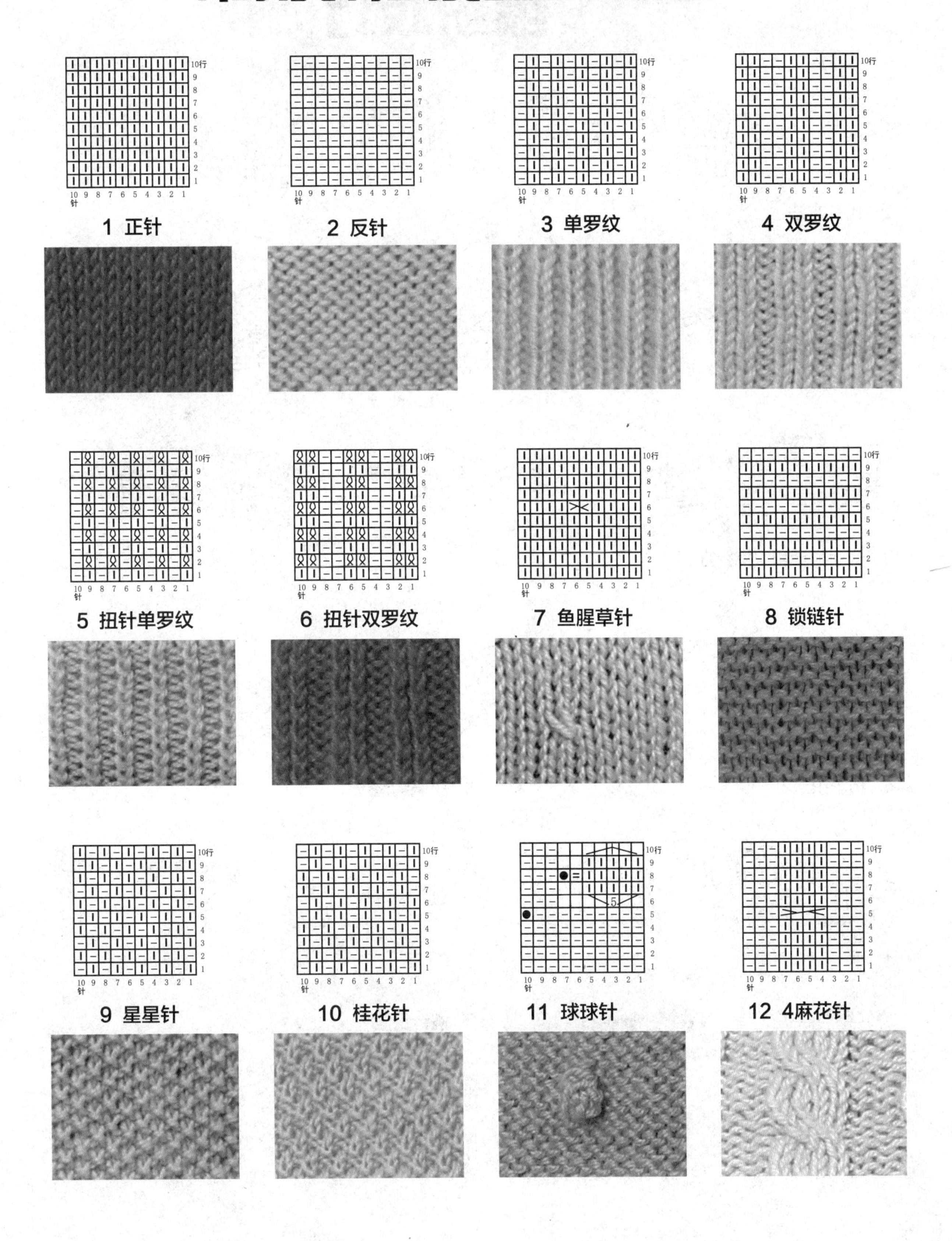

1 正针
2 反针
3 单罗纹
4 双罗纹
5 扭针单罗纹
6 扭针双罗纹
7 鱼腥草针
8 锁链针
9 星星针
10 桂花针
11 球球针
12 4麻花针

编织技巧

1 收平边

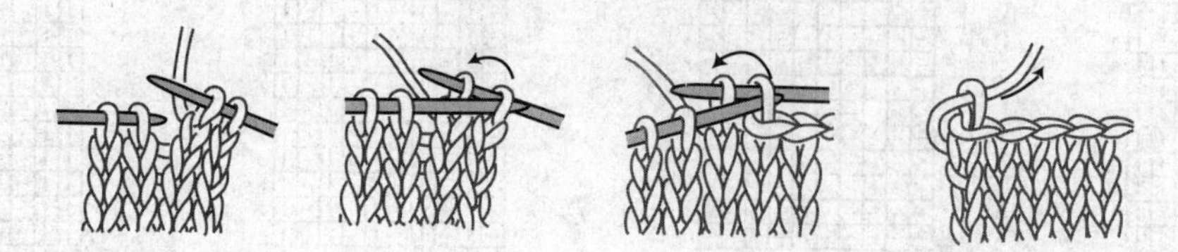

2 代针方法

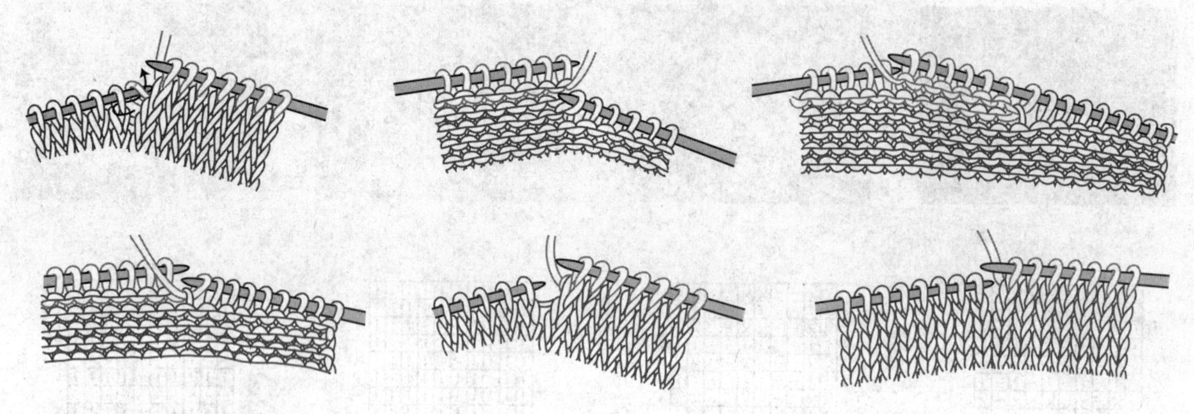

3 侧面加针和织挑针方法

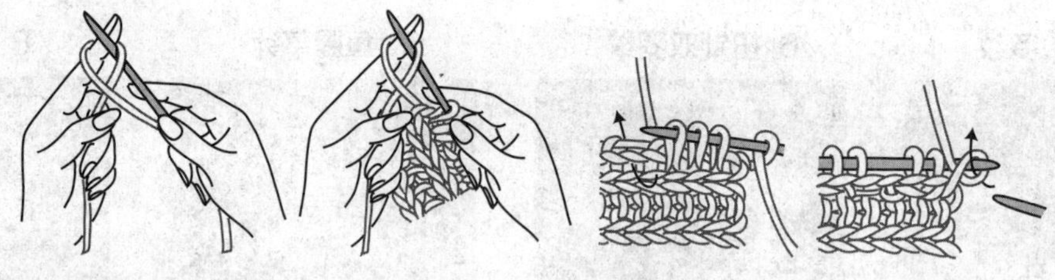

4 扣眼织法

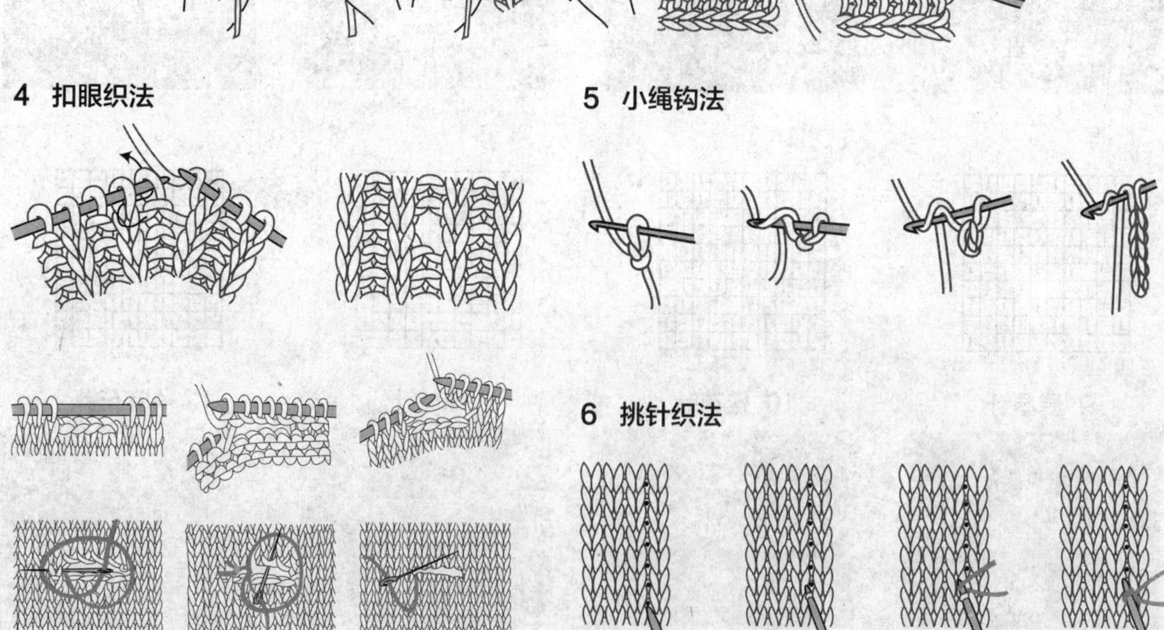

5 小绳钩法

6 挑针织法

7 缝纽扣方法

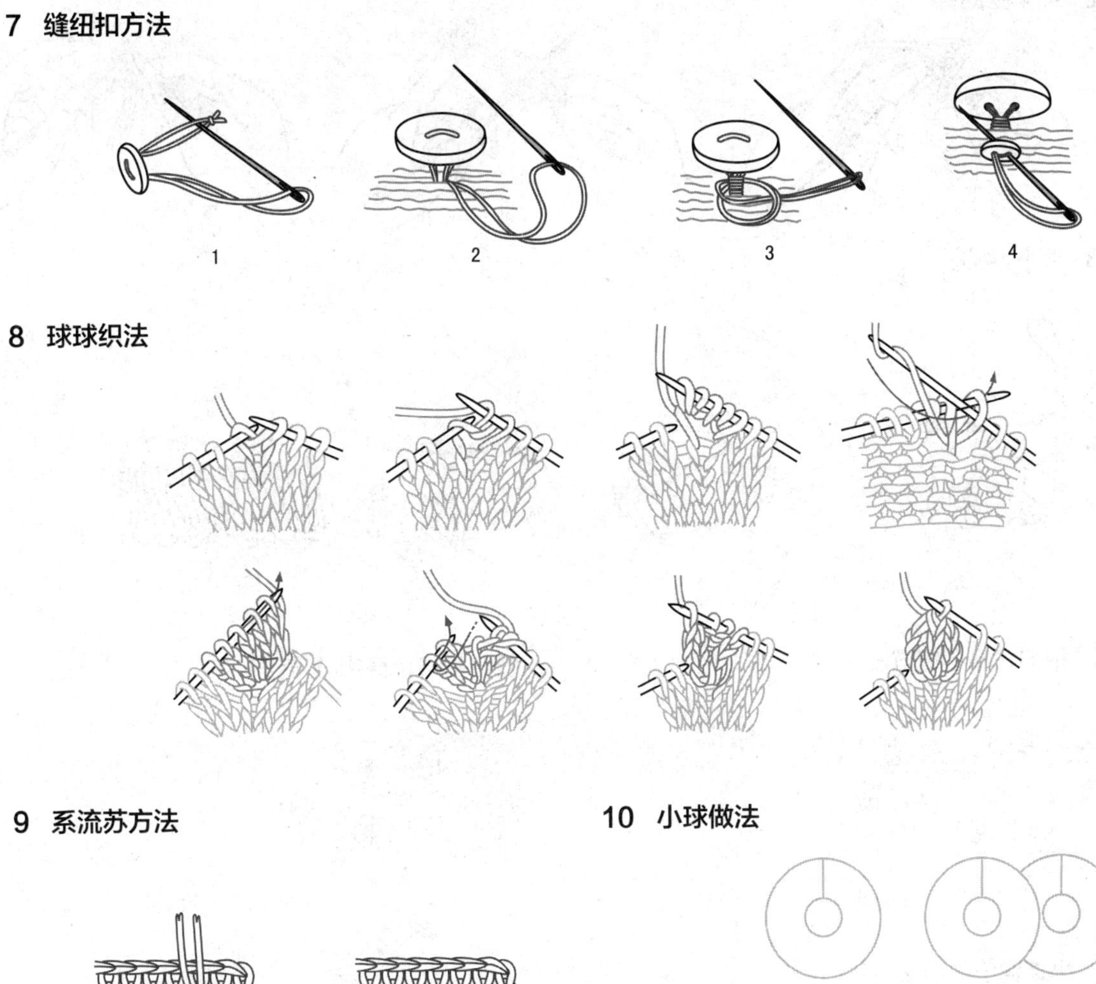

8 球球织法

9 系流苏方法

10 小球做法

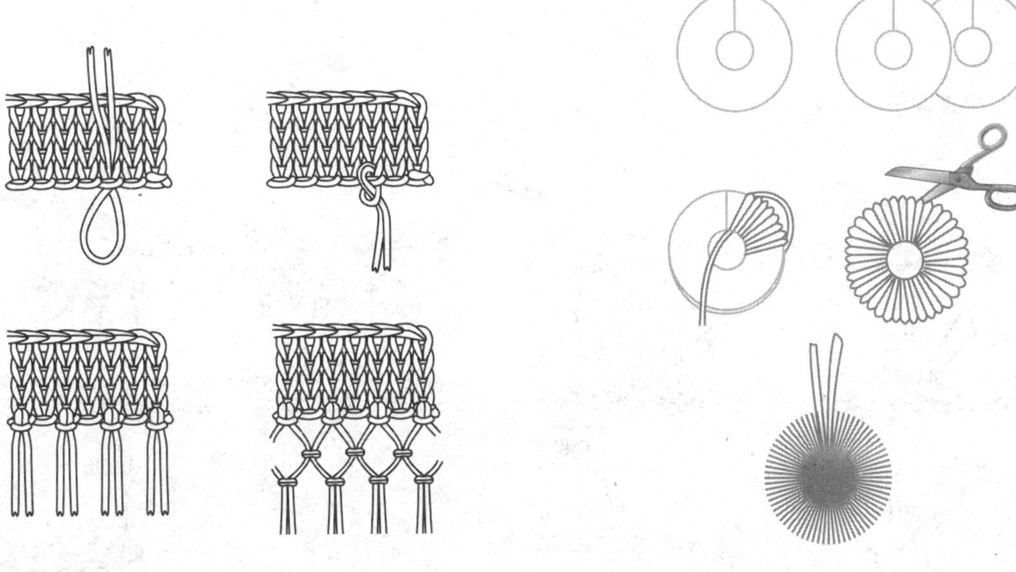

11 平加针方法

12 绵羊圈圈针

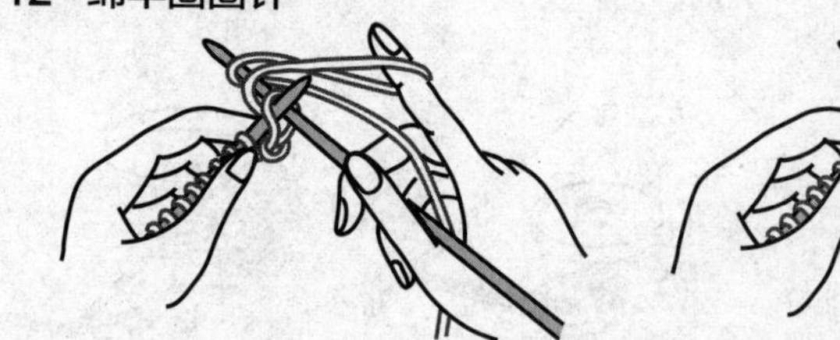

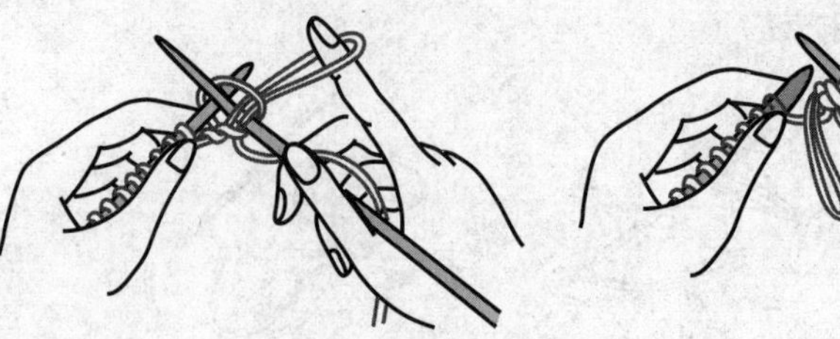

13 萝卜丝钩法

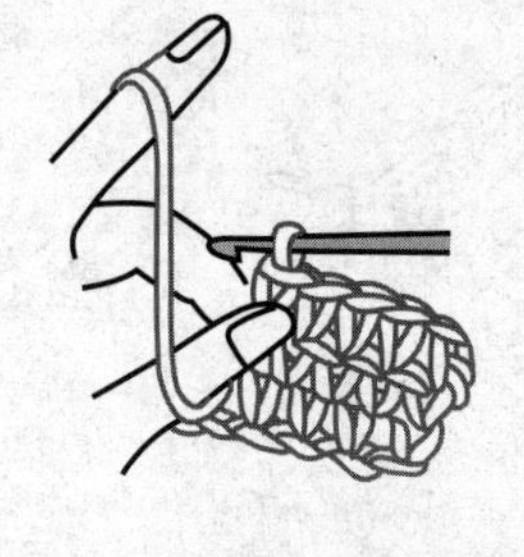

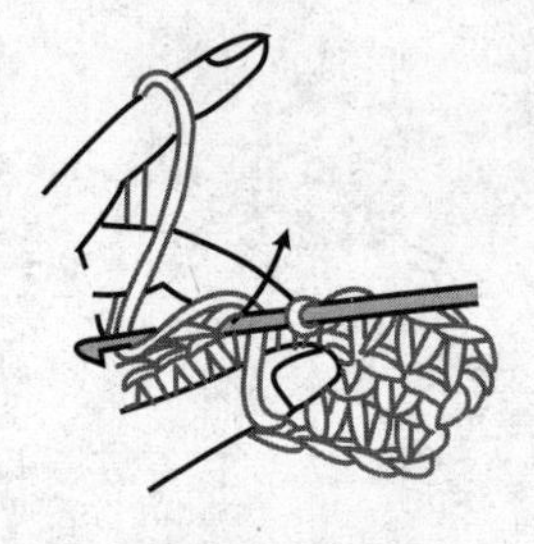

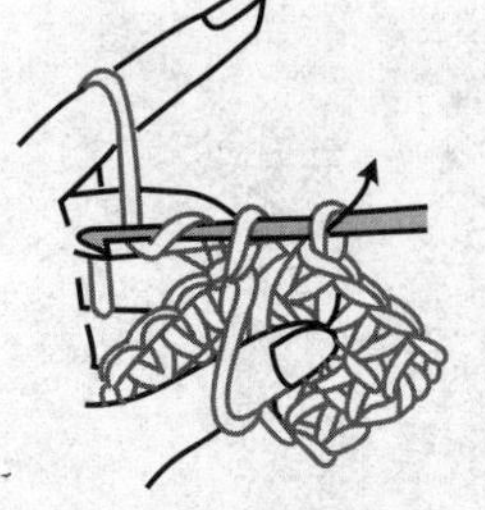

14 袖与正身手缝方法

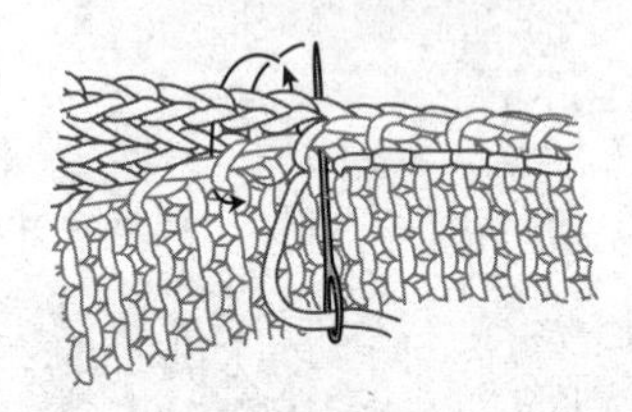

15 袖与正身钩缝方法

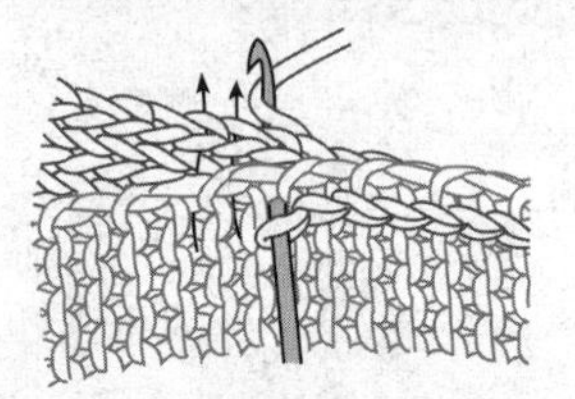

16 小球钩法和织法

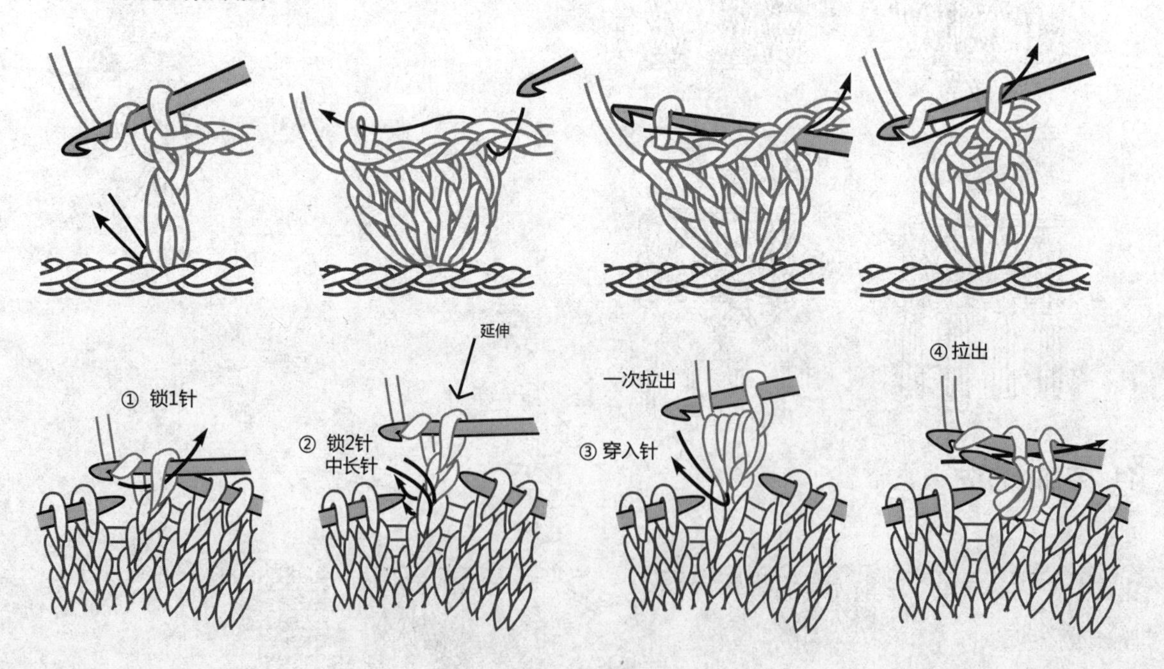

17 轮廓线绣法

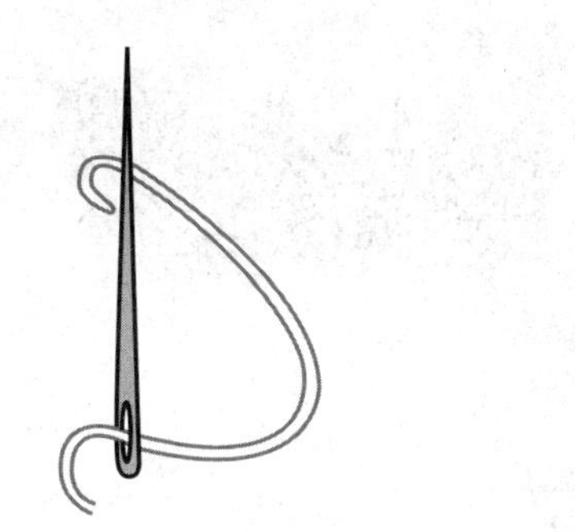

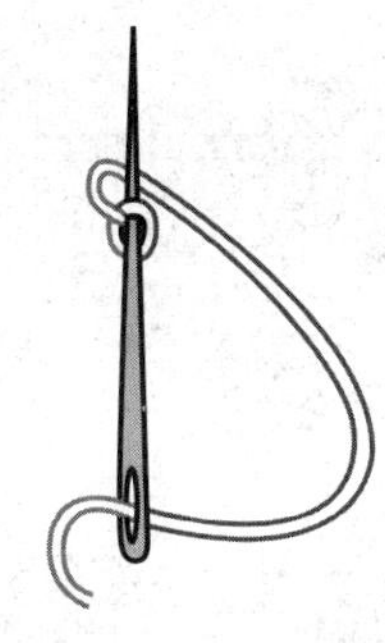

18 “文”字扣接线方法和无痕接线法

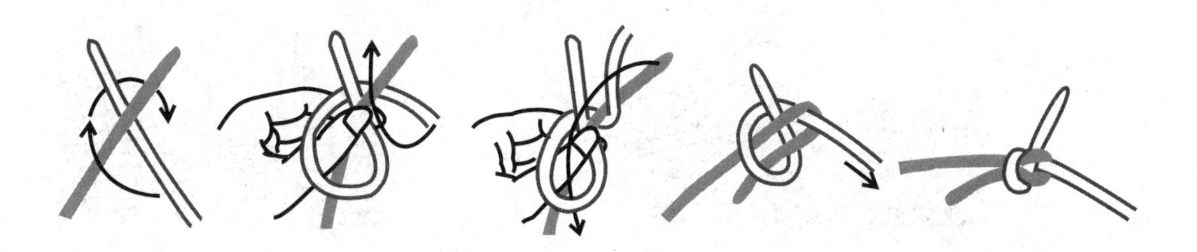

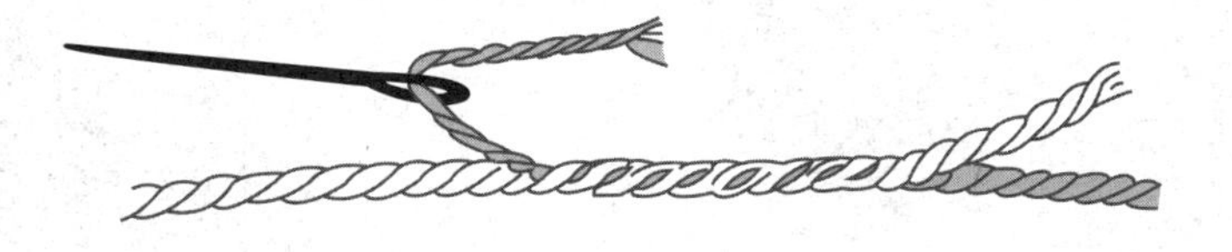

19 前领口减针方法

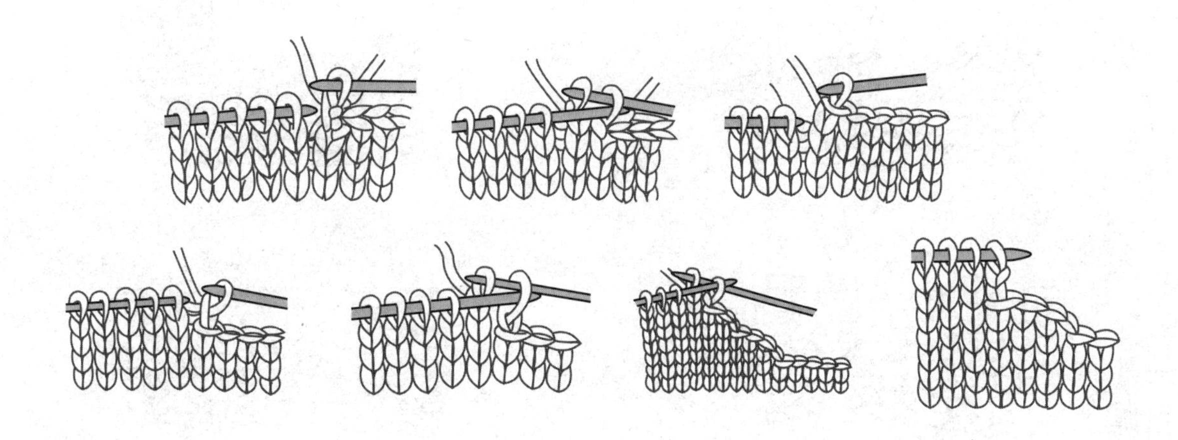

20 V领挑织方法

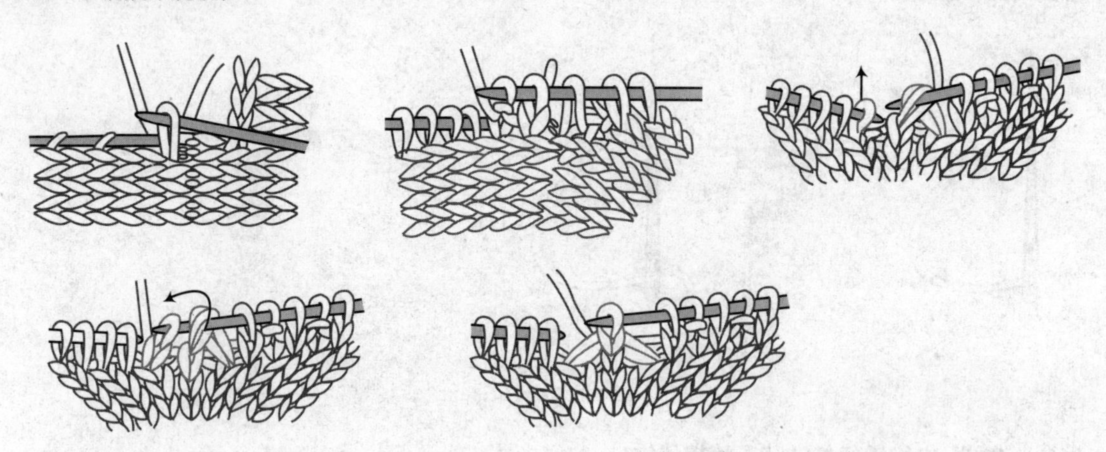

21 领角挑织方法

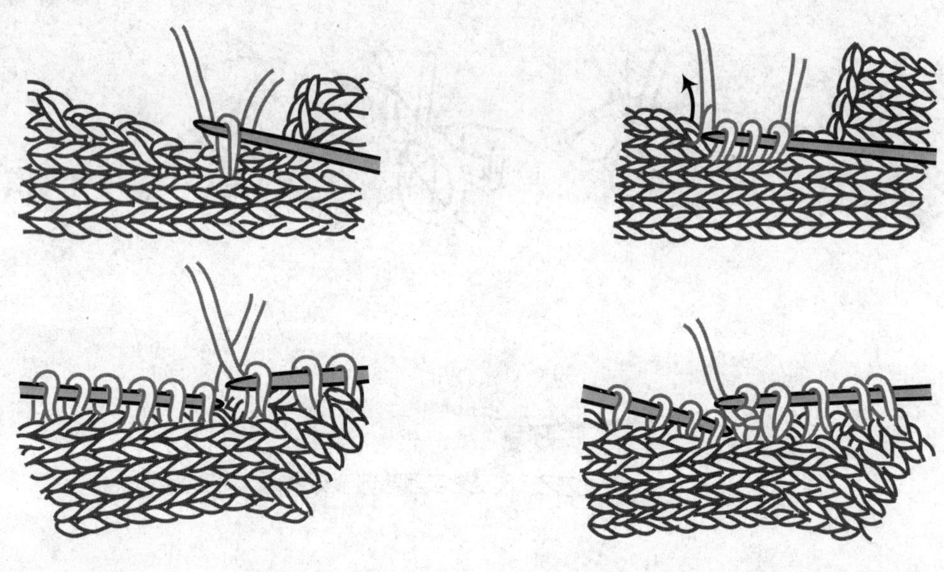

22 圆领挑织方法

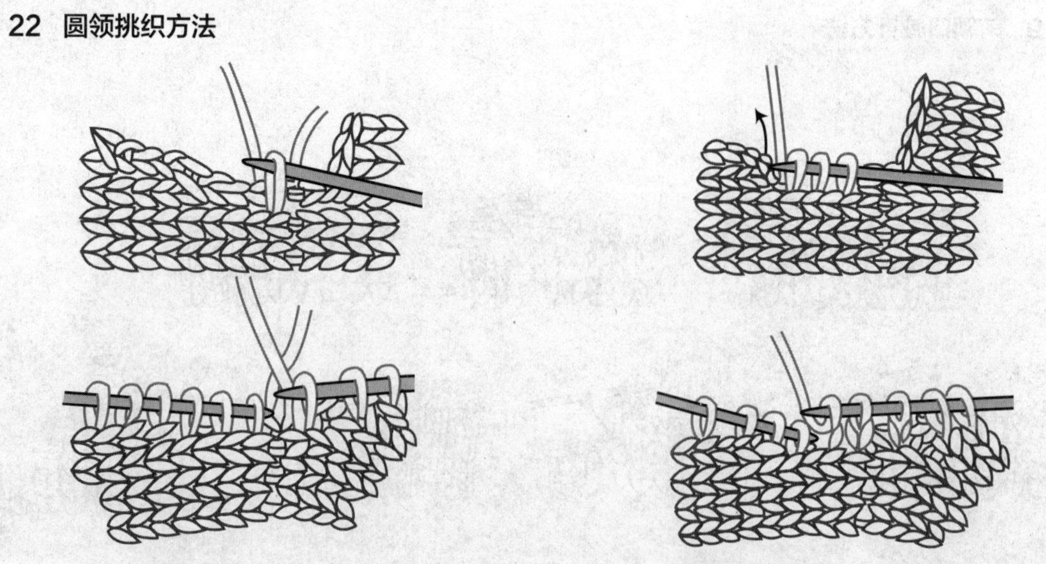

23 单罗纹变菱形缝法

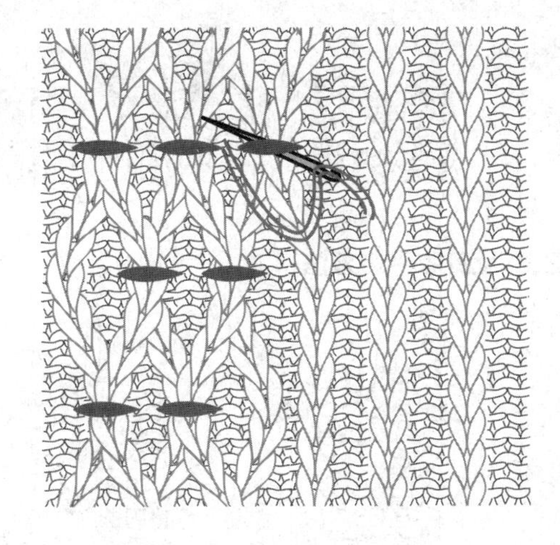

24 长针缝合方法

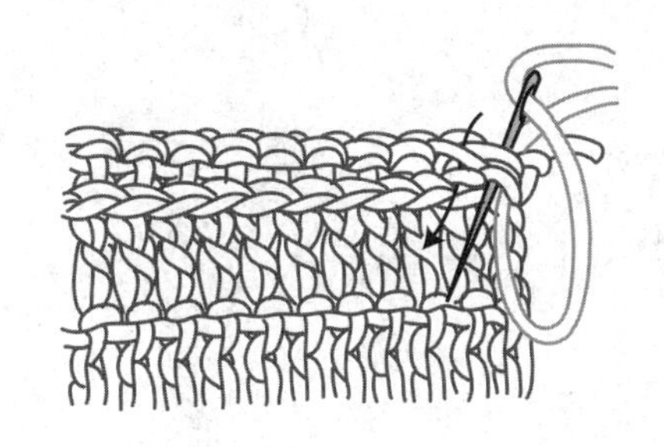

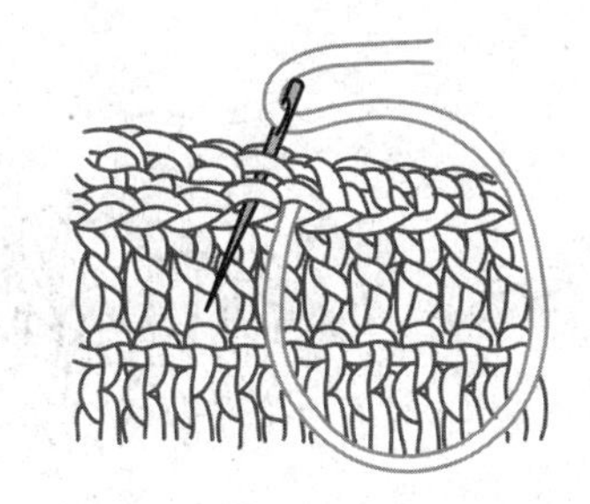

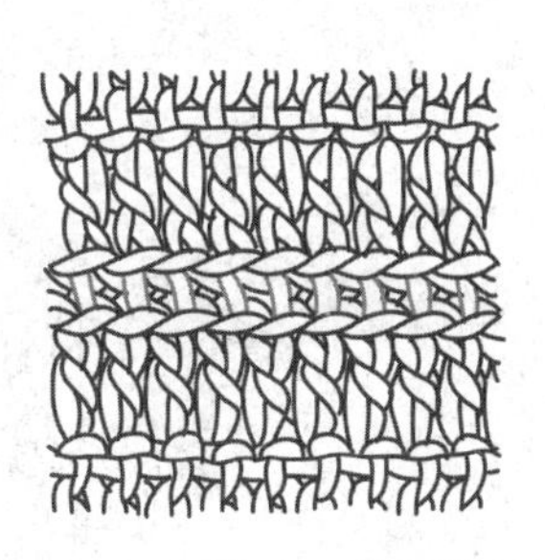

25 盘扣做法

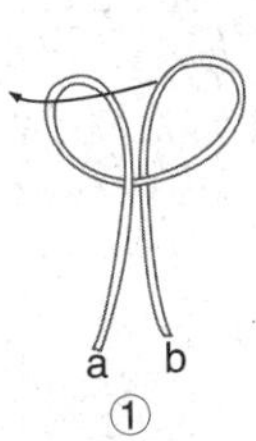

①
按图摆好小绳，然后将右圆穿入左圆内。

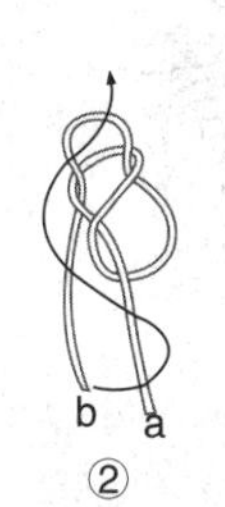

②
将左下b绳头穿入上圆内。

③
将原来左下位置b绳头穿入上圆后的效果。

④
将b绳头向下围绕，然后穿入中间的圆内；将下面的a绳头向上围绕也穿入中心的圆内。

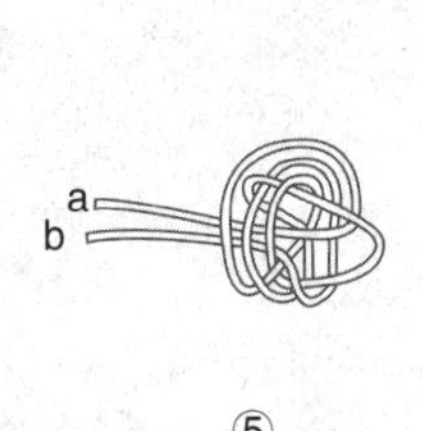

⑤
上下ab绳头穿入中间的圆后，再慢慢拉紧。

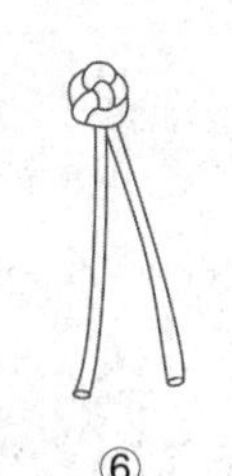

⑥
最后完成盘扣。

26 春芽针钩法

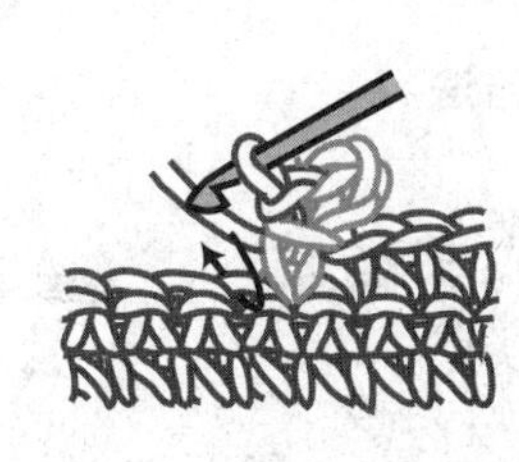

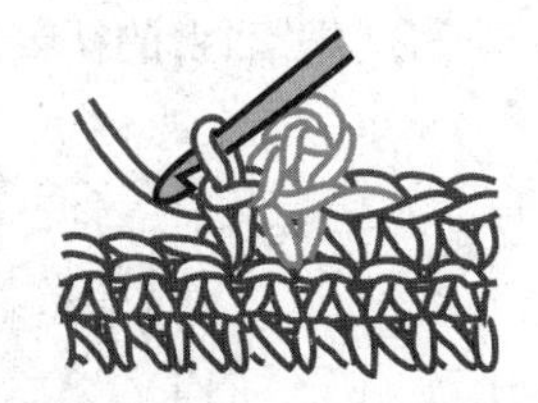

27 双罗纹收平边方法

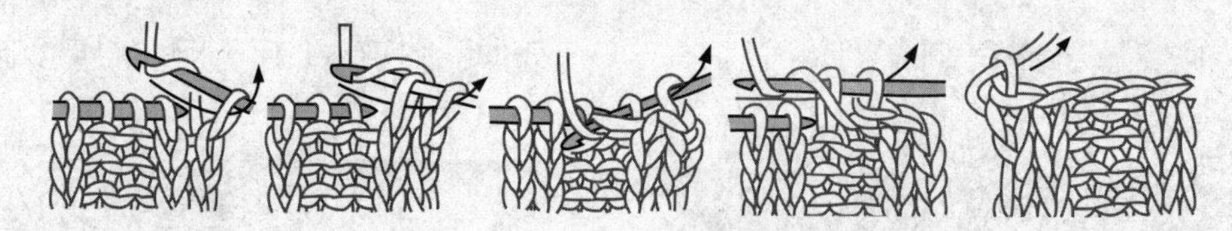

28 反针收平边方法

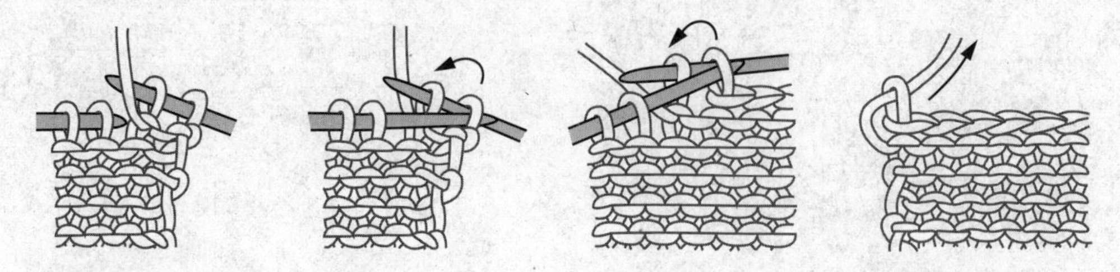

29 在1针中加出3针

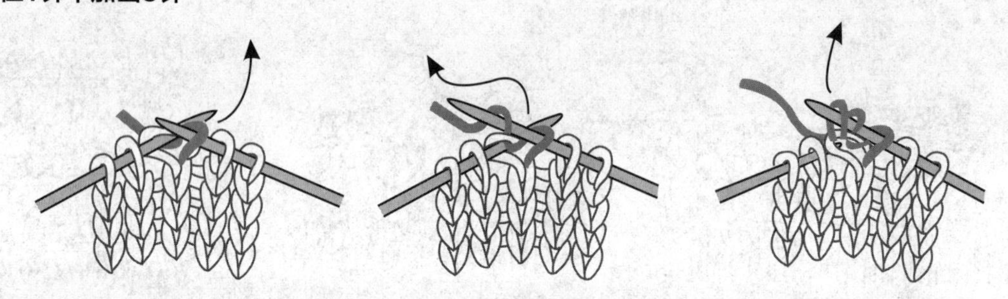

30 钩针收平边方法

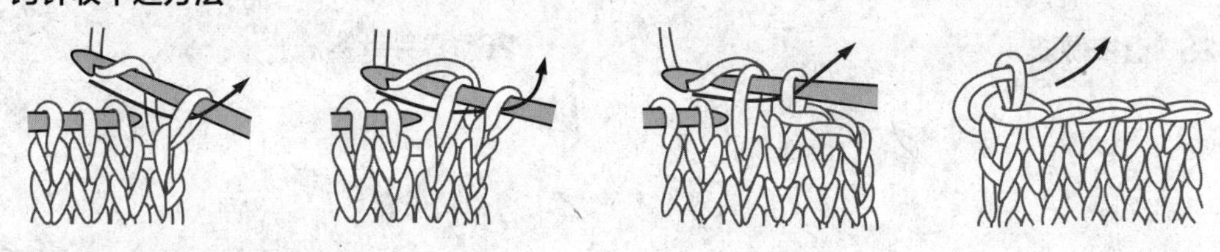

31 围巾边针织法

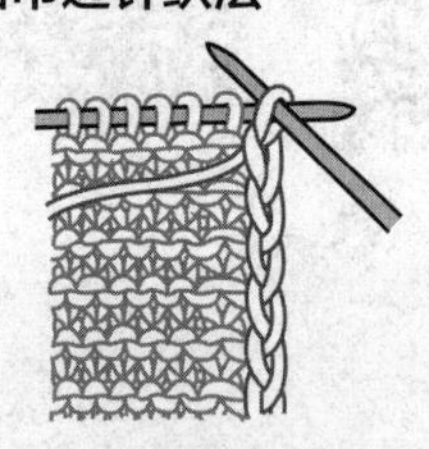

32 织错1针的补救方法

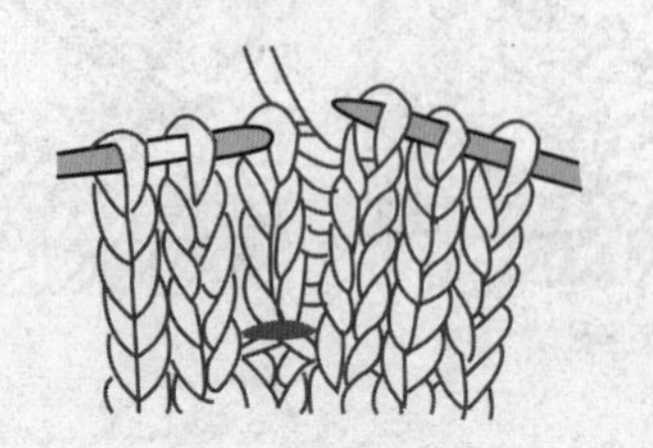

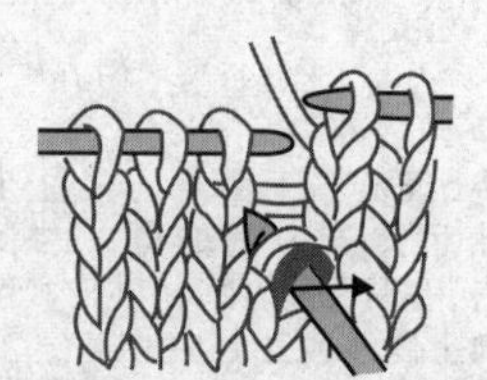

33 收线头方法

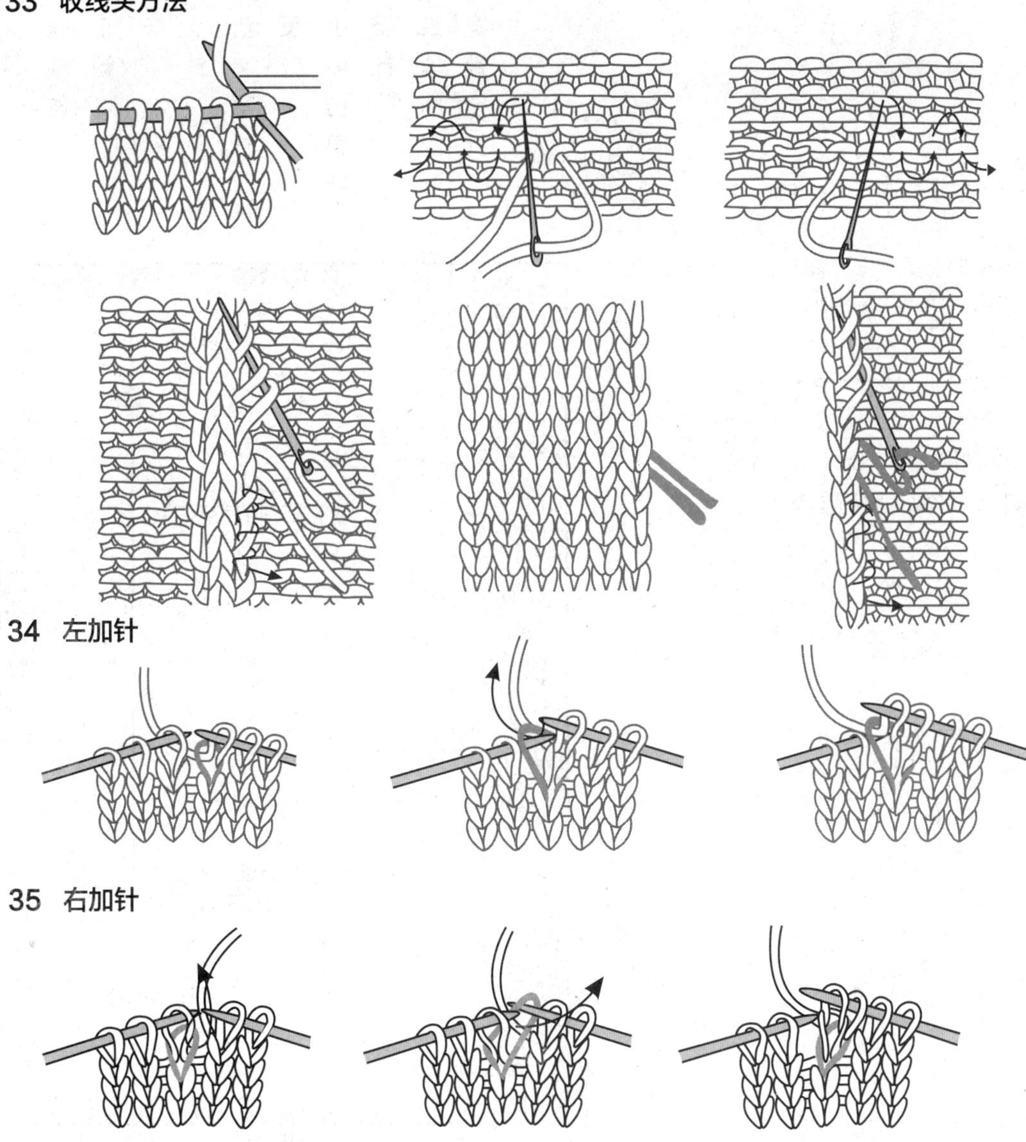

34 左加针

35 右加针

36 3针正针和1针反针右上交叉

37 6针扭麻花方法

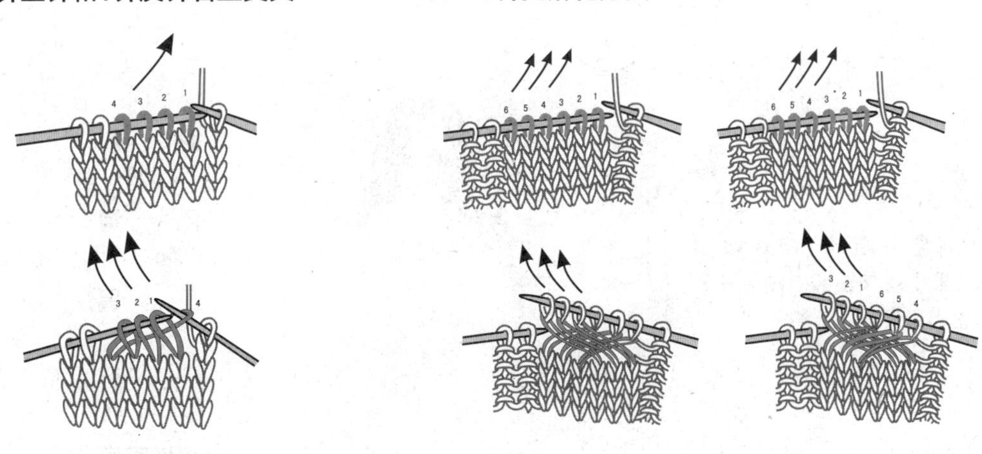

编织简述：

织一个长方形大片，在相应位置平收针后再平加针，形成两个开口为袖窿口，从此处挑织袖边。

编织步骤：

① 用直径0.6cm粗竹针起150针往返织3cm扭针单罗纹。

② 按整体排花往返织35cm后，右留42针，中间35针平收，第2行时再平加出35针，形成的开口为袖窿口。

③ 合片后再按原花纹织65cm，重复原方法织第二个开口，合片后再按原花纹织35cm后，改织3cm扭针单罗纹，收机械边。

④ 在袖窿口挑出70针环形织7cm绵羊圈圈针后收平边。

Tips:

披肩要用粗针、粗线编织，效果柔软又飘逸，粗线细针织出的服装过于厚重。

整体排花：

9	10	8	16	4	7	3	6	82	7
宽锁链针	绵羊圈圈针	反针	小树结果针	反针	鱼腥草针	反针	麻花针	正针	宽锁链针

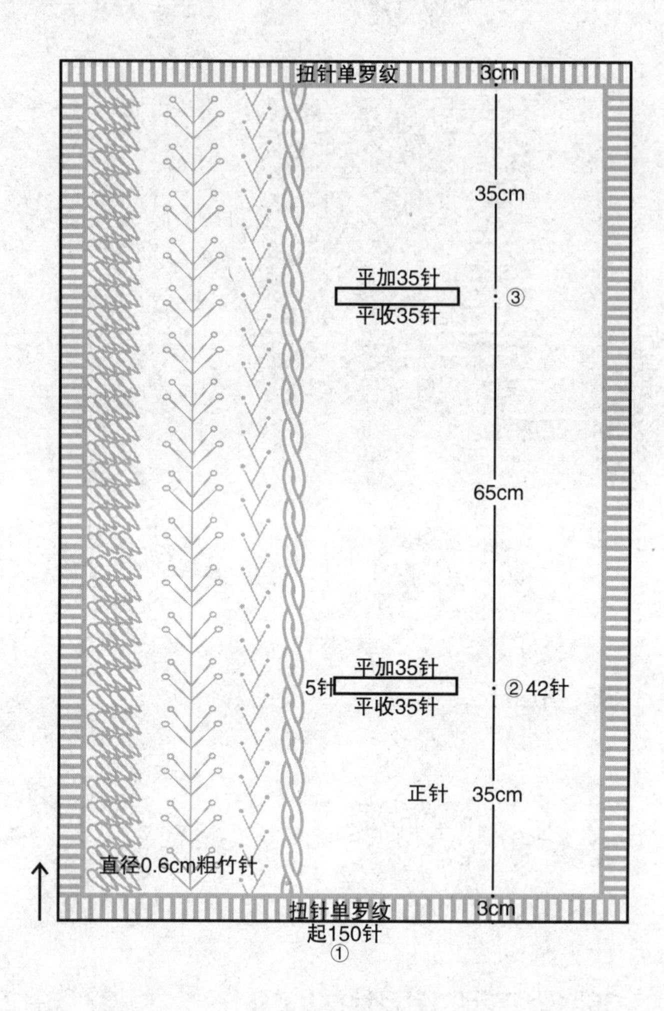

1

材　料：
286规格纯毛粗线

用　量：
650g

工　具：
13号针

尺寸（cm）：
以实物为准

平均密度：
10cm²=19针×24行

扭针单罗纹

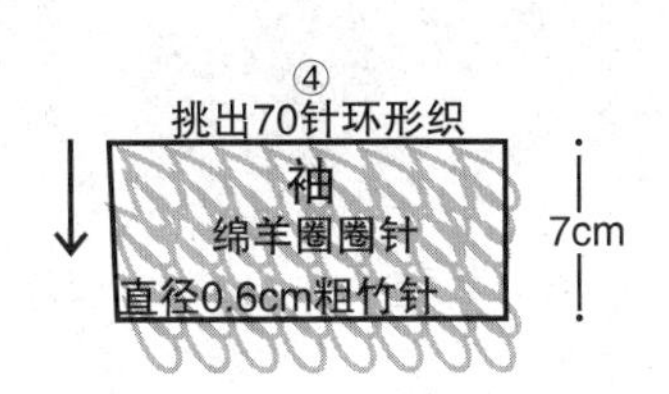

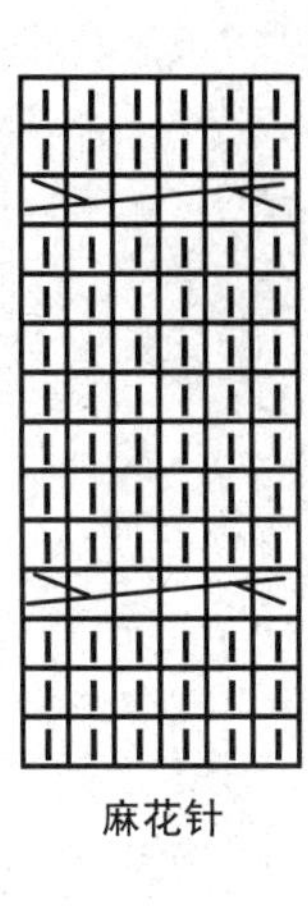

麻花针

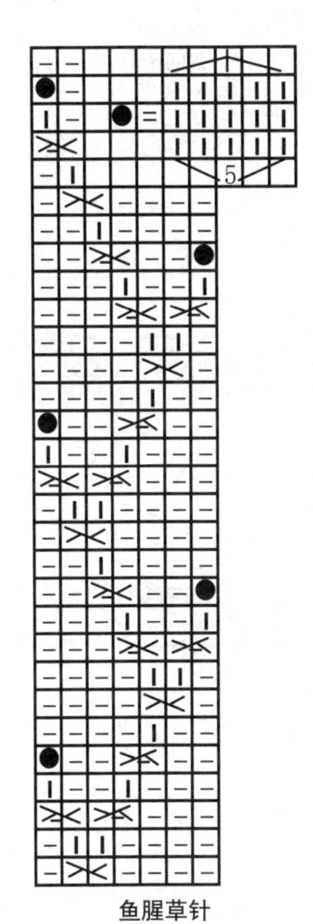

鱼腥草针

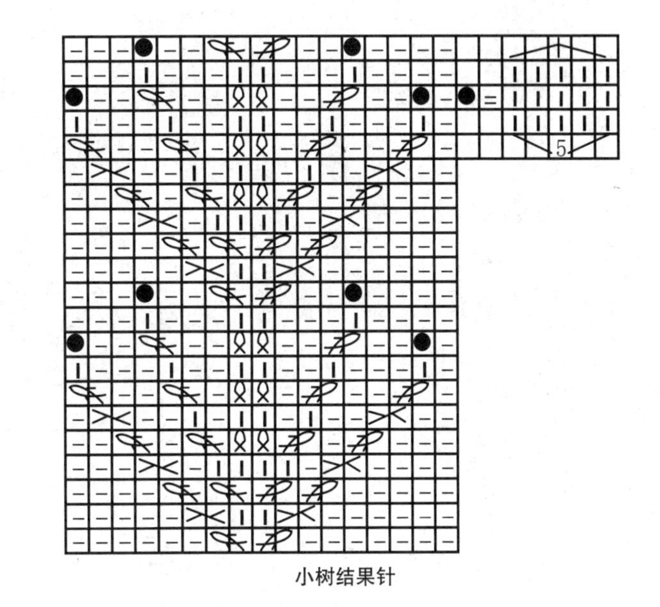

小树结果针

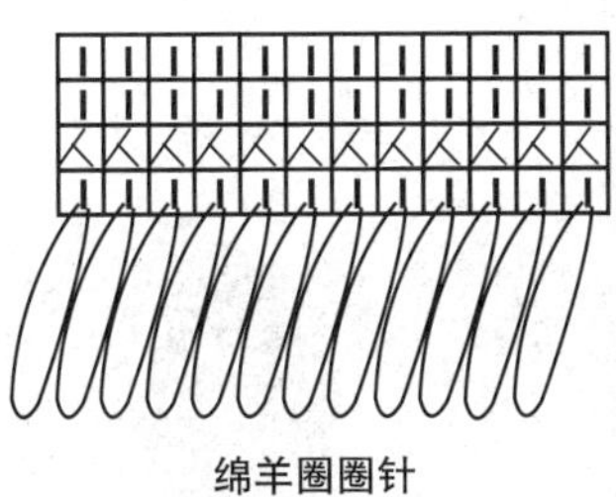

绵羊圈圈针

第一行：右食指绕双线织正针，然后把线套绕到正面，按此方法织第2针。
第二行：由于是双线所以2针并1针织正针。
第三、四行：织正针，并拉紧线套。
第五行以后重复第一到第四行。

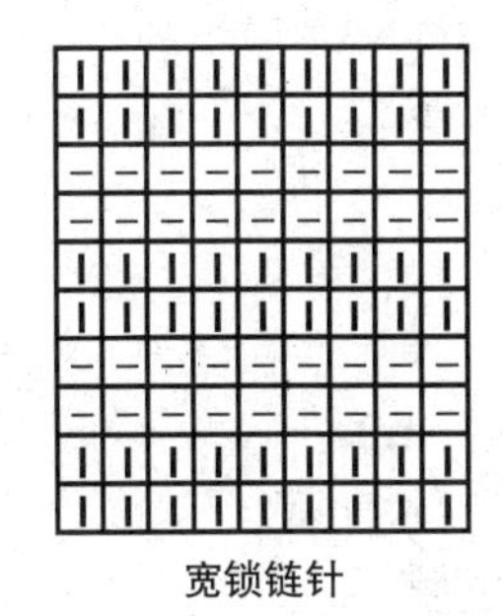

宽锁链针

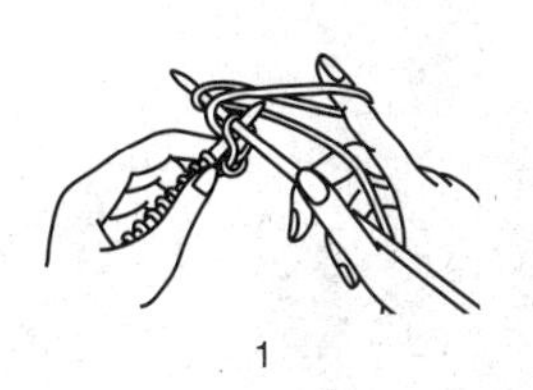

1

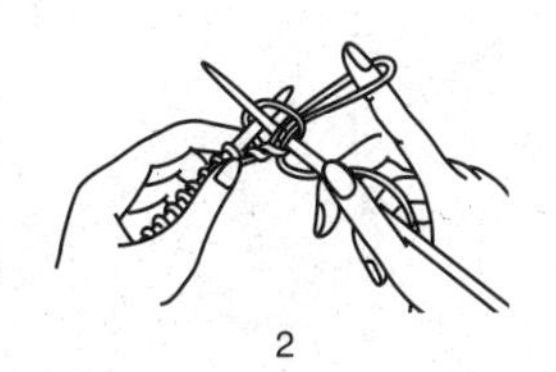

2

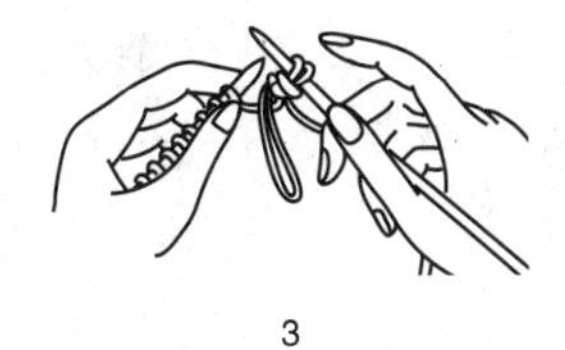

3

绵羊圈圈针

编织简述：

从中间起针织两个方片，在两肋和两肩分别缝合后形成背心，在两个袖窿口分别挑织袖子，在背心的领口挑织领子，从下沿挑织下摆。

编织步骤：

① 用6号针从中间起8针，每2针为1针，隔1行在2针的左右各加1针，一圈共加8针。边长至36cm时收针形成方形片。

② 共织两个相同大小的方片，按要求在两肋和肩头分别缝合形成背心，从袖窿口挑出56针，用8号针环形织10cm扭针单罗纹形成短袖。

③ 前后片中间未缝合的20cm位置为领口，用8号针从此处挑出88针环形织1cm扭针单罗纹后收机械边形成领边。

④ 从背心的下沿挑出168针，用6号针环形织10cm阶梯针后松收平边形成下摆。

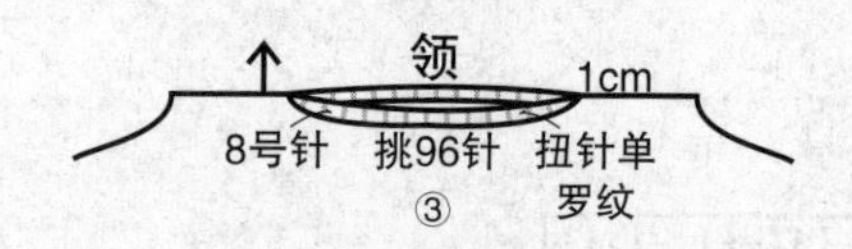

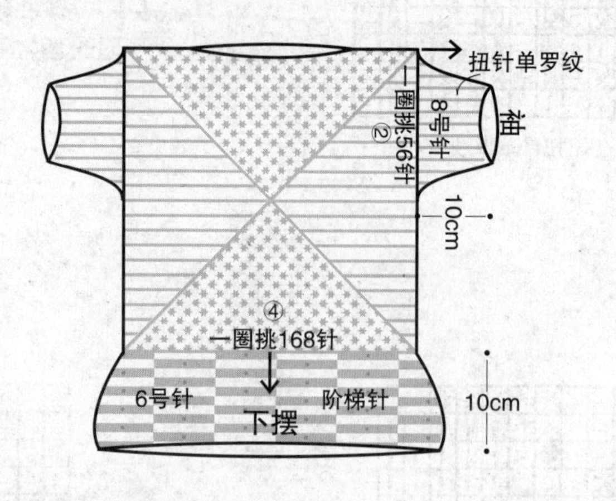

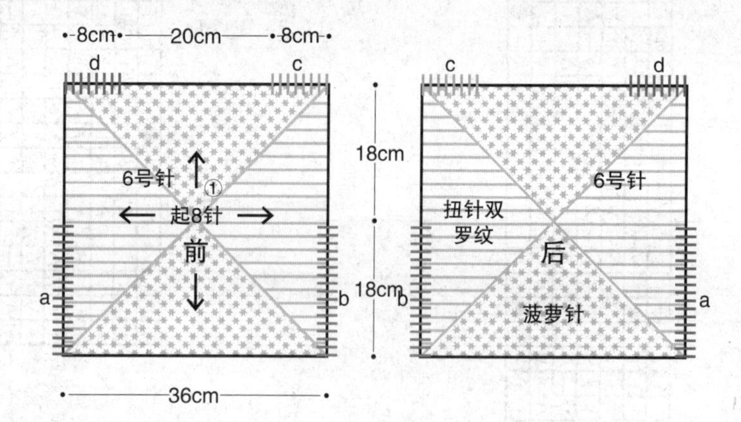

2

材　　料：
278规格纯毛粗线

用　　量：
350g

工　　具：
6号针　8号针

尺寸（cm）：
衣长46　袖长10　胸围72　肩宽36

平均密度：
10cm^2=20针×24行

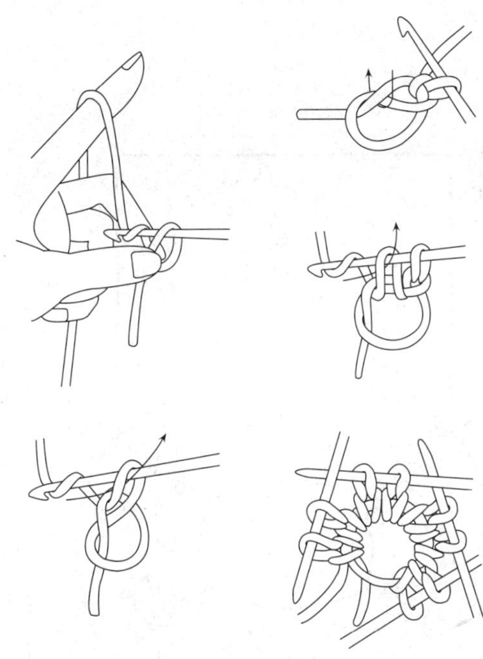

中间起针向四周织方法

扭针单罗纹

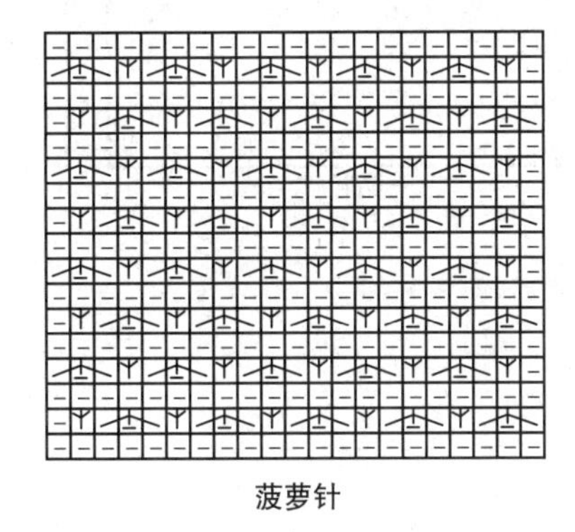

菠萝针

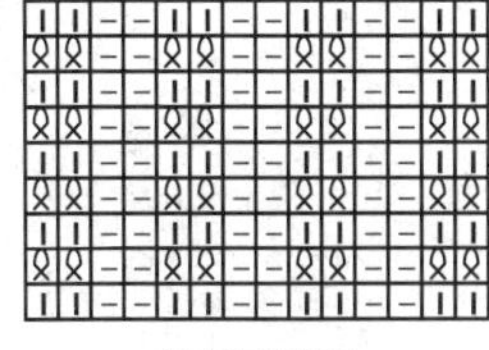

扭针双罗纹

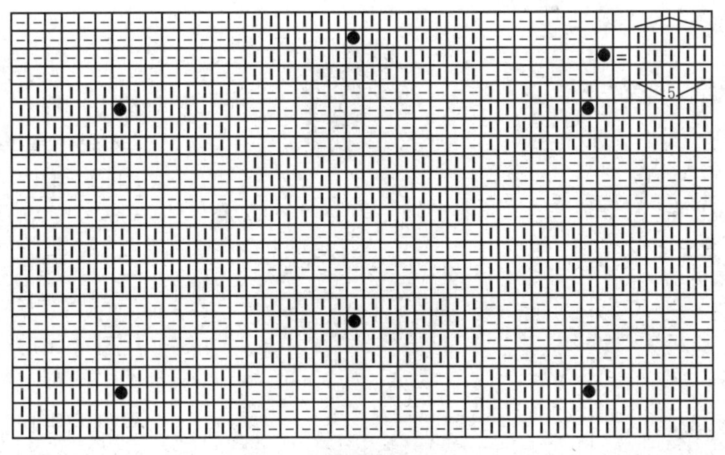

阶梯针

编织简述：

从下摆起针后环形向上织，至腋下后平收两腋相同针目，按规律减针后，从减过针的斜面挑针织长方形，与后片减针斜面缝合。前后片连接后形成领口，从此处环形挑针并减至相应针目后织领子；挑织的长方形在下沿形成袖窿口，在此处挑针织袖子，至袖口后收针。

编织步骤：

① 用6号针起144针环形织38cm桂花针。

② 在两腋正中位置按英式毛衣减针法减袖窿，①平收腋正中6针，②隔1行减1针减15次，余针不必平收，停针待织。

③ 从前片斜减针的位置挑出50针，按排花往返织36cm长方形，与后片斜减针的位置缝合形成袖窿口。

④ 领子用8号针，分别从麻花的侧面各挑24针、与停针的正身针目串在一起，前后片正身针目各减至24针，一圈共96针织2cm扭针单罗纹，收双机械边。

⑤ 从袖窿口环形挑40针，向下织44cm扭针单罗纹，在袖口处收机械边。

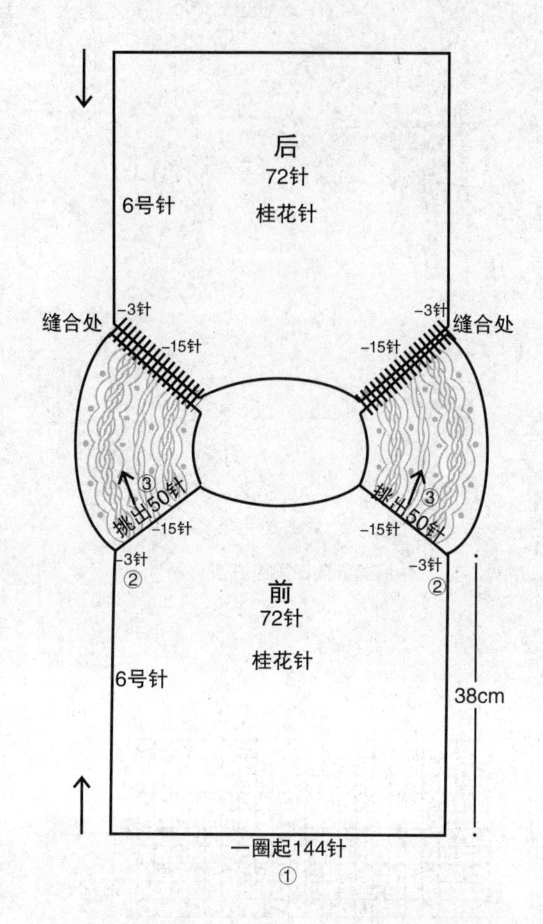

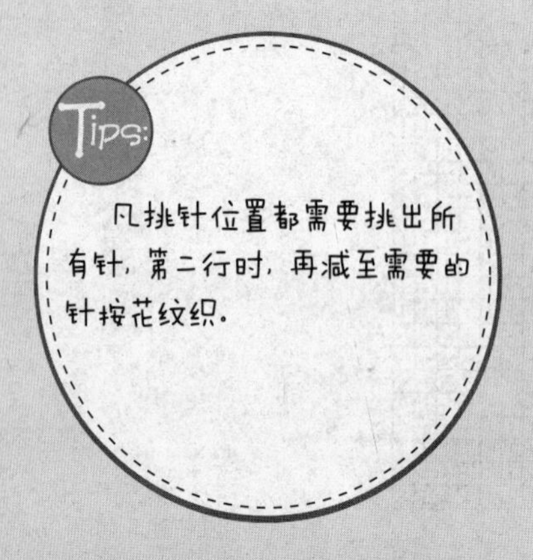

3

材　料：
286规格纯毛粗线

用　量：
525g

工　具：
6号针　8号针

尺寸（cm）：
衣长56　胸围72

平均密度：
10cm^2=19针×26行

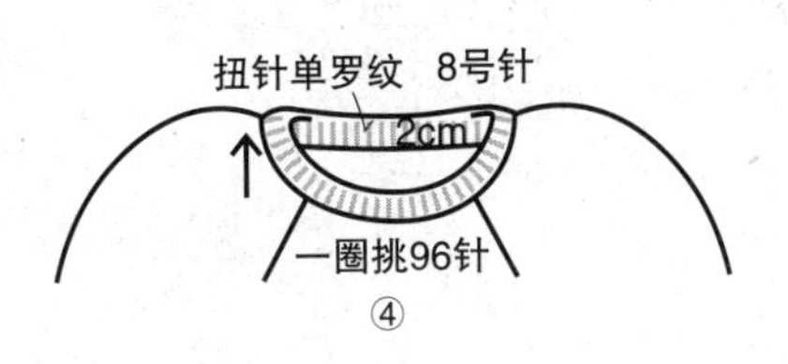

斜减针处挑织排花：

1	1	20	1	4	1	20	1	1
正针	反针	如意球球针	反针	麻花针	反针	如意球球针	反针	正针

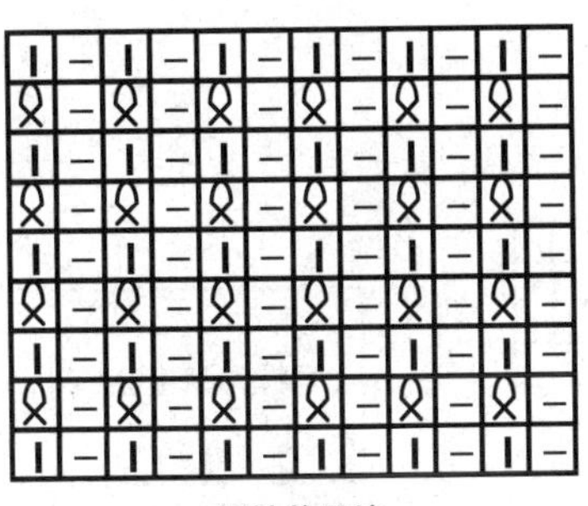

扭针单罗纹

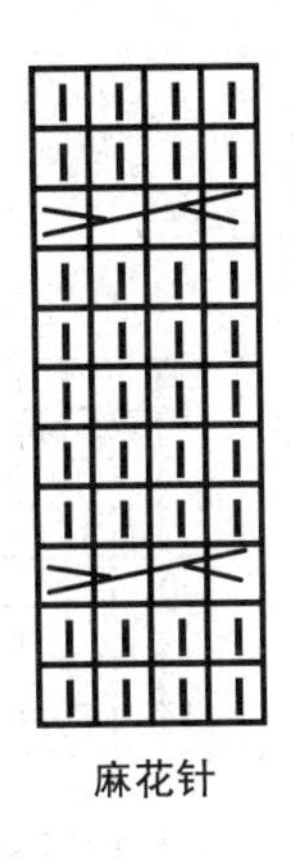

麻花针

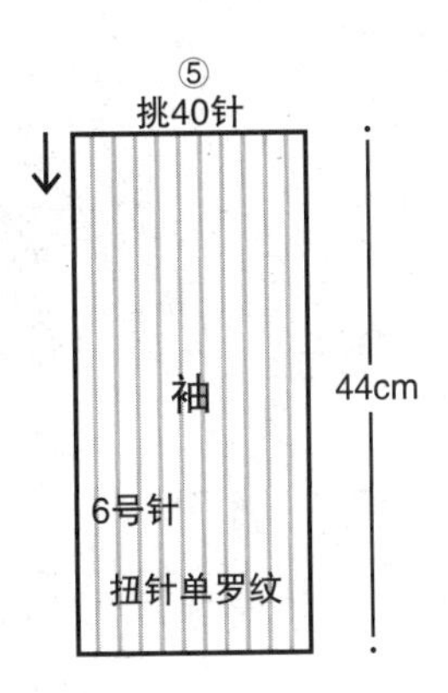

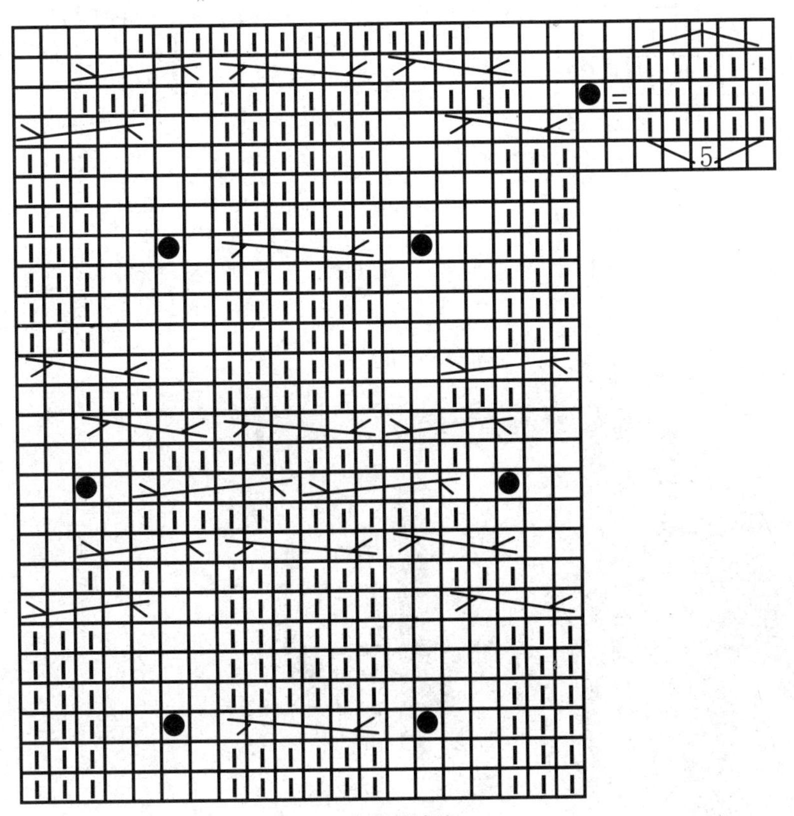

如意球球针

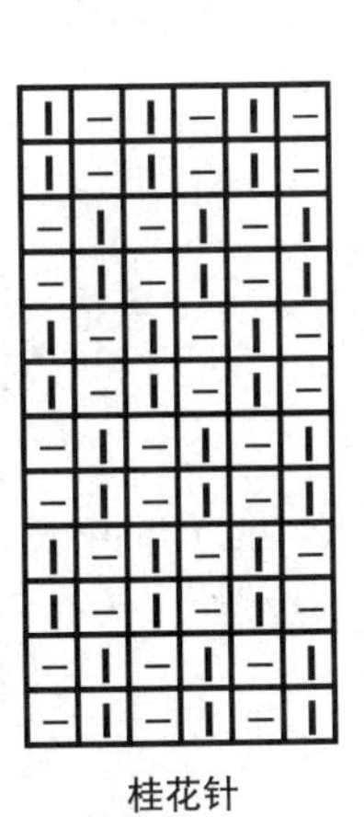

桂花针

编织简述：

织一条长围巾，将围巾上的球球作为扣子。后腰分别是两个小的长方形组成，整理成蝴蝶结形状后备用。平时做围巾，组合后为马甲。

编织步骤：

① 用6号针起72针按围巾排花往返织140cm收平边，两头花纹对称。

② 用6号针起40针往返织16cm星星针后收机械边，形成长方形片。再起5针往返织5cm星星针后收机械边，作为蝴蝶结带子系于大长方形正中缝好。

③ 以长围巾边沿的球球为扣子，与蝴蝶结一起可组合成马甲。

④ 按图做一个毛线球球，系在围巾相应位置。

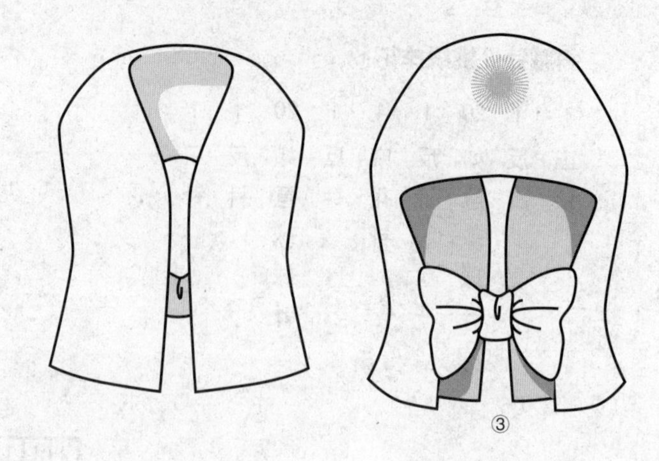

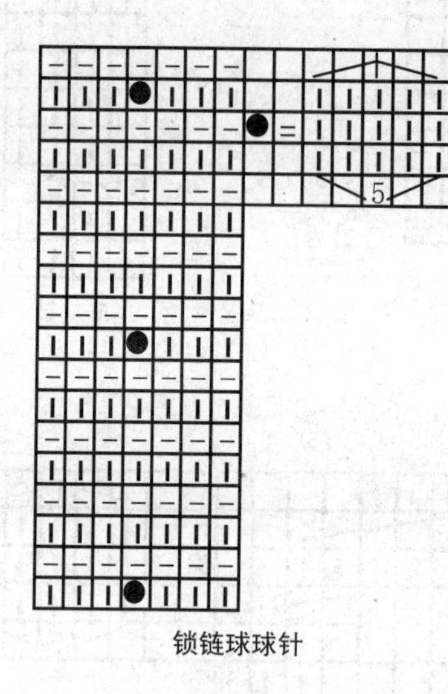

锁链球球针

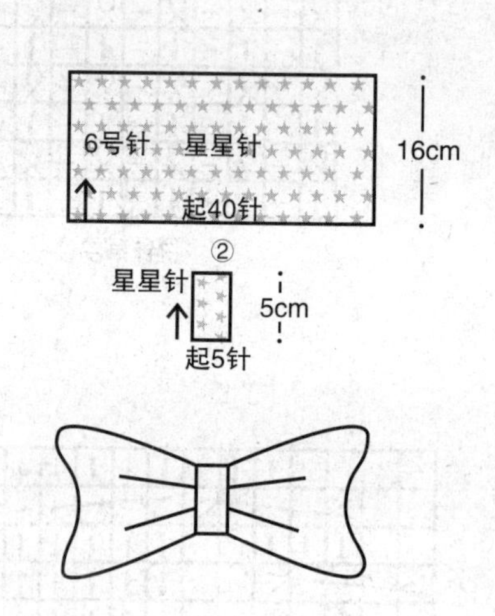

4

材　　料：
278规格纯毛粗线

用　　量：
525g

工　　具：
6号针

尺寸（cm）：
围巾长140　宽33

平均密度：
$10cm^2$=22针×24行

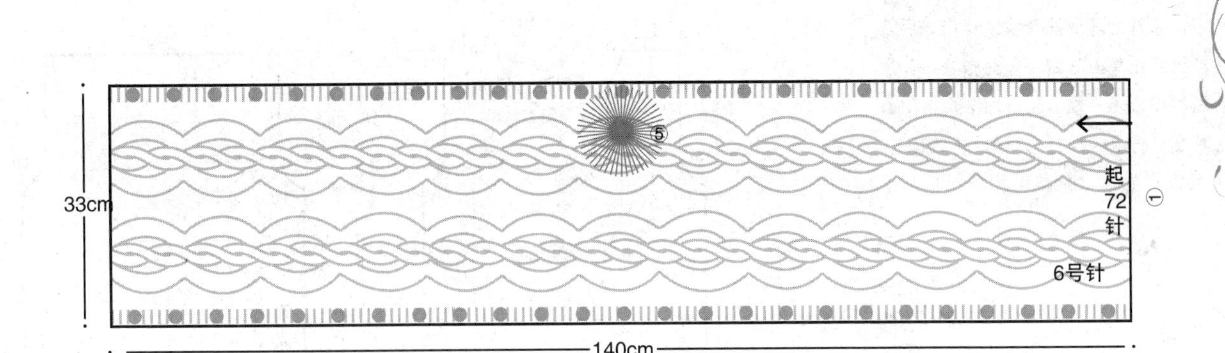

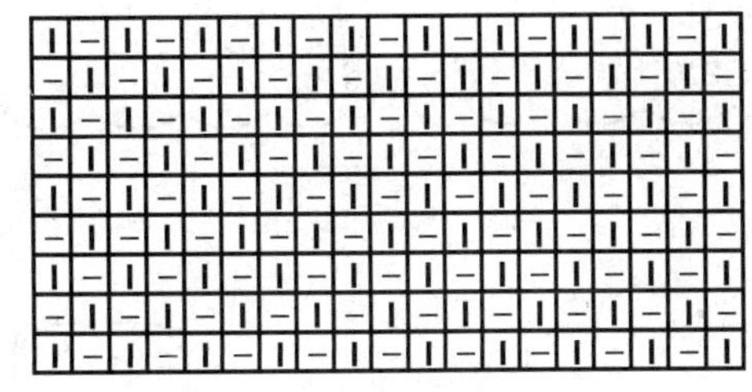

星星针

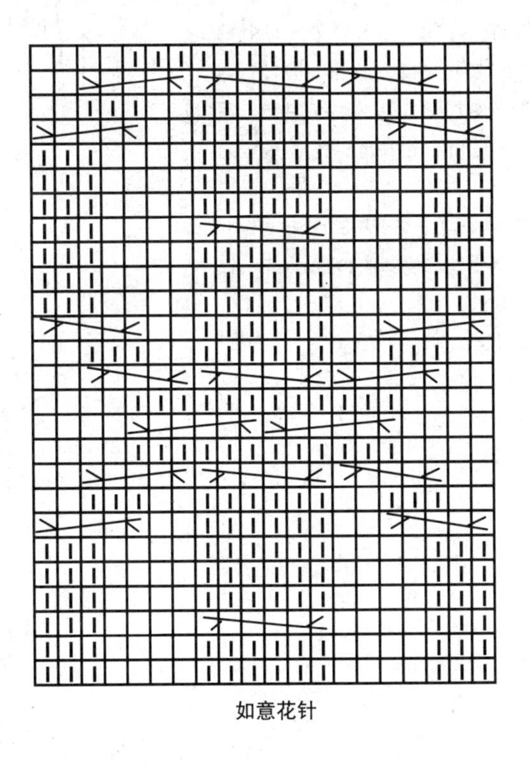

如意花针

围巾排花：

7	6	20	6	20	6	7
锁链球球针	反针	如意花针	反针	如意花针	反针	锁链球球针

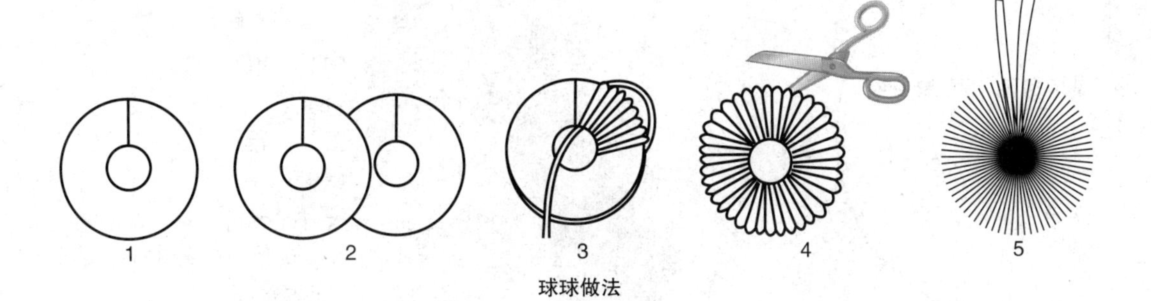

球球做法

编织简述：

从下摆起针后环形按花纹织相应长后，一次性减针织正身，先减袖窿后减领口，肩头缝合后挑织领子；袖口起针后环形向上直织相应长度，一次性加针后环形织至腋下，减袖山后，余针一次性减至相应针目后平收，与正身做泡泡袖缝合。

编织步骤：

① 用6号针起210针按图解环形织凤尾花纹至22cm处。

② 一次性减至138针按整体排花向上环形织40cm后减袖窿，①平收腋正中8针，②隔1行减1针减3次。

③ 距后脖8cm时减领口，①平收领正中13针，②隔1行减3针减1次，③隔1行减2针减2次，④隔1行减1针减3次，前后肩头缝合后从领口环形挑出88针织13cm扭针双罗纹后收机械边。

④ 袖口用6号针起40针环形织33cm扭针双罗纹后，一次性加至68针改织11cm胸部一样的花纹后减袖山，①平收腋正中8针，②隔1行减1针减14次，余针一次性减至16针，与正身做泡泡袖缝合。

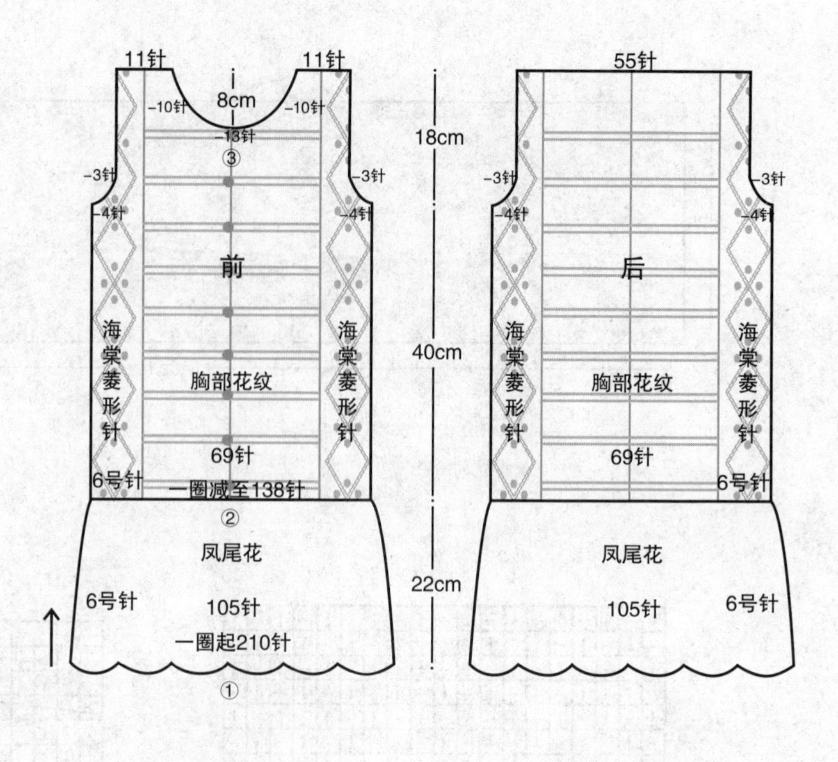

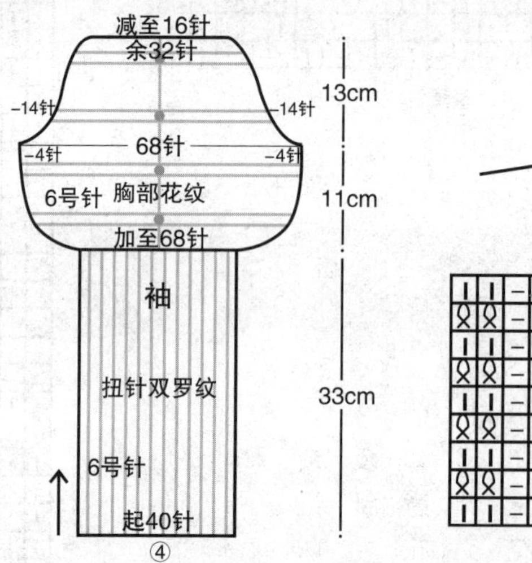

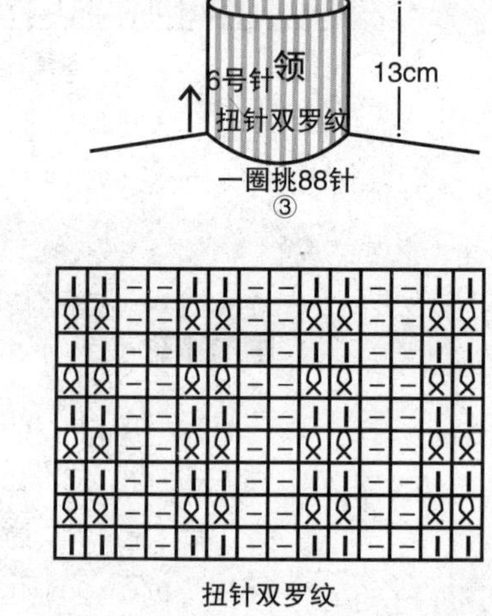

5

材 料：
286规格纯毛粗线

用 量：
650g

工 具：
6号针

尺寸（cm）：
衣长80 袖长57 胸围73 肩宽29

平均密度：
10cm²=19针×24行

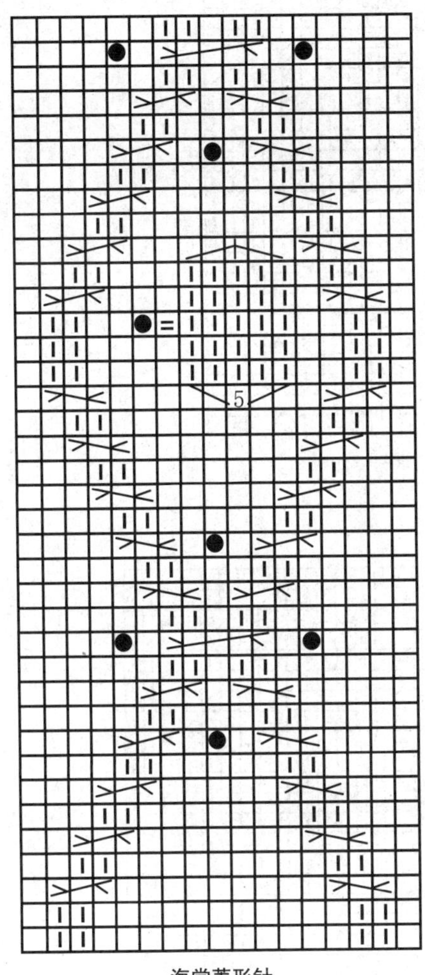

海棠菱形针

胸部花纹

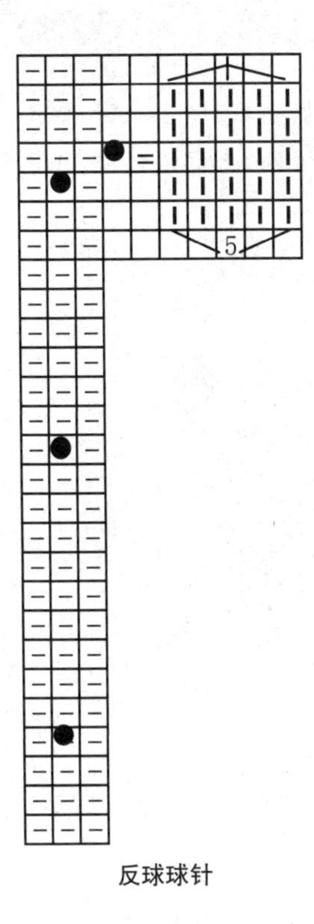

反球球针

凤尾花

整体排花：

17	1	15	3	15	1	17
海棠菱形针	反针	正针	反球球针	正针	反针	海棠菱形针
17	1	15	3	15	1	17
海棠菱形针	反针	正针	反针	正针	反针	海棠菱形针

编织简述：

织一个长方形后，再钩一个长绳，穿入相应位置形成披肩。

编织步骤：

① 用6号针起96针往返织4cm锁链针，加至120针按整体排花织100cm后，再减至96针织4cm锁链针。

② 钩一根长绳穿入反针组内，作为颈部系绳。

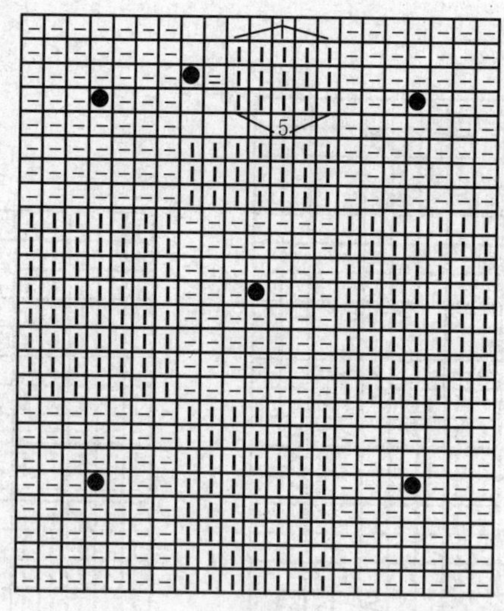

种植园针

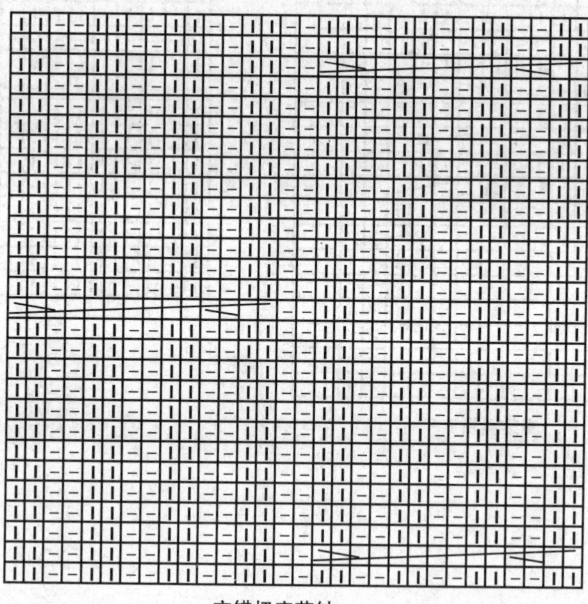

交错扭麻花针

Tips:

由于锁链针的弹性大，为保证整体密度相同，起针和收针处的锁链针要适当减针。

6

材　料：
286规格纯毛粗线

用　量：
300g

工　具：
6号针

尺寸（cm）：
以实物为准

平均密度：
$10cm^2$=20针×24行

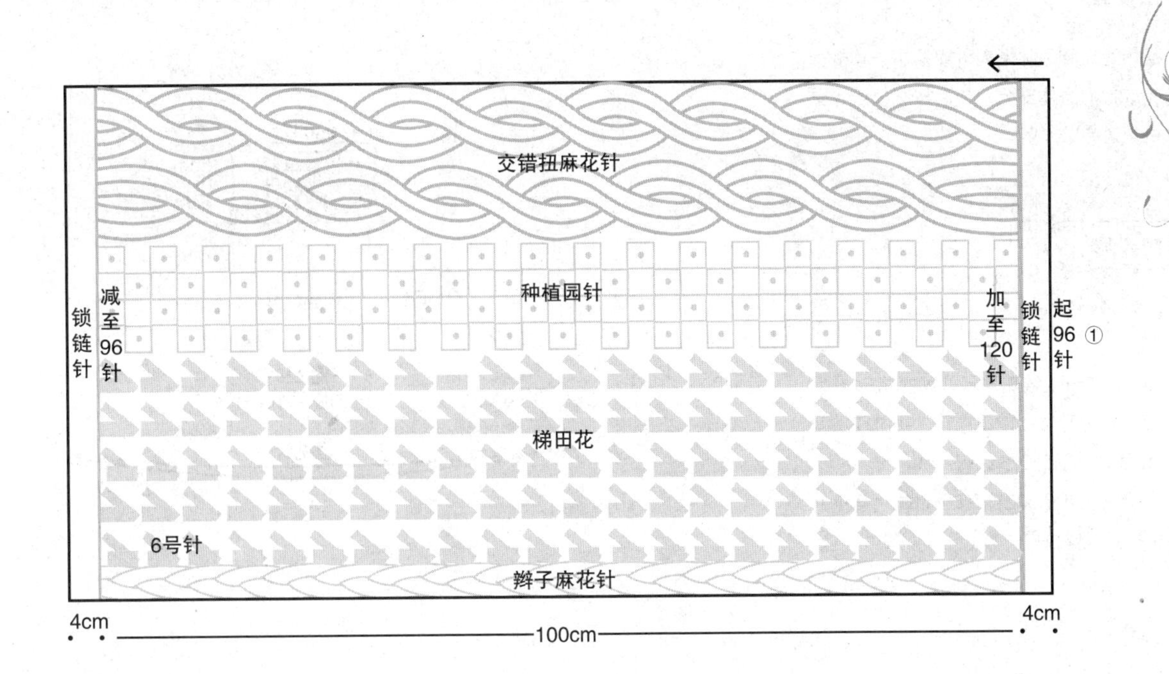

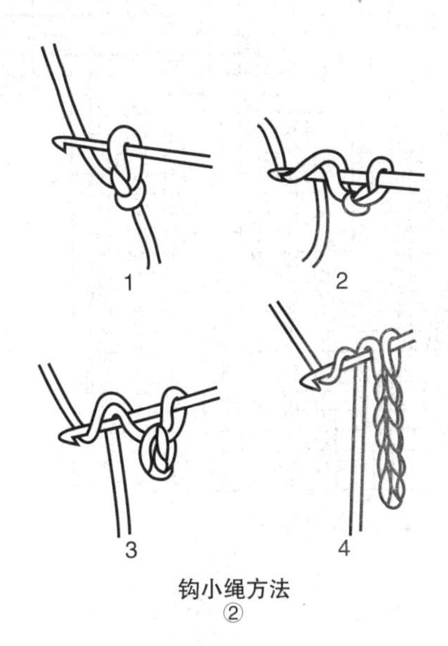

钩小绳方法
②

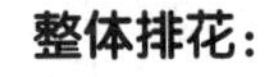

整体排花：

9	1	48	1	28	33
辫子麻花针	反针	梯田花针	反针	种植园针	交错扭麻花针

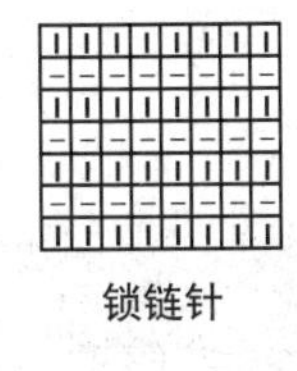

锁链针

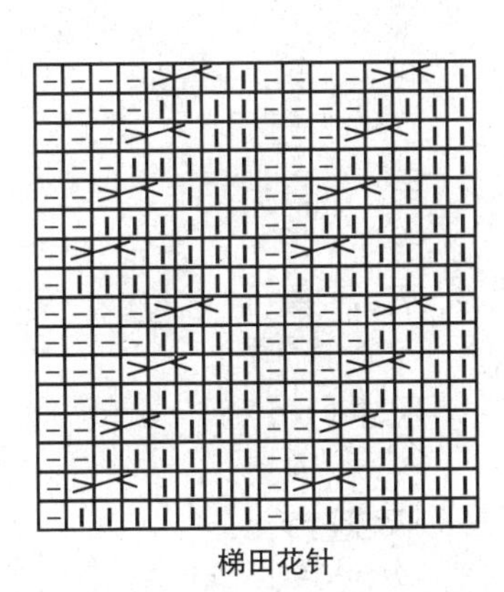

梯田花针

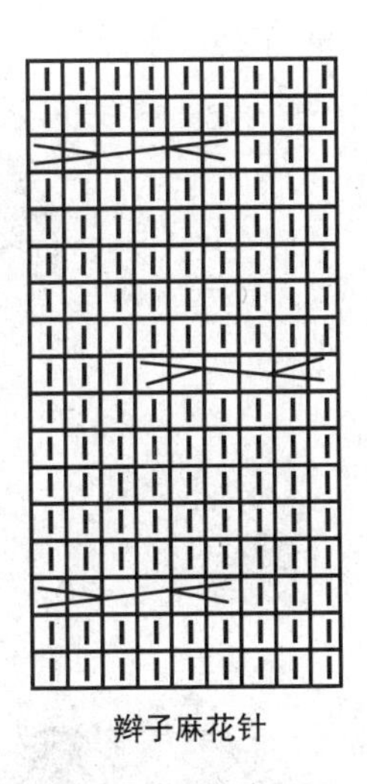

辫子麻花针

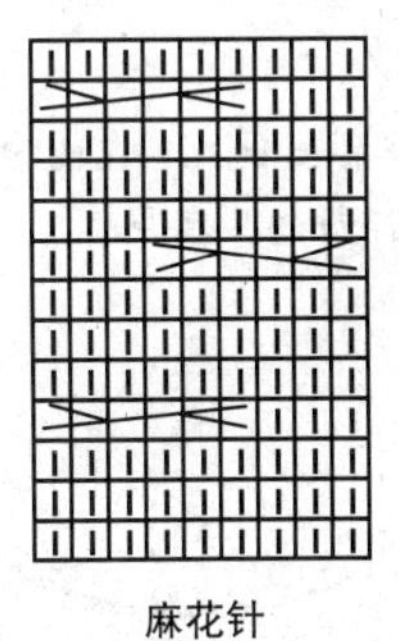

麻花针

编织简述：

从领边起针后环形向下织领子，按规律加针完成披肩主体部分，最后按花纹织花边并收机械边完成披肩。

编织步骤：

① 用8号针起84针环形织10cm扭针单罗纹球球针。

② 换6号针改织锁链球球针，同时将84针均分12份，隔3行在每份内加1针，共加12次，至20cm时，一圈为228针。

③ 不换针统一减至192针后改织10cm樱桃针并收机械边形成披肩。

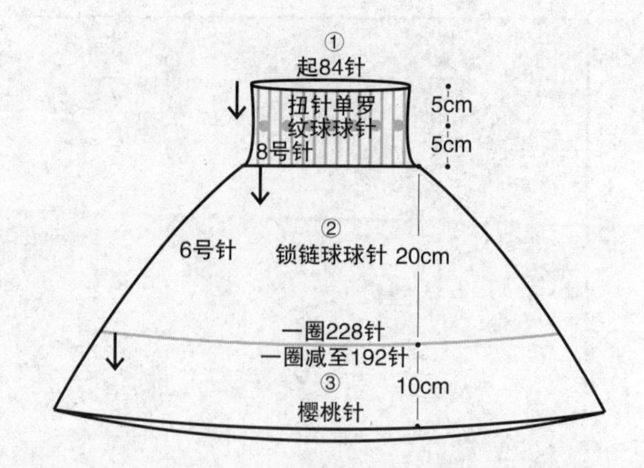

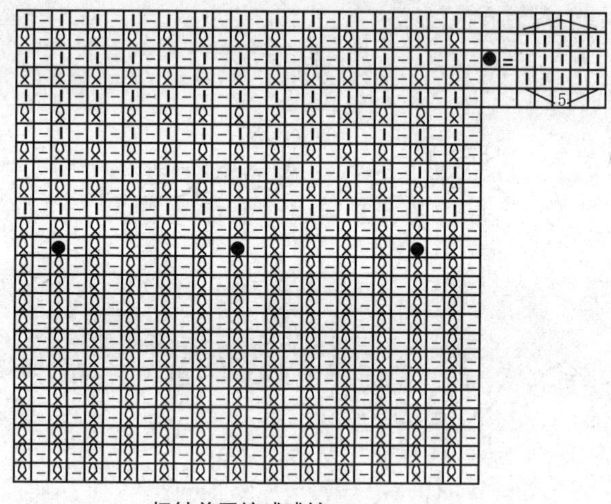

扭针单罗纹球球针

7

材　　料：
278规格纯毛粗线

用　　量：
300g

工　　具：
6号针　8号针

尺寸（cm）：
以实物为准

平均密度：
10cm²=19针×25行

披肩加针方法：

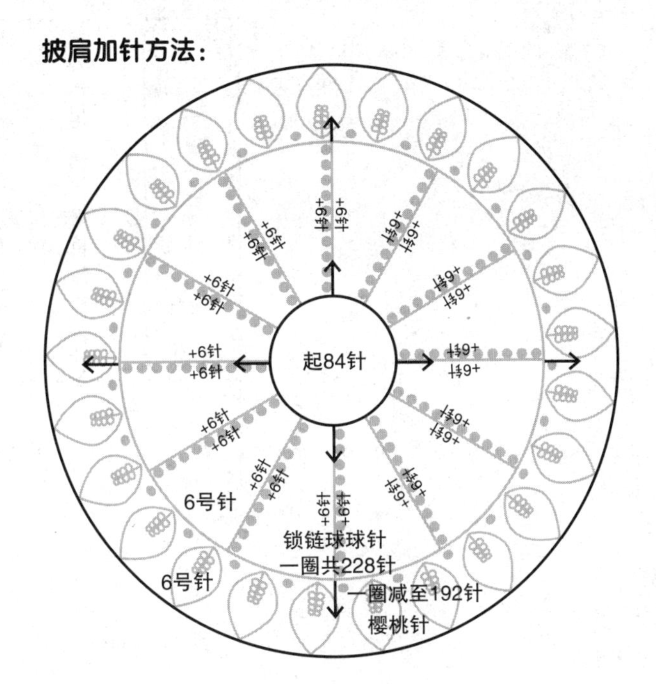

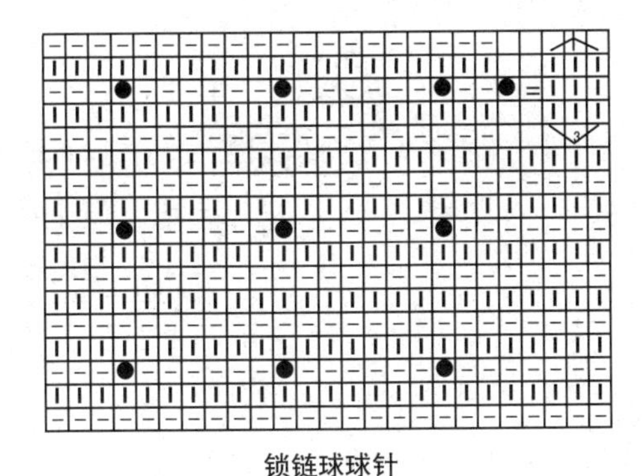

锁链球球针

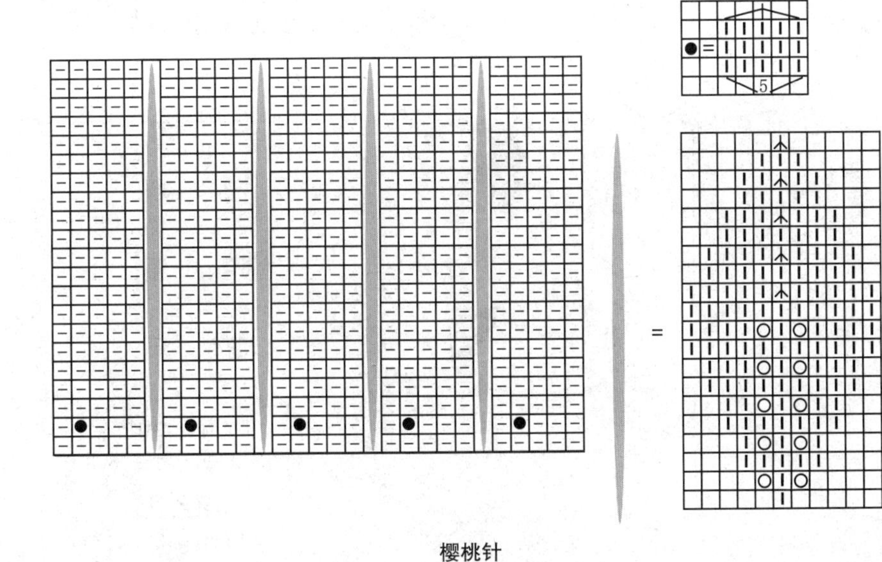

樱桃针

编织简述：

先织后片，再织两个长方形，将长方形的一端与后片的肩头分别缝合；最后将织好的袖子与腋部缝合，其他部位不做处理。

编织步骤：

① 用6号针先织后片，起65针往返织星星针，至35cm后减袖窿，①平收腋一侧4针，②隔1行减1针减5次，余针向上直织至18cm后收针。

② 用6号针起40针按门襟排花往返织门襟片，至62cm时一次性减至14针并紧收平边。织两个相同大小的门襟片。

③ 将门襟片与后片肩头各取14针缝合。

④ 袖口用6号针起36针环形织19cm扭针双罗纹后改织正针，并在袖腋处隔13行加1次针，每次加2针，共加4次，袖长至39cm后改织宽锁链球球针，袖长至44cm时减袖山，①平收腋正中的6针，②隔1行减1针减12次，余针平收，与正身的开口处缝合，门襟和后片之间不必缝合。

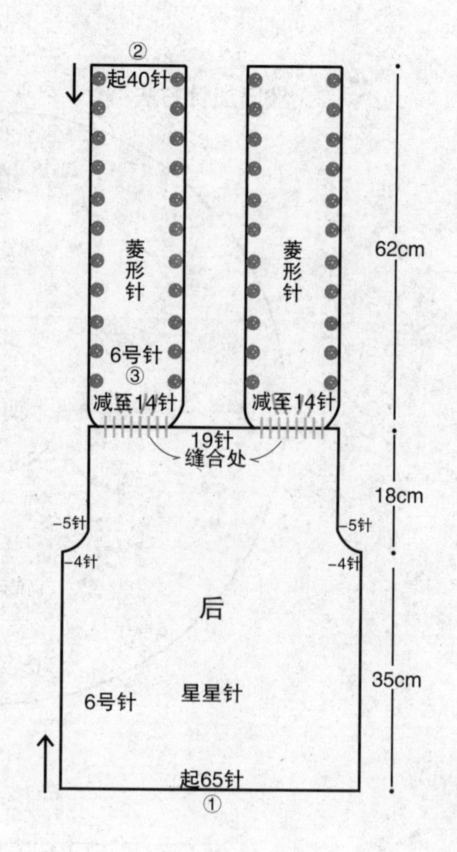

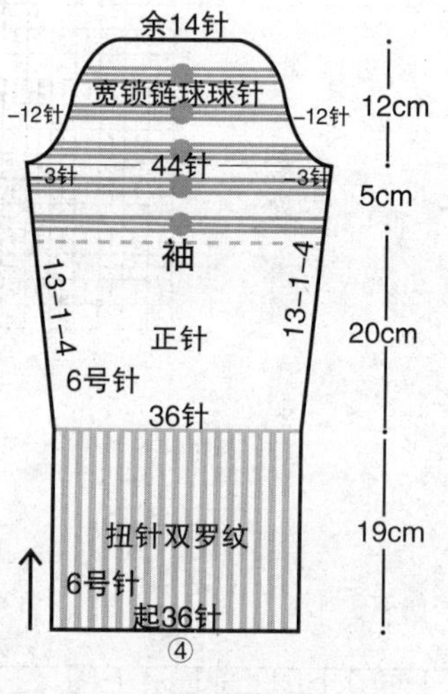

8

材　　料：
278规格纯毛粗线

用　　量：
550g

工　　具：
6号针

尺寸（cm）：
衣长53　袖长56　胸围72　肩宽26

平均密度：
10cm²=18针×24行

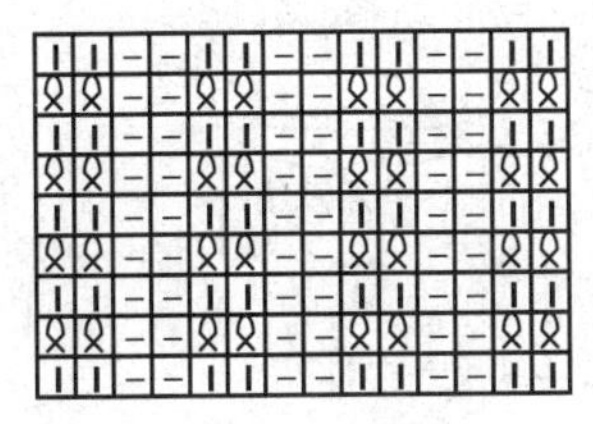

扭针双罗纹

门襟排花：

7	5	16	5	7
锁链球球针	星星针	菱形针	星星针	锁链球球针

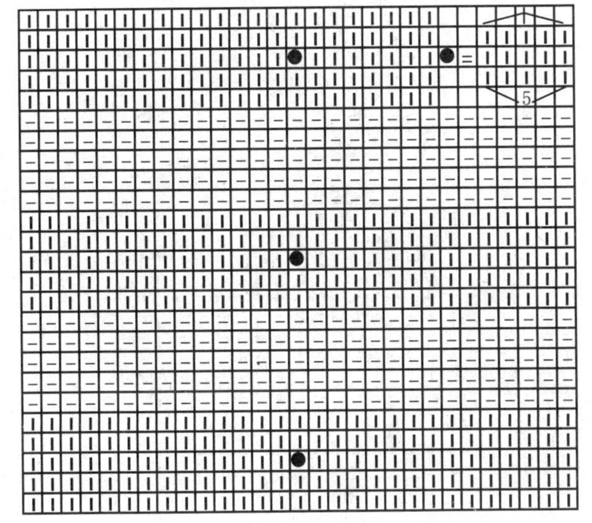

宽锁链球球针

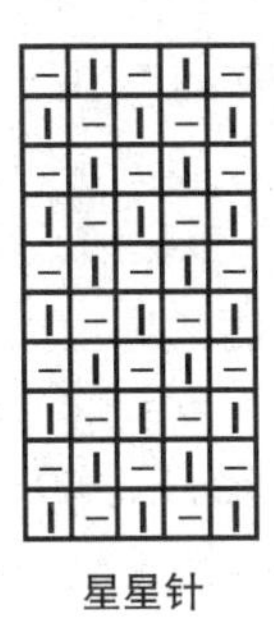

星星针

门襟图解

编织简述：

从下摆起针环形织底边后，加针按花纹织，先减袖窿后减领口，领后挑织；袖口起针织喇叭袖，相应长后统一减针织扭针双罗纹至腋下，减袖山后与正身整齐缝合。

编织步骤：

① 用6号针起152针环形织25cm扭针双罗纹。

② 加至190针改织15针海棠菱形隔4反针，织10cm后，以15针海棠菱形为腋正中减袖窿，①平收腋正中8针，②隔1针减1针减6次。

③ 距后脖8cm时减领口，①平收领正中11针，②隔1行减3针减1次，③隔1行减2针减1次，④隔1行减1针减2次。从领口环形挑88针织12cm扭针双罗纹，收双机械边。

④ 袖口用6号针起80针环形织与正身一样的15针海棠菱形隔4反针，至30cm后统一减至52针并改织扭针双罗纹，袖长至44cm后减袖山，①平收腋正中8针，②隔1行减1针减14次，余针平收，与正身整齐缝合。

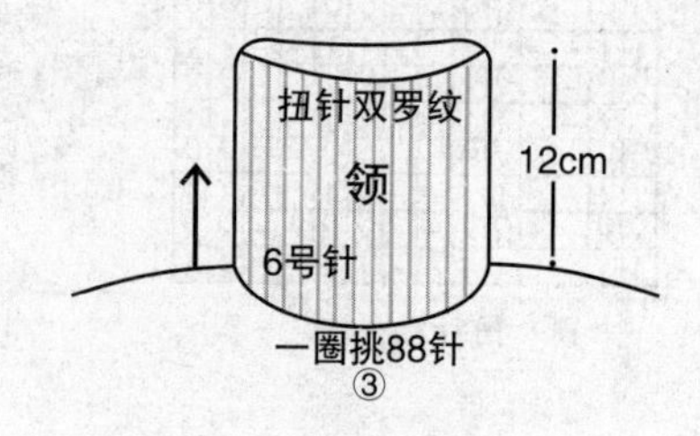

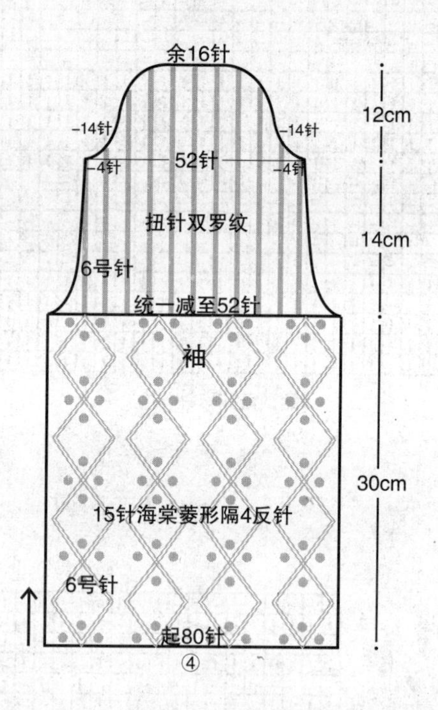

9

材　料：
286规格纯毛粗线

用　量：
525g

工　具：
6号针

尺寸（cm）：
衣长53 袖长56 胸围86 肩宽34

平均密度：
10cm²=22针×26行

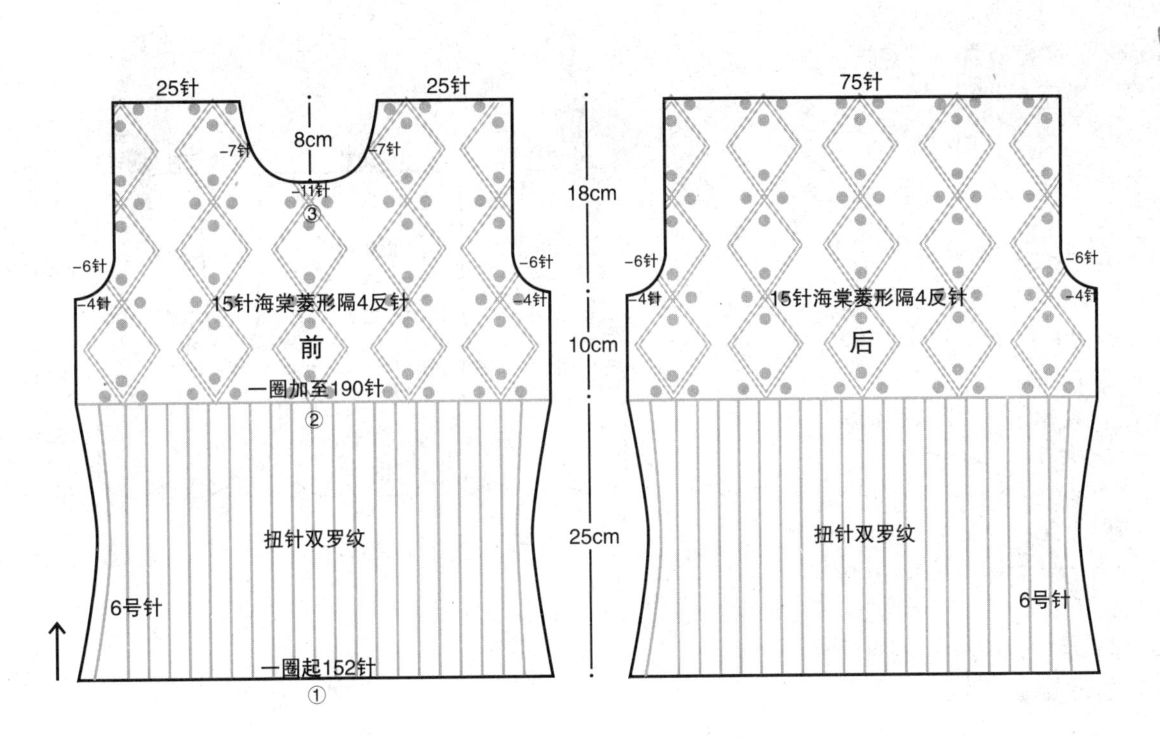

扭针双罗纹

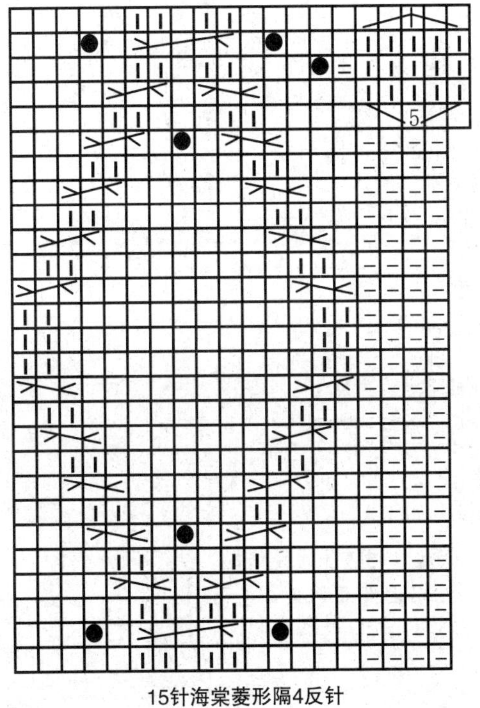

15针海棠菱形隔4反针

编织简述：

从下摆起针后往返向上织，相应长后同时减袖窿口和领口，前后肩头缝合后，门襟的针目不必缝合，依然向上直织，至后脖正中时对头缝合，最后挑织两袖。

编织步骤：

① 用6号针起144针往返织15cm贝壳针。

② 不换针按整体排花往返向上织3cm后减袖窿，①平收腋正中6针，②隔1行减1针减3次，余针向上直织。

③ 减袖窿的同时减领口，①在领边8针七巧板针的内侧隔3行减1针，共减15次。②余针向上直织。

④ 前后肩头缝合后，领边的8针七巧板针不必缝合，依然向上直织至后脖正中时对头缝合形成领子。

⑤ 用6号针从袖窿口挑出120针，环形织10cm樱桃针后松收机械边形成袖子。

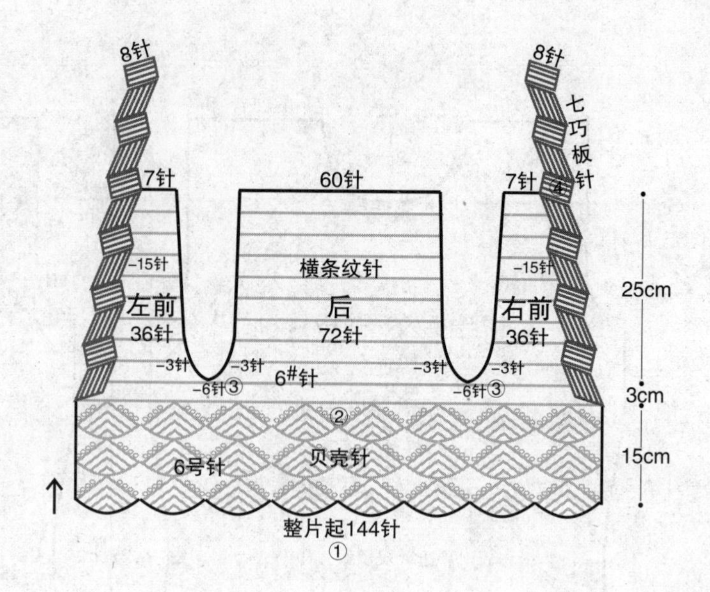

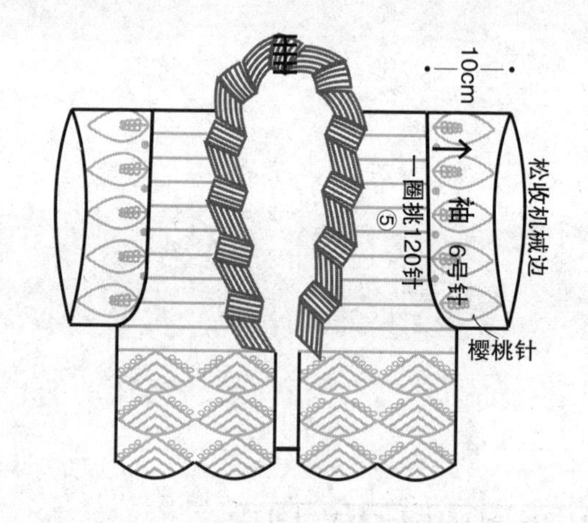

10

材　料：
278规格纯毛粗线

用　量：
350g

工　具：
6号针

尺寸（cm）：
以实物为准

平均密度：
$10cm^2$=20针×25行

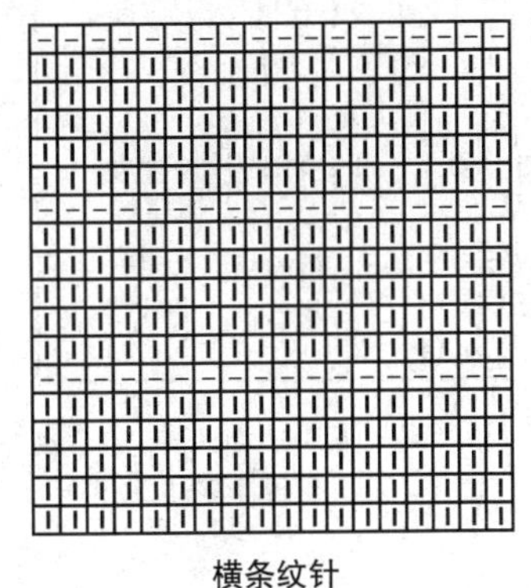

横条纹针

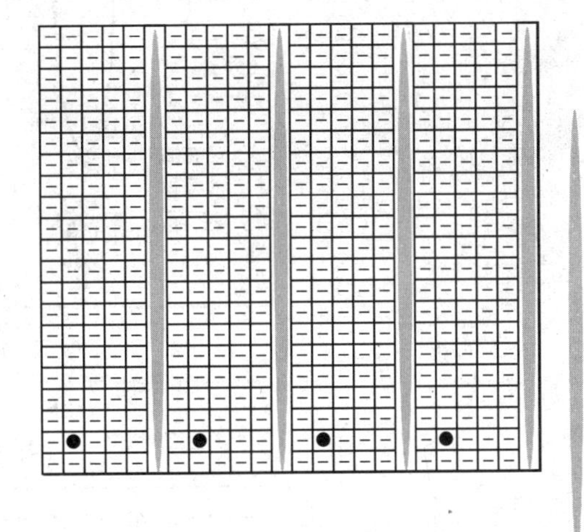

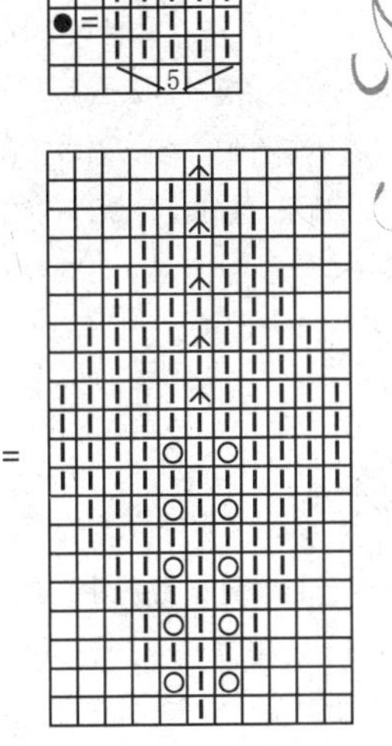

樱桃针

整体排花：

8	128	8
七巧板针	横条纹针	七巧板针

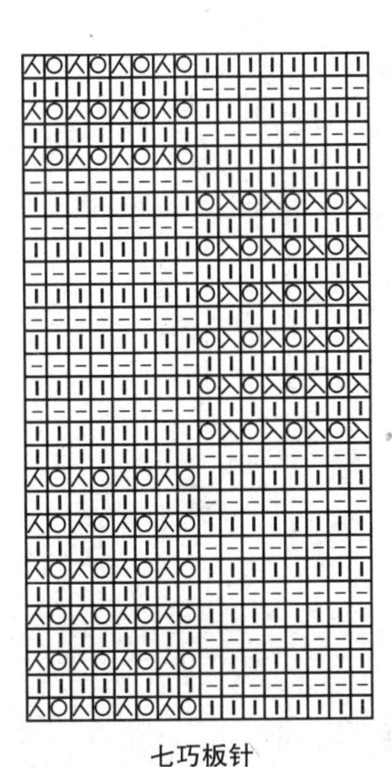

七巧板针

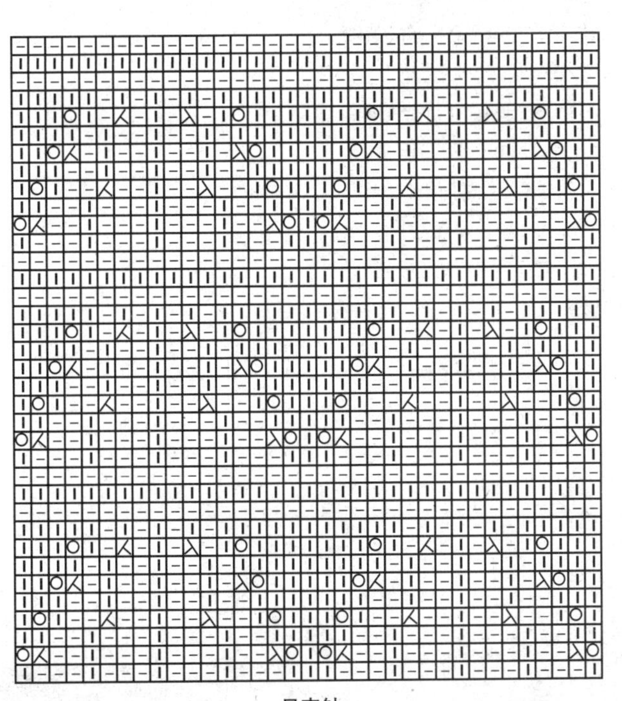

贝壳针

绕线起针方法

编织简述：

按要求织两个长方形，并从其侧面挑针织正身，相应长后减袖窿，领口不必减针，取前后肩相等针目缝合后，余针为领口针目，另线起针织一条长围巾，侧缝合于领口处形成领子；袖口起针后环形向上织，并在袖腋处规律加针至腋下，减袖山后余针平收，与正身整齐缝合。

编织步骤：

① 用6号针起40针按图往返织星星球球针，至50cm长时收针形成长方形。

② 共织两个相同大小的长方形，按图从上沿挑出151针，并按正身排花向上织18cm后减袖窿，①平收腋正中8针，②隔1行减1针减3次。

③ 领口不必减针，与后脖等高时，前后肩各取13针缝合后，余针为领口，另线起42针往返织星星四喜花至55cm时收针形成长围巾，将侧边与领口处缝合形成领子。

④ 袖口用6号针起34针环形织18cm双波浪凤尾针后改织正针，并在袖腋处隔13行加1次针，每次加2针，共加3次，总长至42cm时减袖山，①平收腋正中8针，②隔1行减1针减12次，余针平收，与正身整齐缝合。

⑤ 在左门襟处缝5枚纽扣。

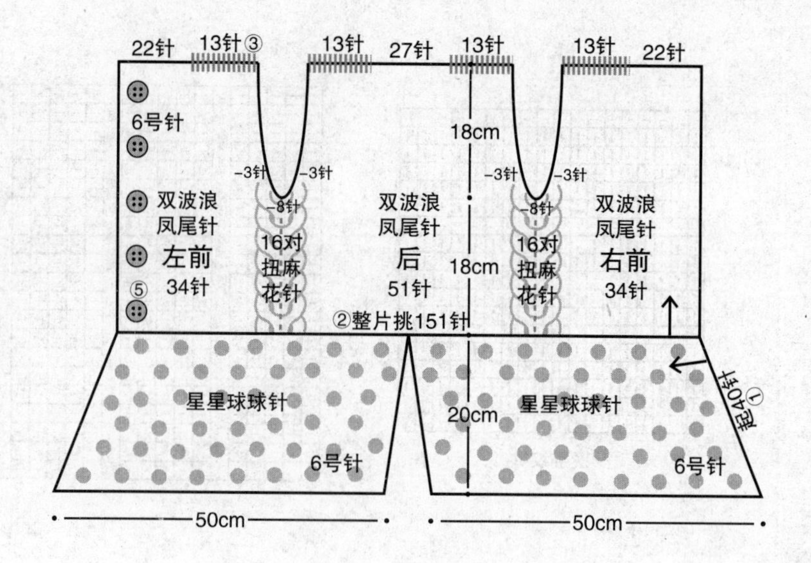

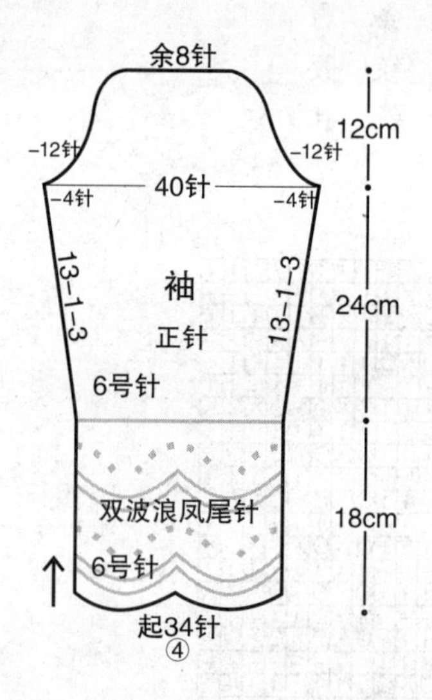

11

材　料：
286规格纯毛粗线

用　量：
550g

工　具：
6号针

尺寸（cm）：
衣长56　袖长54　胸围79

平均密度：
10cm²=19针×25行

正身排花：

34	16	51	16	34
双波浪凤尾针	对扭麻花针	双波浪凤尾针	对扭麻花针	双波浪凤尾针

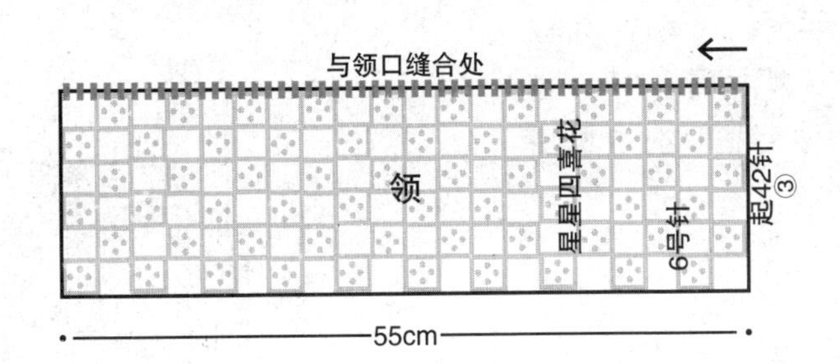

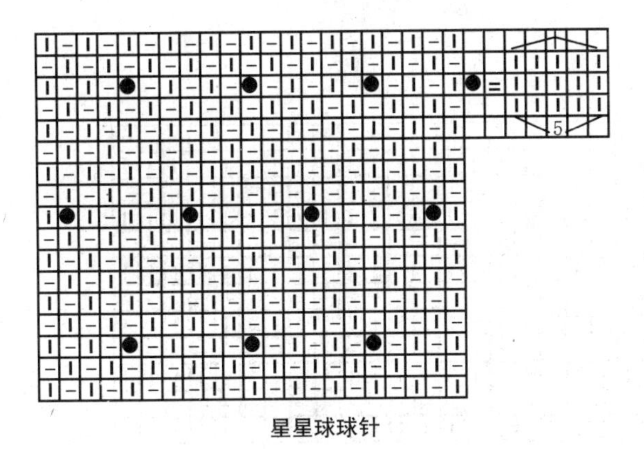

星星球球针

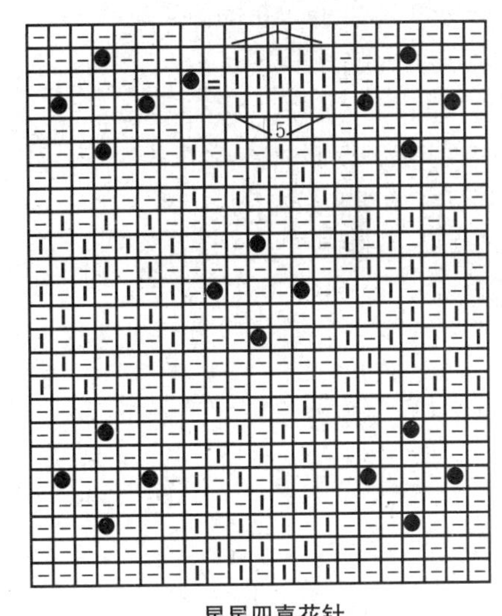

星星四喜花针

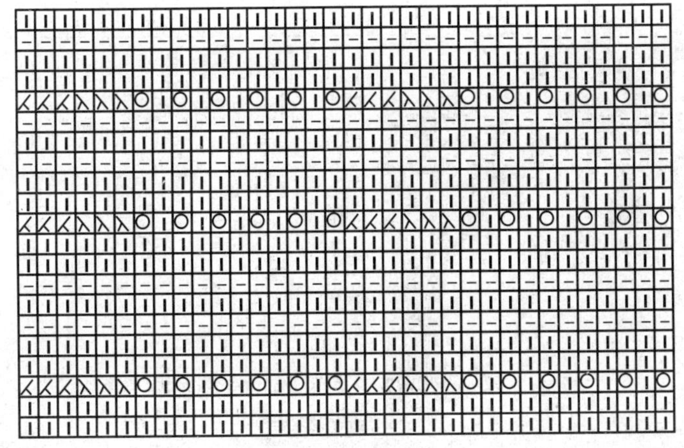

双波浪凤尾针

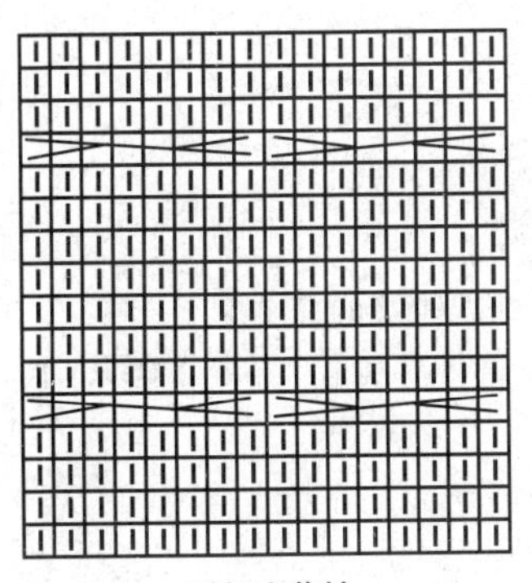

对扭麻花针

编织简述：

从下摆起针后环形向上织，统一减针后织正身，先减袖窿后减领口，前后肩头缝合后挑织领子；袖口起针后环形向上织，规律加针至腋下后减袖山，余针平收，与正身整齐缝合。

编织步骤：

① 用6号针起170针环形织阿尔巴尼亚罗纹针。

② 总长至28cm时减袖窿，①平收腋正中10针，②隔1行减1针减5次，余针向上直织。

③ 距后脖10cm时减领口，①平收领正中19针，②隔1行减3针减1次，③隔1行减2针减1次，④隔1行减1针减1次。余针向上直织，前后肩头缝合后，从领口处挑出120针，用8号针环形向上织2cm扭针单罗纹球球针后收机械边形成圆领。

④ 袖口用6号针起50针环形织40cm阿尔巴尼亚罗纹针后，改织2cm锁链针，总长至42cm时减袖山，①平收腋正中10针，②隔1行减1针减12次，余针平收，与正身整齐缝合。

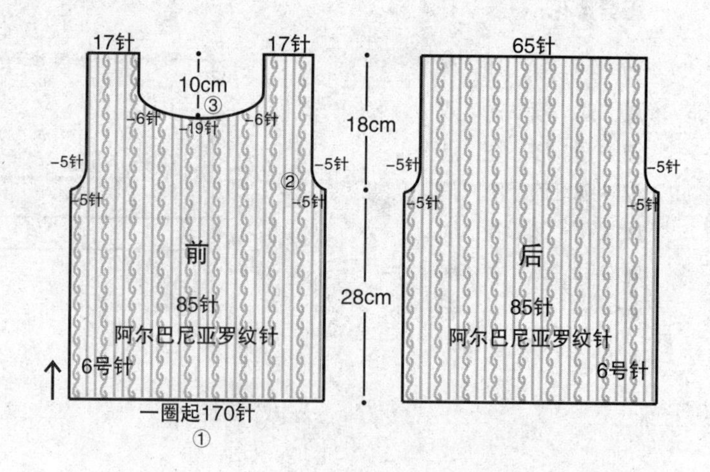

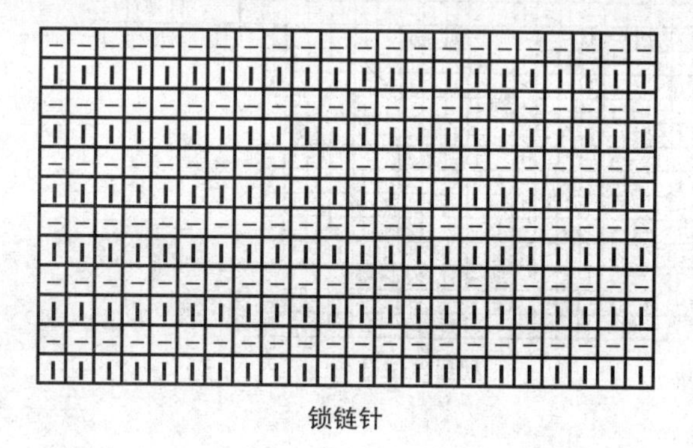

锁链针

Tips:

挑织领边时注意整齐，特别是前领口位置，不要出现孔洞。

12

材　　料：
280规格纯毛粗线

用　　量：
500g

工　　具：
6号针　8号针

尺寸（cm）：
衣长46 袖长54 胸围85 肩宽32

平均密度：
$10cm^2$=20针×24行

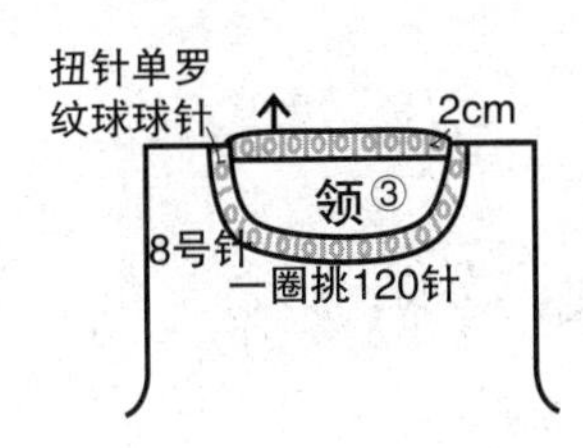

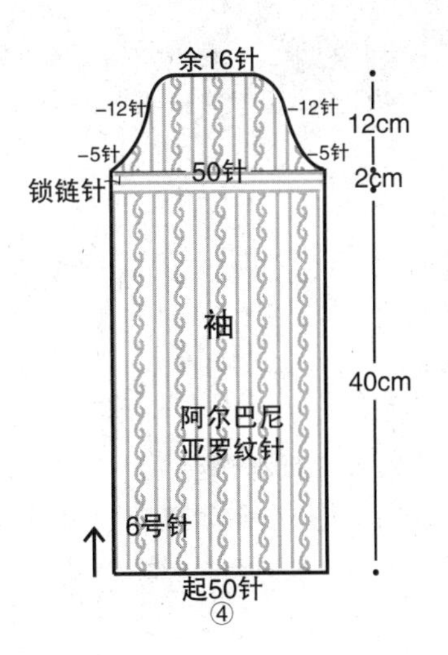

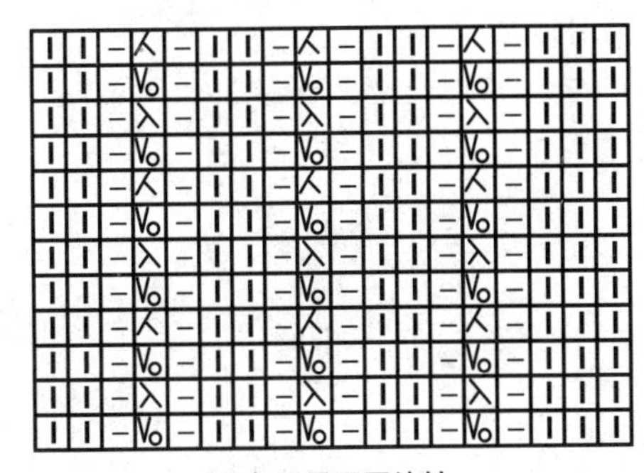

阿尔巴尼亚罗纹针

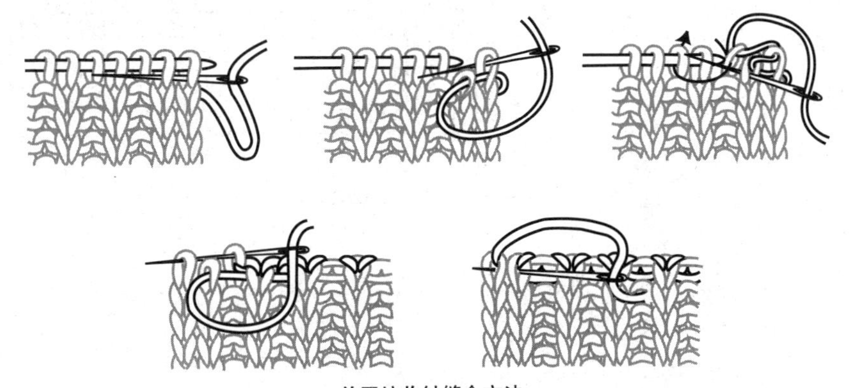

单罗纹收针缝合方法

扭针单罗纹球球针

编织简述：

从后腰处起针按排花往返织片，后腰正中的锁链针按要求减完后，只余左右花纹合在一起再向上织相应长，然后在侧面挑针织与后腰同样形状的锁链针，按规律减针后，余针待织；另线起针织一条长围巾，按图侧缝合于门襟、领口、后脖处；开口为袖窿口，挑针后向下织袖子。

编织步骤：

① 用6号针起145针，按排花左右织海棠菱形针，中间91针织锁链针。

② 锁链针共分三组，每组第1针为减针点，①隔1行减1针减16次，②隔3行减1针减7次，减完91针锁链针后，只余后背正中两组海棠菱形针，向上织28cm收平边。

③ 用6号针分别从两侧挑出所有针目织袖边，第2行时减至91针，织与腰部一样的锁链针，隔1行减1针减16次后，余27针串起待织。

④ 用6号针另线起30针按排花织一条长围巾，约160cm收针，侧缝合在门襟、领口、后脖处。

⑤ 袖子：从围巾一侧挑出25针，与待织的27针合成52针后，一次性减至30针环形织40cm锁链针后收平边形成袖子。

后腰排花：

6	15	6	91	6	15	6
反针	海棠菱形针	反针	锁链针	反针	海棠菱形针	反针

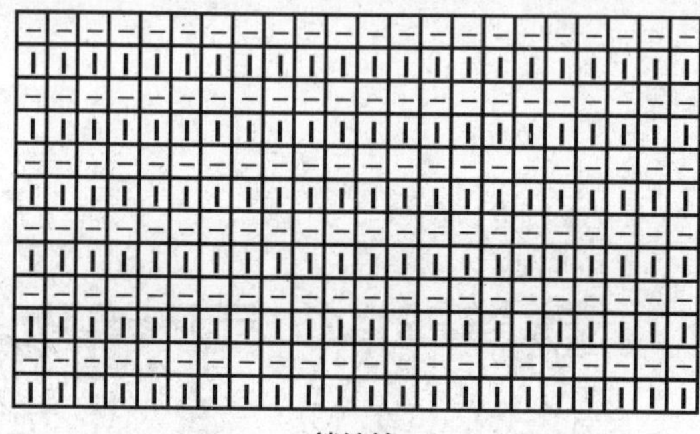

锁链针

13

材　　料：
286规格纯毛粗线

用　　量：
650g

工　　具：
6号针

尺寸（cm）：
以实物为准

平均密度：
10cm²=22针×24行

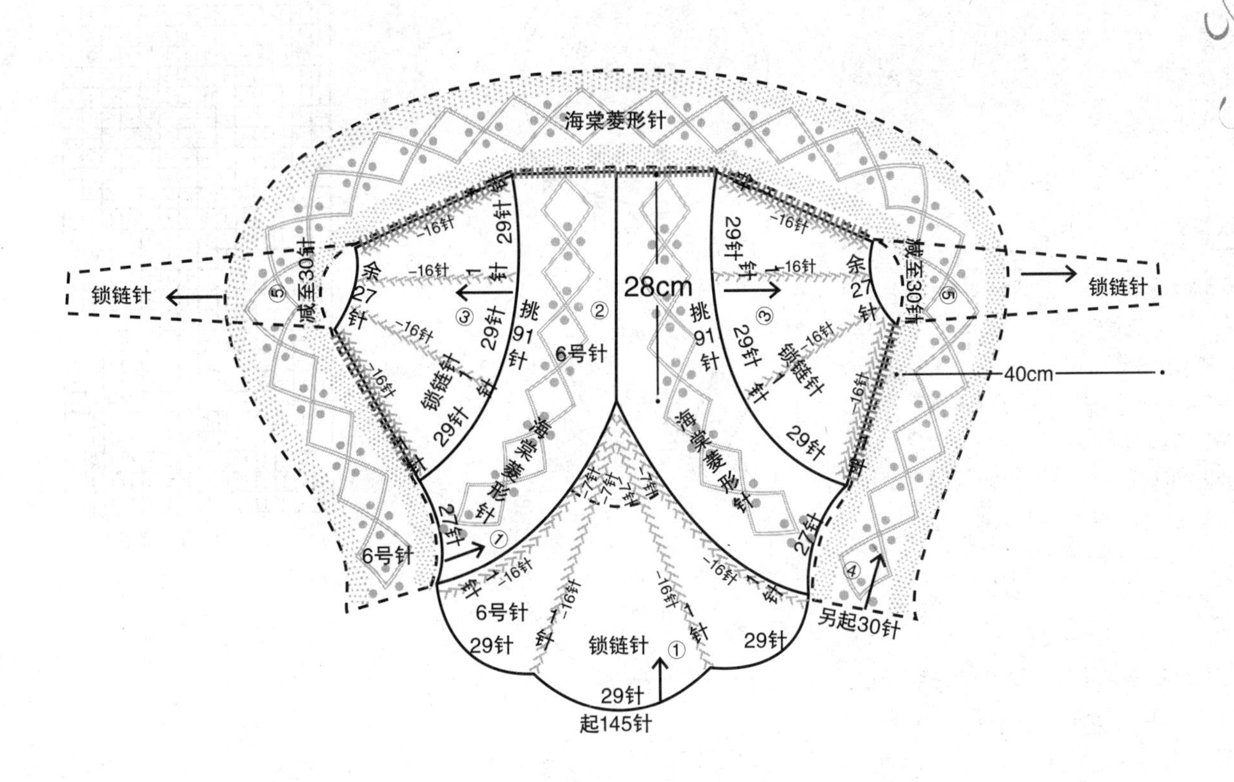

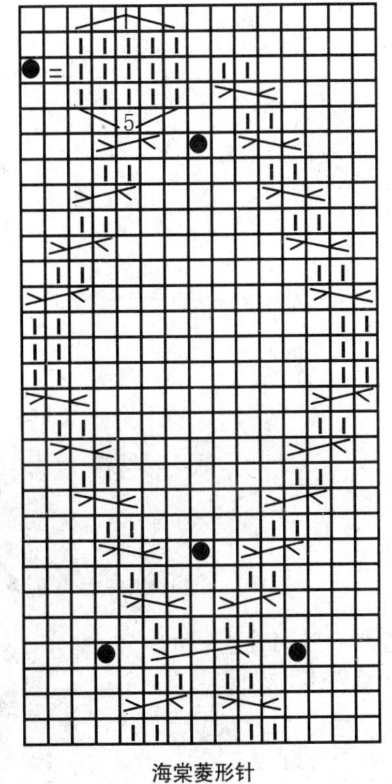

海棠菱形针

围巾排花：

7	15	8
锁链针	海棠菱形针	反针

编织简述：

从下摆起针后环形向上织，统一减针后织正身，先减袖窿后减领口，前后肩头缝合后挑织领子；袖口起针后环形向上织，规律加针至腋下后减袖山，余针平收，与正身整齐缝合。

编织步骤：

① 用6号针从圆形的正中起8针，以每1针为加针点，隔1行在加针点的一侧加1针，共加20次，加出针织横条纹针。

② 不换针改织3cm锁链针后收针形成圆片。共织两个相同大小的圆片。

③ 圆片由8份组成，第1份为领口，在其左右半份位置挑14针往返织10cm双排扣花纹形成肩带，并与后背圆片缝合。

④ 圆片挑织肩带余下的半份不缝，只将左右第3份和第7份与后背圆片缝合。

⑤ 余下的前后圆片第4、5、6份边沿处环形挑织下摆，用6号针挑120针环形织10cm樱桃针后收机械边。

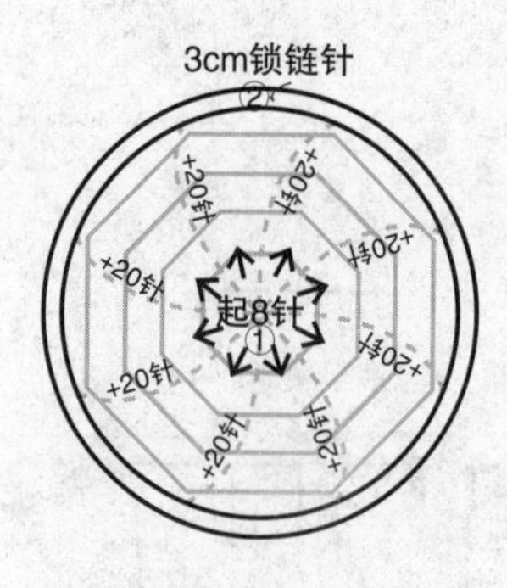

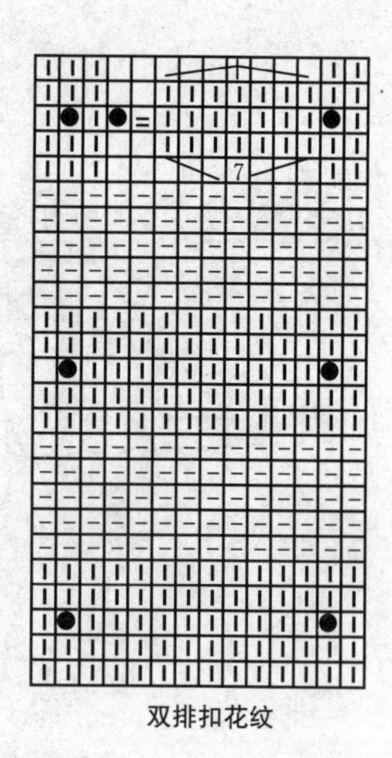

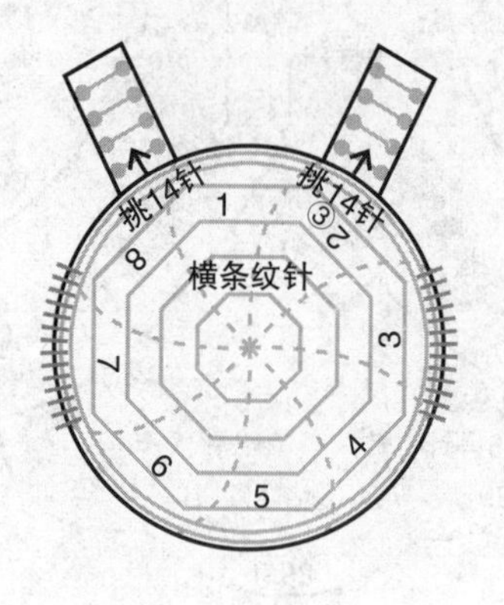

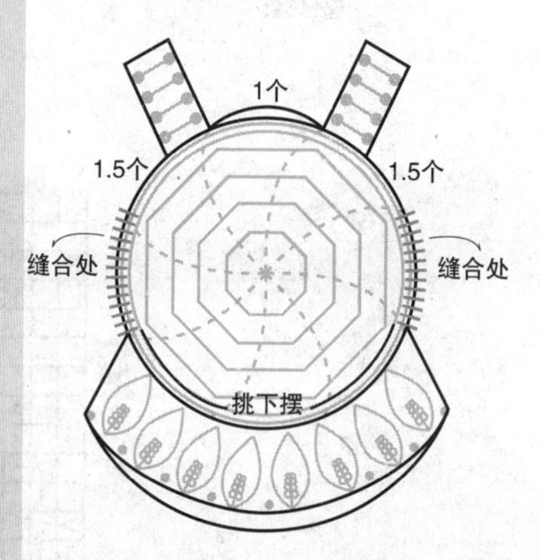

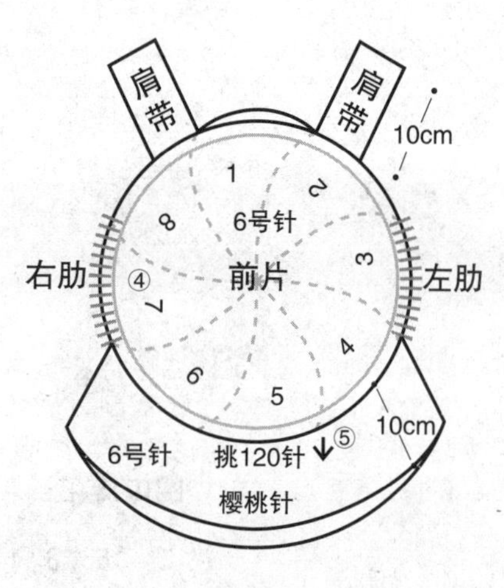

14

材　　料：
278规格纯毛粗线

用　　量：
500g

工　　具：
6号针

尺寸（cm）：
以实物为准

平均密度：
$10cm^2$=20针×25行

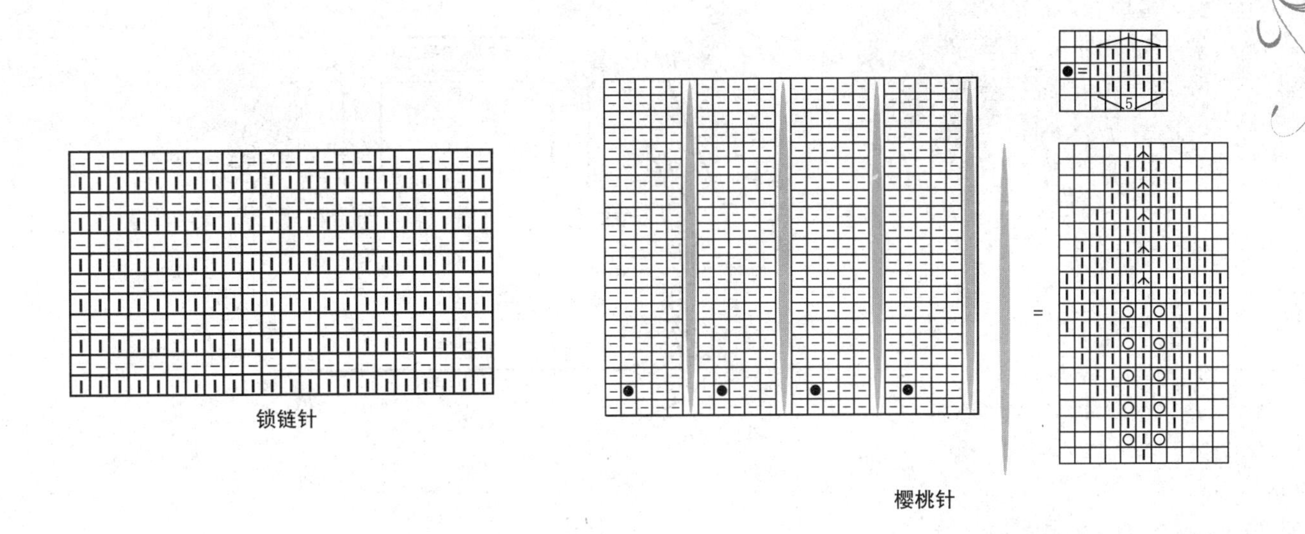

锁链针

樱桃针

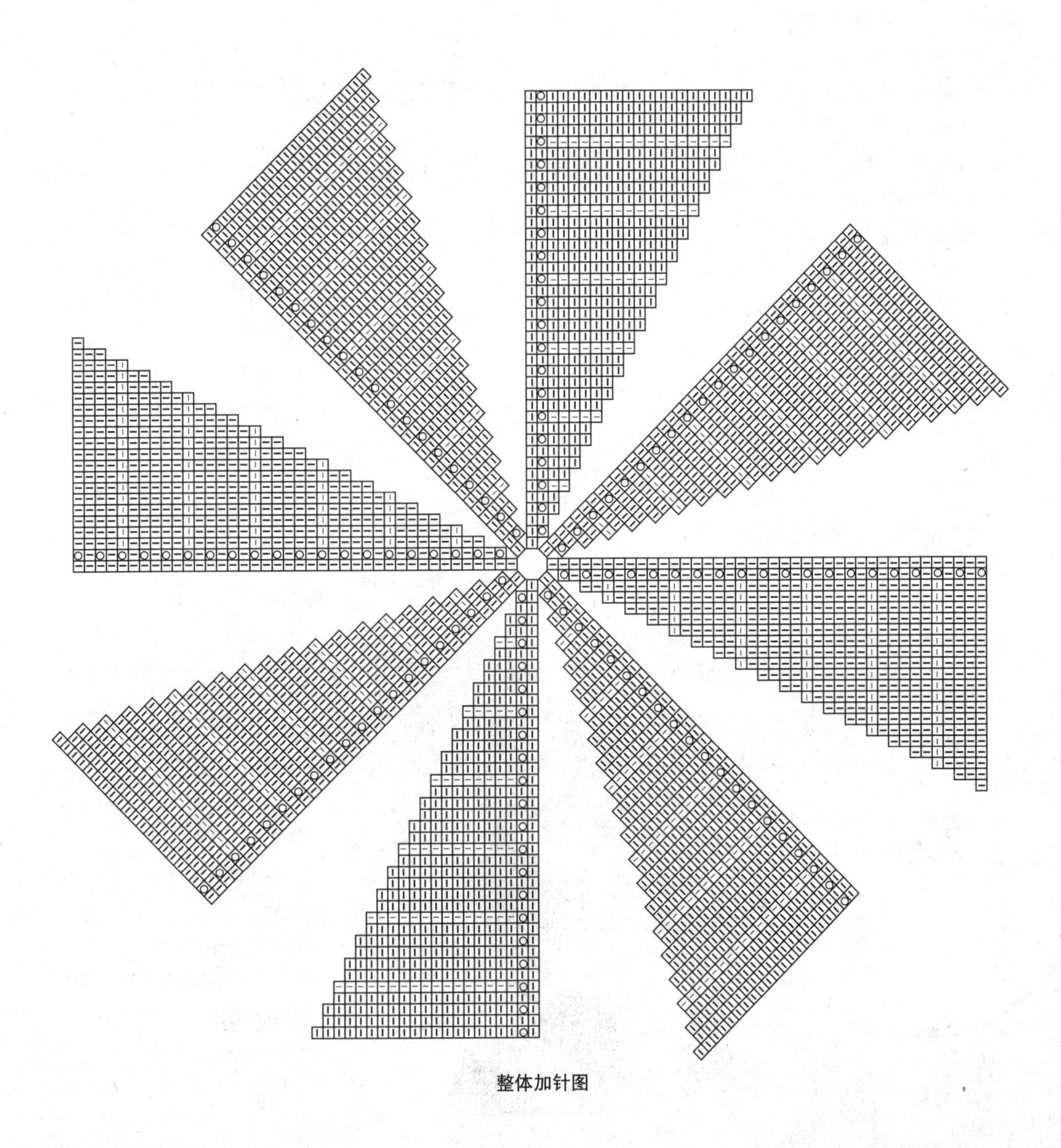

整体加针图

编织简述：

起针后从后下摆往返向上织，同时在两侧规律加针形成左右圆下摆，减领口和减袖窿同时进行，前后肩头缝合后，按图在“挑门襟处”挑针环形织领子、门襟及下摆等；袖子从袖山处起针向袖口织，同时在袖腋处规律减针至袖口，收针后，将袖与正身整齐缝合。

编织步骤：

① 用6号针起66针往返织星星针。

② 在两侧加针形成圆下摆效果，①隔1行加3针加2次，②隔1行加2针加2次，③隔1行加1针加5次。

③ 整片共96针向上直织12cm后减袖窿，①平收腋正中8针，②隔1行减1针减4次。

④ 距后脖18cm时减领口，①隔1行减1针减3次，②隔3行减1针减5次，余针向上直织。前后肩头缝合后，从领口、门襟、后脖处共挑出258针，环形织10cm反针后收平边。

⑤ 袖子从袖山处起15针，用6号针按袖山排花往返向袖口织，同时在15针的两侧隔1行加1针，加出针织星星针，共加13次后，整片共41针，再平加8针后，合圈向下织袖子，同时在袖腋处隔15行减1次针，每次减2针，共减5次，总长至43cm时，改织10cm正针后收平边形成袖口，最后将袖山与正身袖窿口整齐缝合。

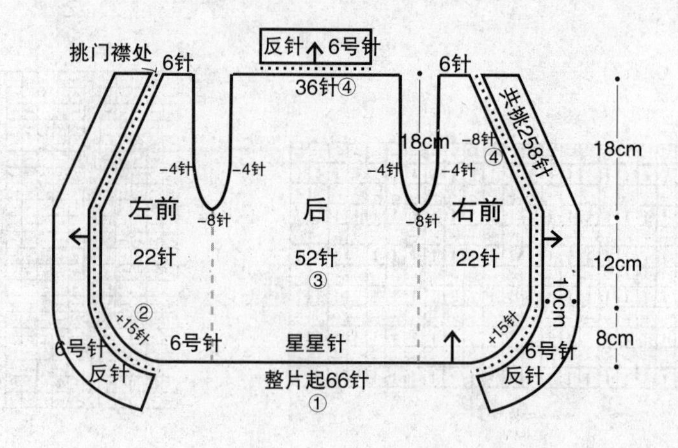

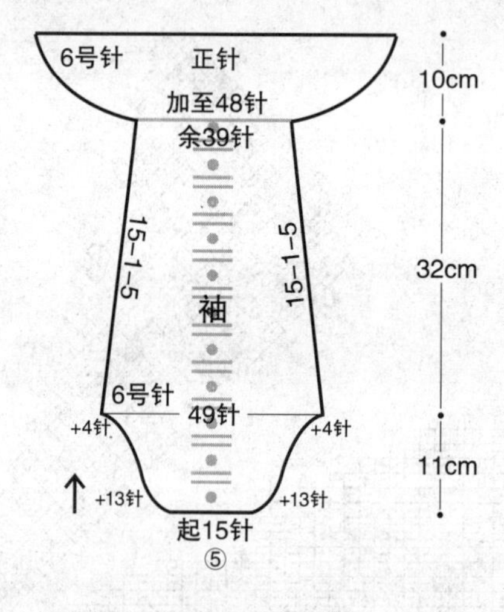

15

材　料：
278规格纯毛粗线

用　量：
500g

工　具：
6号针

尺寸（cm）：
衣长48　袖长53　胸围80　肩宽22

平均密度：
10cm²=16针×26行

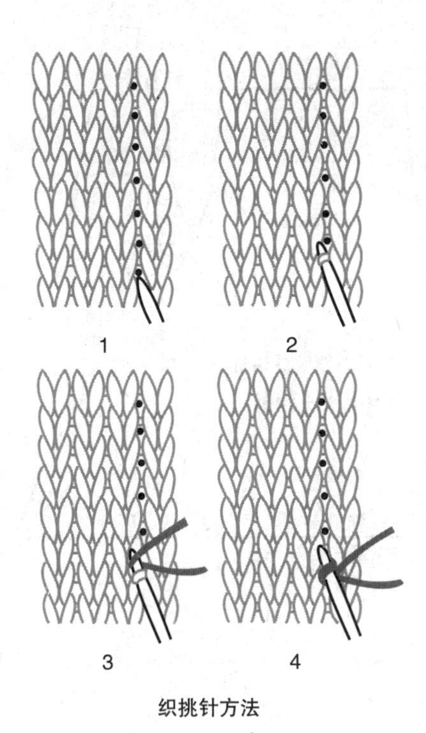

织挑针方法

袖山排花：

3	1	7	1	3
星星针	反针	锁链球球针	反针	星星针

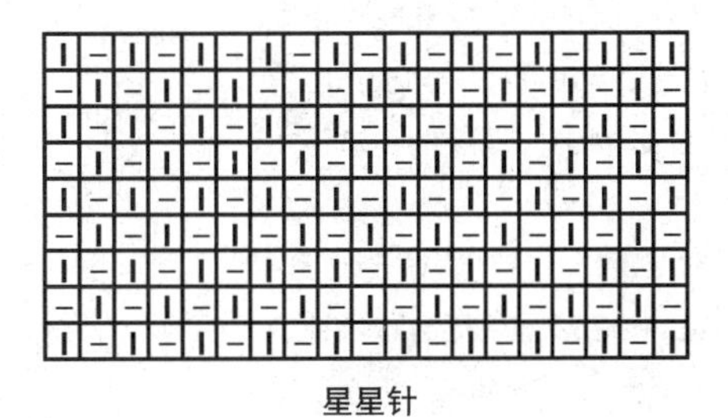

星星针

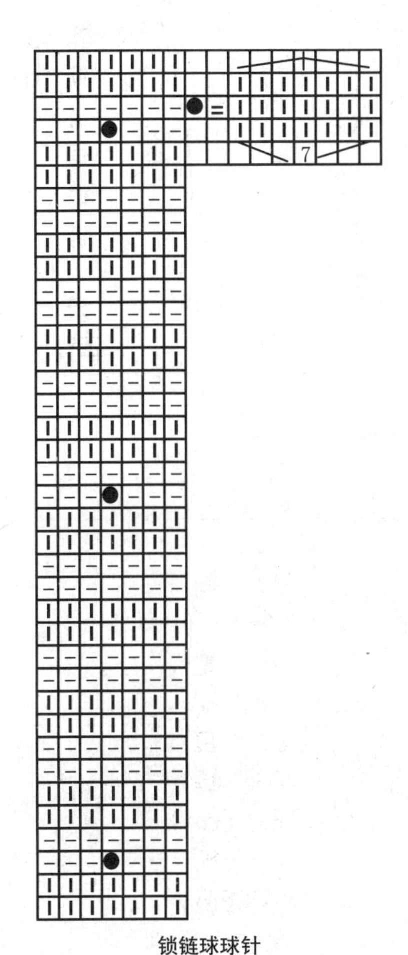

锁链球球针

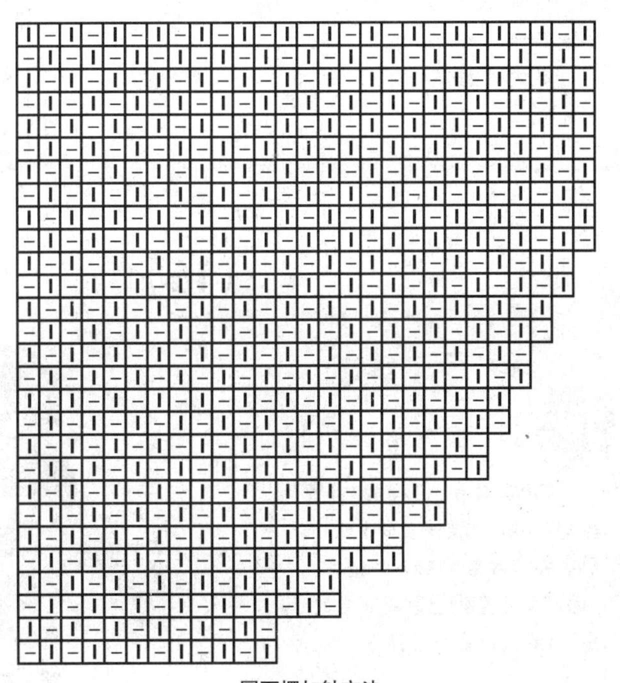

圆下摆加针方法

编织简述：

从下摆起针后往返向上织，按要求减针和加针形成收腰效果。减领口和减袖窿同时进行，前后肩头缝合后，门襟不缝，依然向上直织至后脖正中时对头缝合形成领子；袖口起针后按排花环形向上织，同时在袖腋处规律加针至腋下，减袖山后余针平收，与正身整齐缝合。

编织步骤：

① 用8号针起171针往返织3cm扭针单罗纹。

② 换6号针按下摆排花往返织13cm。

③ 换8号针统一减至149针，中间的133针改织扭针单罗纹球球针，左右的8宽锁链针不变。

④ 再次换回6号针，中间的133针改织正针，左右的8针依然织宽锁链针，至15cm后减袖窿，①平收腋正中10针，②隔1行减1针减5次。

⑤ 距后脖18cm时减领口，①在8宽锁链针门襟的内侧隔1行减1针减5次，②隔3行减1针减5次。前后肩头缝合后，8宽锁链针门襟不缝，依然向上直织，至后脖正中时对头缝合形成领子。

⑥ 袖口用8号针起36针环形织16cm扭针单罗纹后换6号针按袖子排花向上织，同时在袖腋处隔11行加1次针，每次加2针，共加6次，总袖长至44cm时减袖山，①平收腋正中10针，②隔1行减1针减13次，余针平收，与正身整齐缝合。

Tips:

底边完成后，门襟的8针宽锁链针始终不变一直向上织，前后肩头缝合后，8针不必缝合，依然向上直织至后脖正中时才对头缝合形成领子。

8针 8针
13针 47针 13针
-10针 ⑤ 18cm 18cm -10针 ⑤
-5针 -5针 后 -5针 -5针
-10针 -10针
左前 33针 67针 右前 33针
8宽锁链针 6号针 正针 ④ 8宽锁链针
扭针单罗纹球球针
8号针 整片减至149针 ③
星星针 ②
6号针
8号针 扭针单罗纹
整片起171针 ①
8cm 18cm 15cm 10cm 13cm 3cm

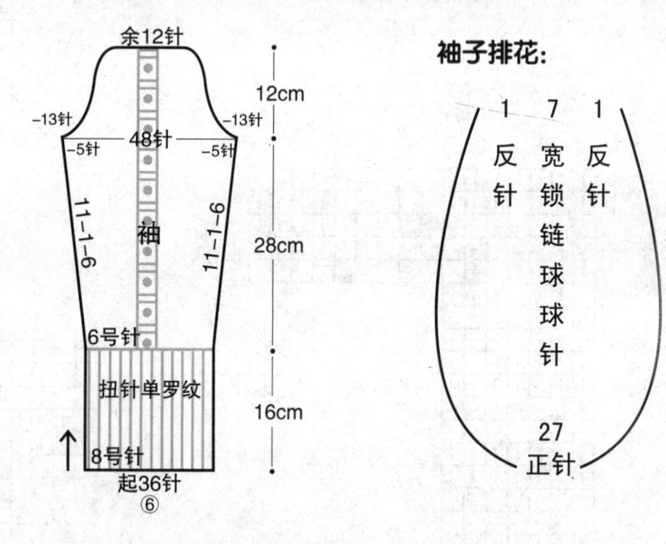

16

材 料：
278规格纯毛粗线

用 量：
300g

工 具：
6号针 8号针

尺寸（cm）：
衣长59 袖长56 胸围78 肩宽24

平均密度：
10cm²=19针×25行

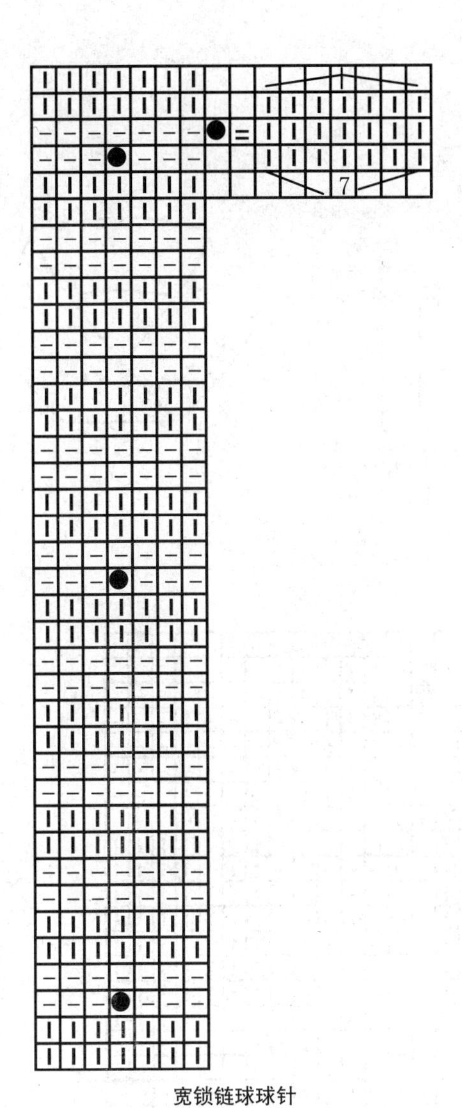

宽锁链球球针

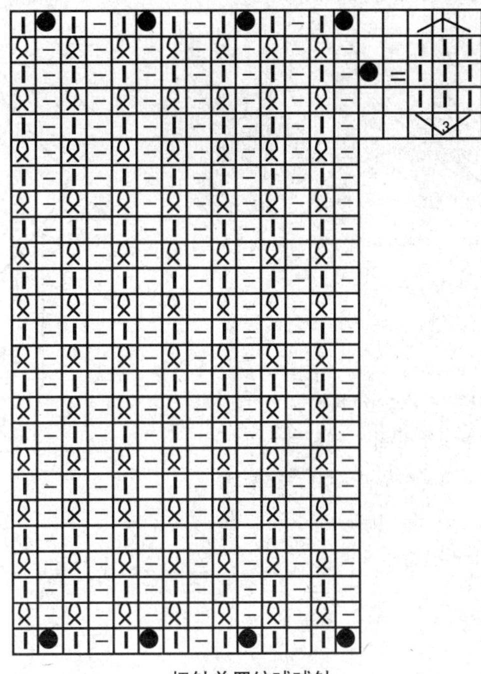

扭针单罗纹球球针

扭针单罗纹

下摆排花：

8	155	8
宽锁链针	星星针	宽锁链针

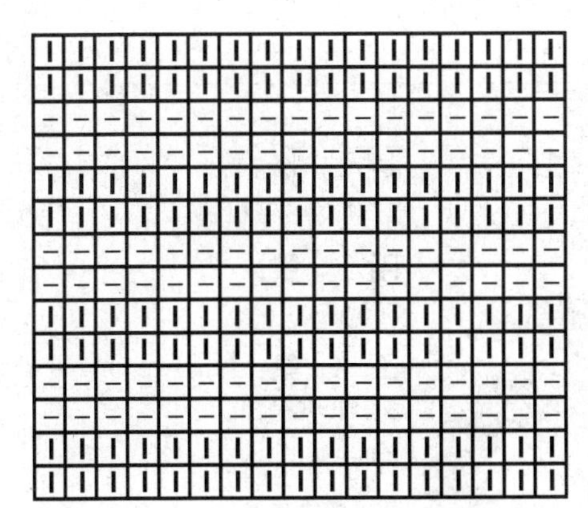

宽锁链针

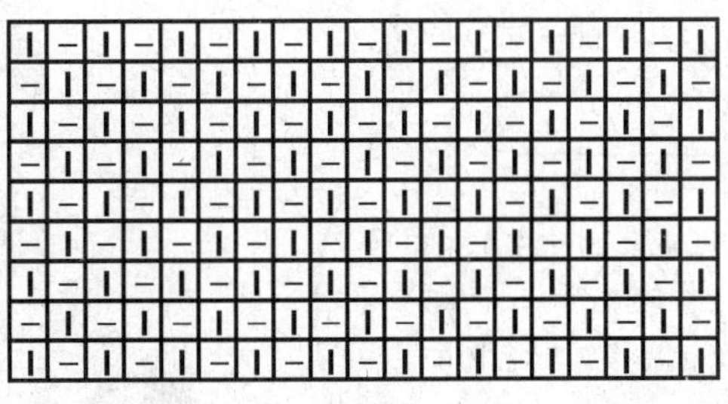

星星针

编织简述：

按图织一条长围巾，依照相同字母缝合后挑针环形向下织正身。

编织步骤：

① 用6号针起42针，按排花往返向上织94cm后，从锁链球球针一侧每行减1针，共减42针形成长围巾。

② 按图中相同字母缝合长围巾，减针的一侧为前片正中位置。

③ 按图所示，从前片42cm位置挑出60针、从后片30cm位置挑出60针，在两片之前各平加6针为腋下针目，整圈共132针用8号针环形向下织正针，至20cm后，换6号针改织10cm樱桃针后收机械边形成下摆。

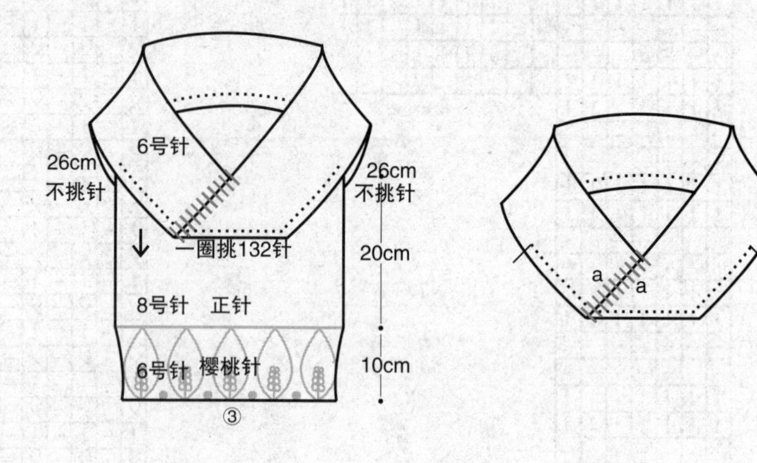

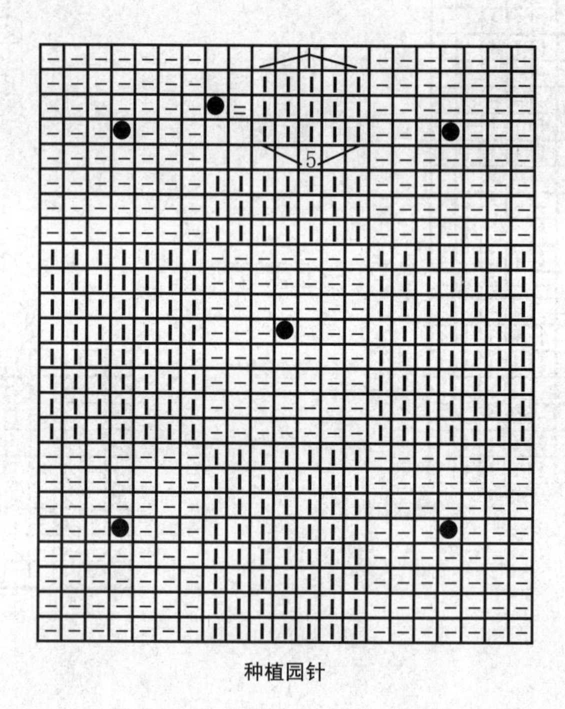

种植园针

Tips:

挑织正身时，注意在前后相应位置各挑60针，两腋各平加6针，然后将132针合圈向下织正身。

17

材　　料：
278规格纯毛粗线

用　　量：
350g

工　　具：
6号针　8号针

尺寸（cm）：
以实物为准

平均密度：
$10cm^2$=20针×25行

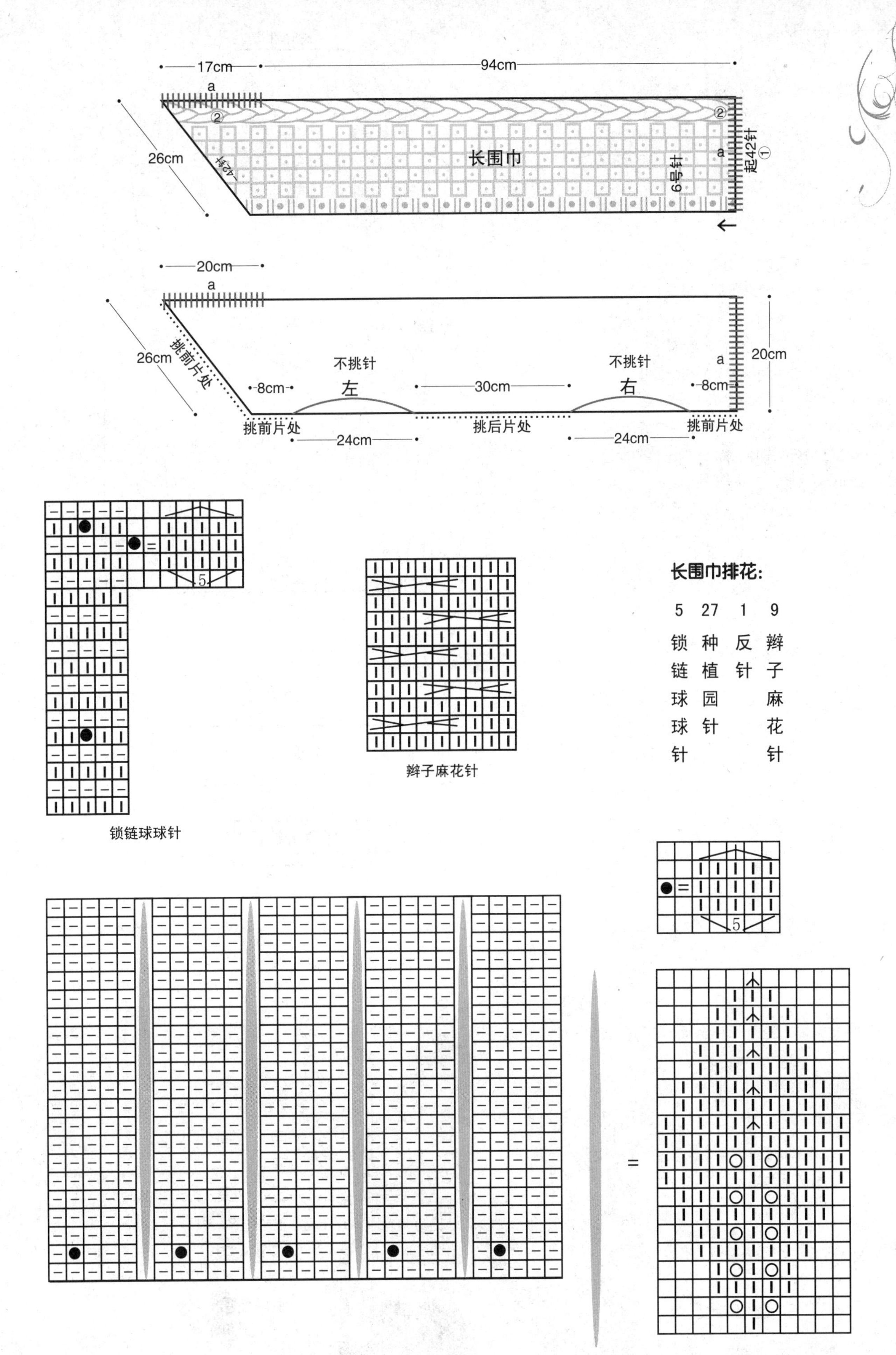

锁链球球针

辫子麻花针

樱桃针

编织简述：

从下向上整片织，只减袖窿不减领口，缝合肩头后织领子。袖口起针织正针至腋下相应位置减袖山，余针平收与正身缝合。

编织步骤：

① 用6号针起156针按整体排花织30cm。
② 减袖窿：以两侧20针星星针为腋正中，①平收腋正中8针，②隔1行减1针减6次。
③ 不减领口，前后肩头各取15针缝合，余针串起并加至120针用6号针织小树结果针，15cm后紧收平边，注意花纹在内。
④ 袖口用8号针起30针环形织2cm正针后，换6号针加至40针织正针，隔13行加1次针，每次加2针，加6次，至44cm时减袖山，①平收腋正中8针，②隔1行减1针减13次，余针平收与正身缝合。

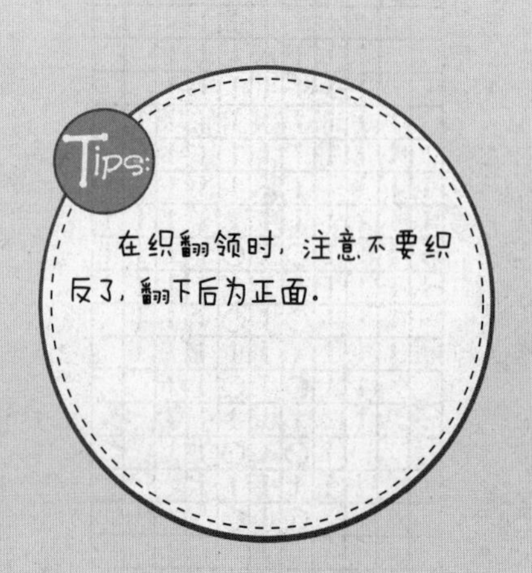

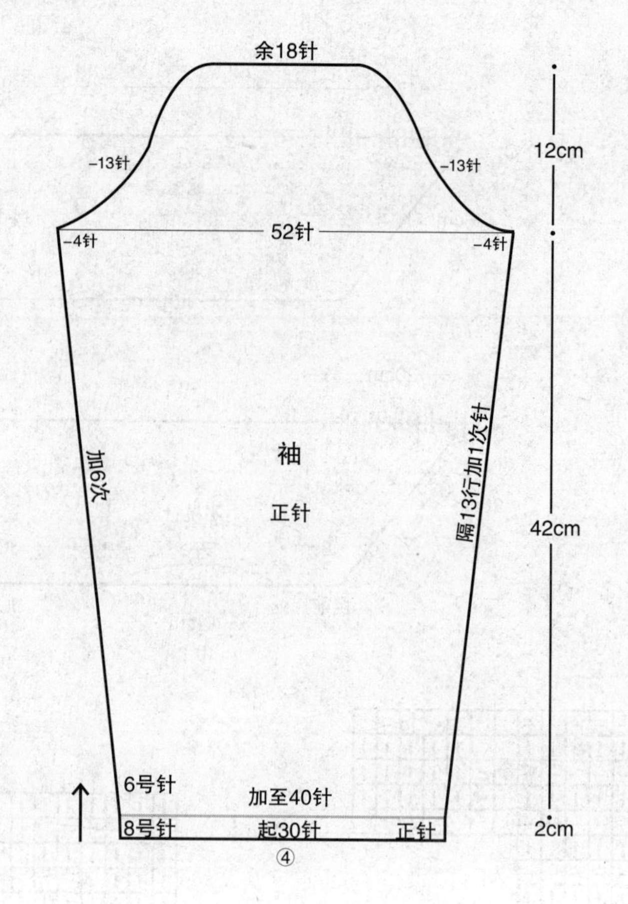

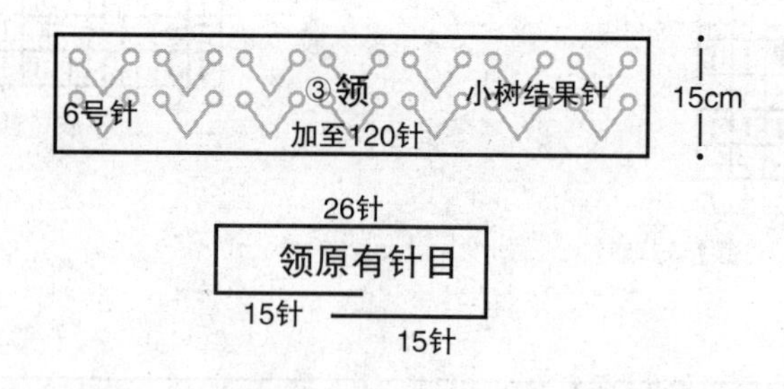

18

材　料：
278规格纯毛粗线

用　量：
525g

工　具：
6号针　8号针

尺寸（cm）：
衣长48　袖长56　胸围82　肩宽29

平均密度：
10cm²=19针×24行

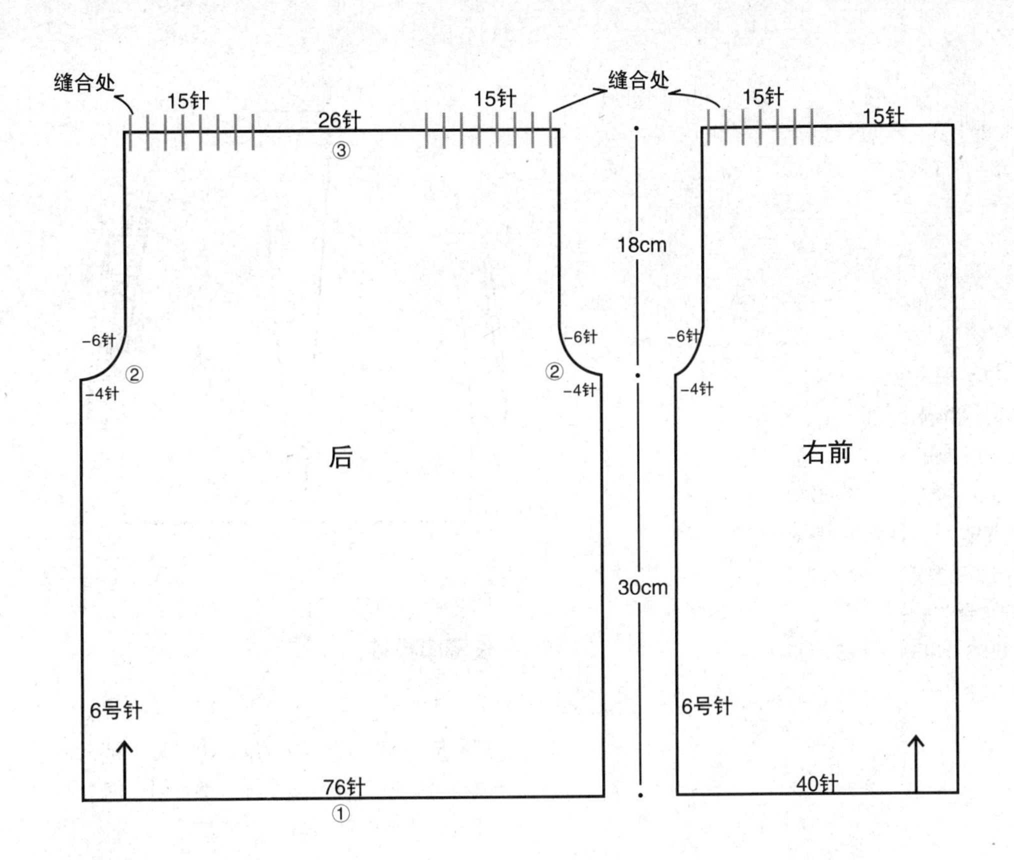

整体排花：

						腋正中								腋正中						
10	1	1	1	16	1	20	1	16	1	20	1	16	1	20	1	16	1	1	1	10
星星针	反针	正针	反针	小树结果针	反针	星星针	反针	小树结果针	反针	星星针	反针	小树结果针	反针	星星针	反针	小树结果针	反针	正针	反针	星星针

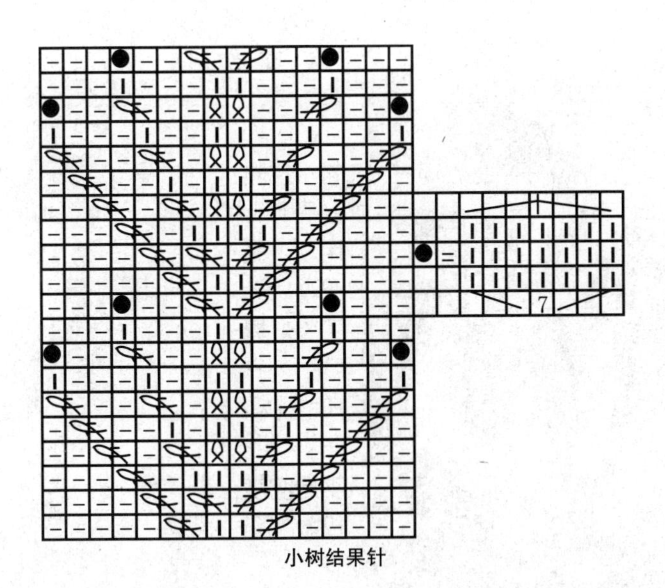

小树结果针

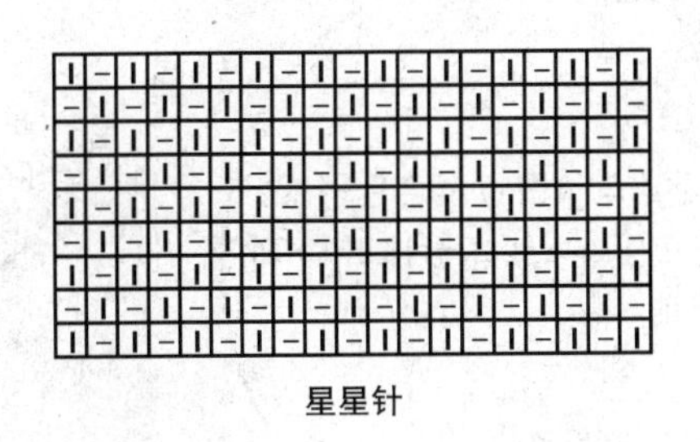
星星针

编织简述：

按花纹织一条长围巾后，另线起针织后片，将两者按要求缝合形成袖窿口，并从此处挑织短袖。

编织步骤：

① 用6号针起60针往返织5cm扭针双罗纹。

② 不加减针按长围巾排花往返织130cm后，再织5cm扭针双罗纹后收边形成长围巾。

③ 用8号针另线起102针往返织5cm扭针双罗纹后，换6号针按后背排花往返织27cm后收针形成后片，然后与长围巾正中40cm位置缝合，并按相同字母缝合左右腋下。

④ 从袖窿口环形挑出88针用8号针织5cm扭针双罗纹后收针形成短袖。

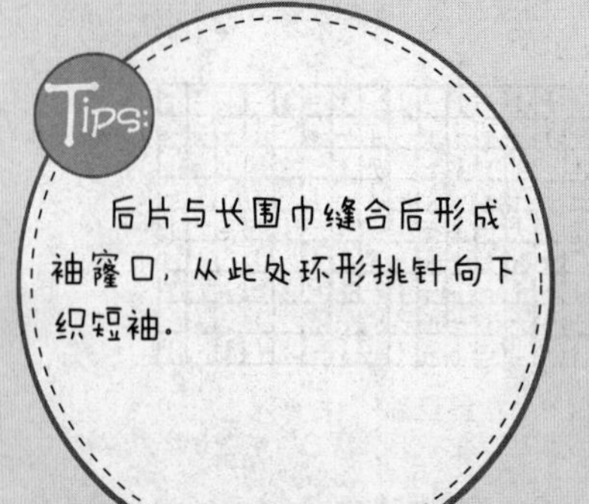

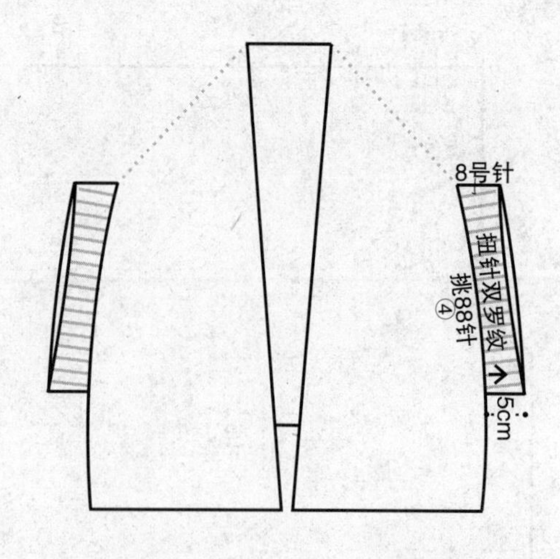

长围巾排花：

7	1	17	1	8	1	17	1	7
锁链针	反针	四季豆菱形针	反针	锁链针	反针	四季豆菱形针	反针	锁链针

后背排花：

5	1	6	1	20	1	6	1	20	1	6	1	20	1	6	1	5
桂花针	反针	麻花针	反针	横条纹针	反针	麻花针	反针	如意花	反针	麻花针	反针	横条纹针	反针	麻花针	反针	桂花针

19

材　料：
273规格纯毛粗线

用　量：
400g

工　具：
6号针　8号针

尺寸（cm）：
以实物为准

平均密度：
$10cm^2$=20针×25行

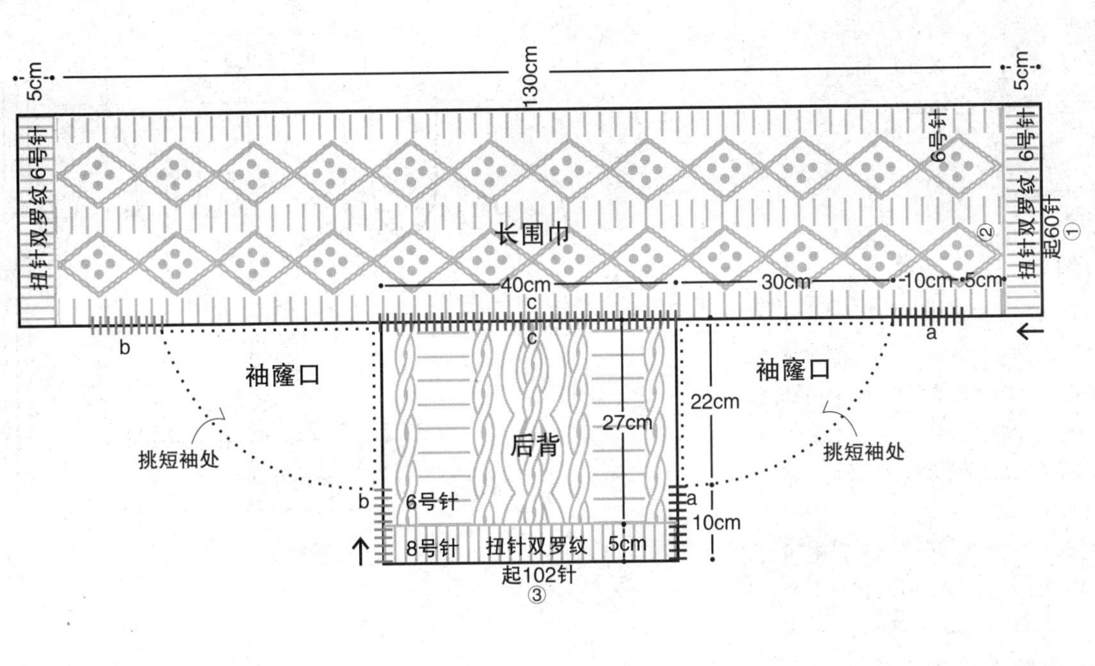

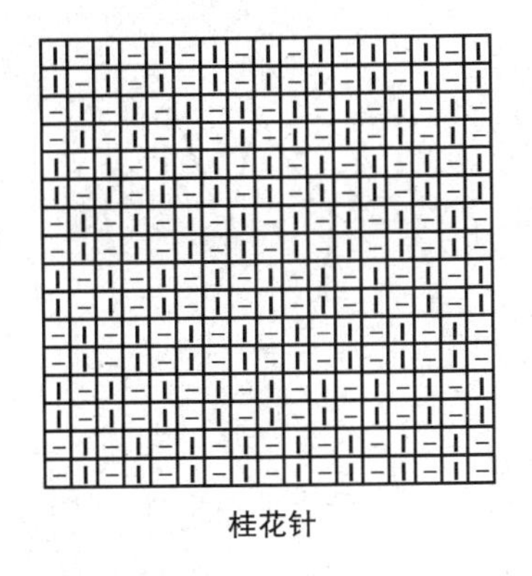

桂花针

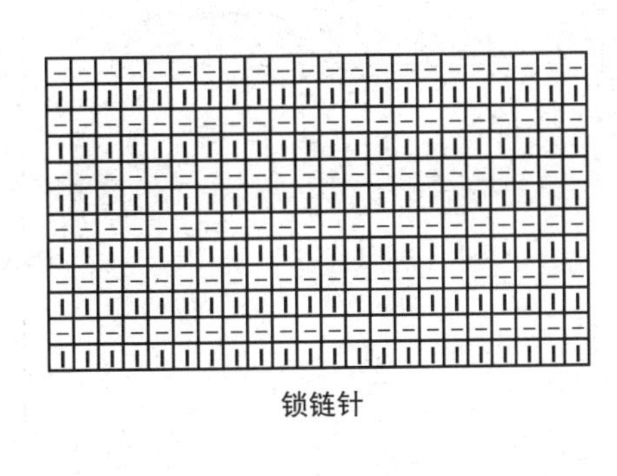

锁链针

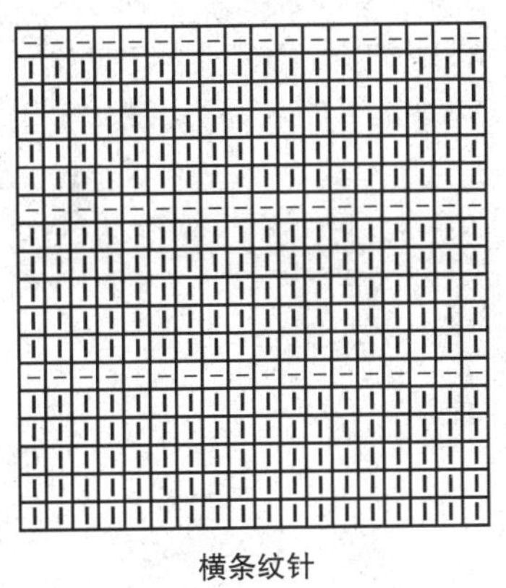

横条纹针

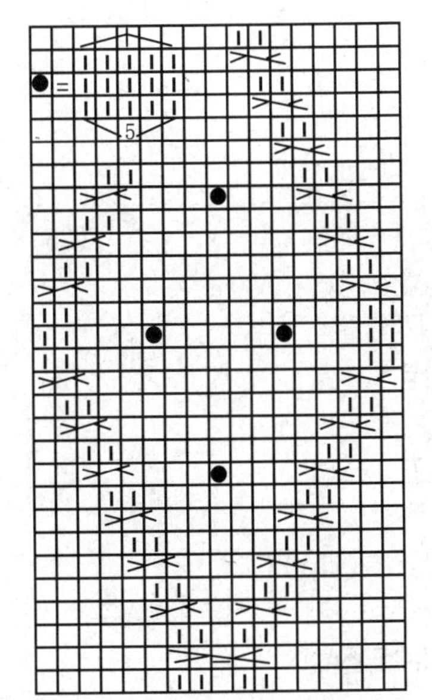

四季豆菱形针

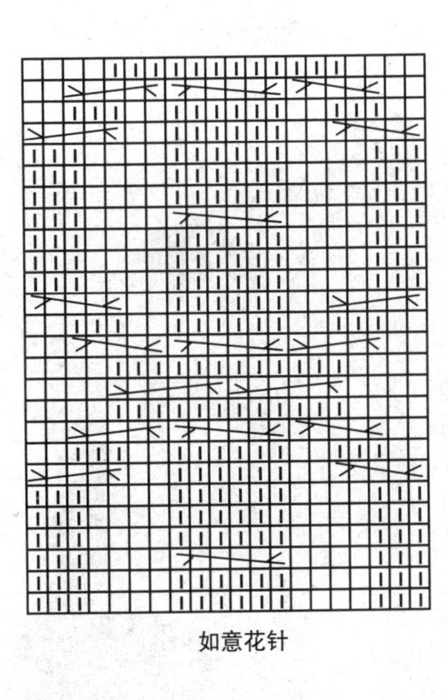

如意花针

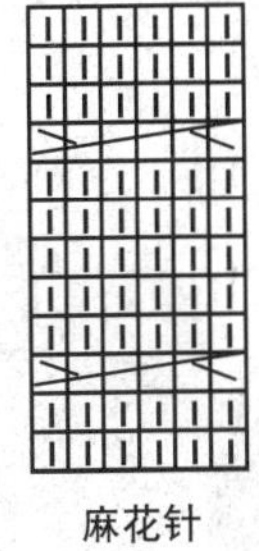

麻花针

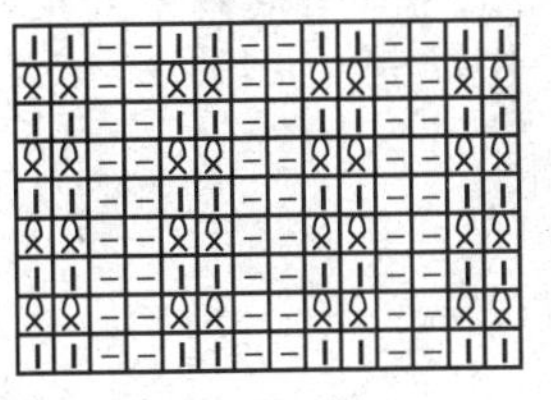

扭针双罗纹

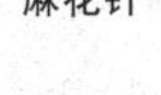

编织简述：

从后腰起针后往返织片，并在两侧规律加针形成左右前片，先减领口后减袖窿，前后肩头缝合后环形挑织门襟边。

编织步骤：

① 用6号针起85针往返织球球针。

② 分别在两侧加针形成圆摆，①隔1行加5针加1次，②隔1行加4针加1次，③隔1行加3针加1次，④隔1行加2针加1次，⑤隔1行加1针加6次，每侧共加20针。

③ 整片共125针向上直织10cm后减领口，①隔3行减1针减12次。

④ 距后脖18cm时减袖窿，①平收腋正中10针，②隔1行减1针减5次，前后肩头缝合后，从领口、后脖、门襟、后脖处环形挑出220针织9cm樱桃针后收机械边。

⑤ 袖口用6号针起40针环形织20cm扭针单罗纹后改织正针，并在袖腋处隔13行加1次针，每次加2针，共加3次，总长至44cm时减袖山，①平收腋正中10针，②隔1行减1针减12次，余针平收，与正身整齐缝合。

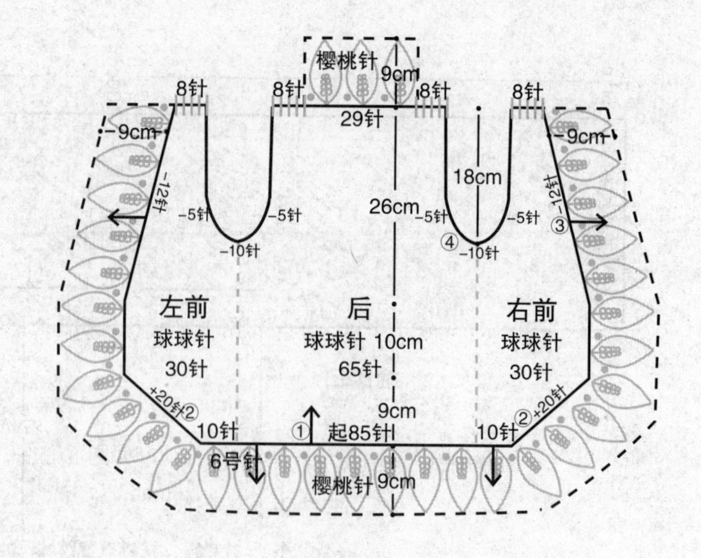

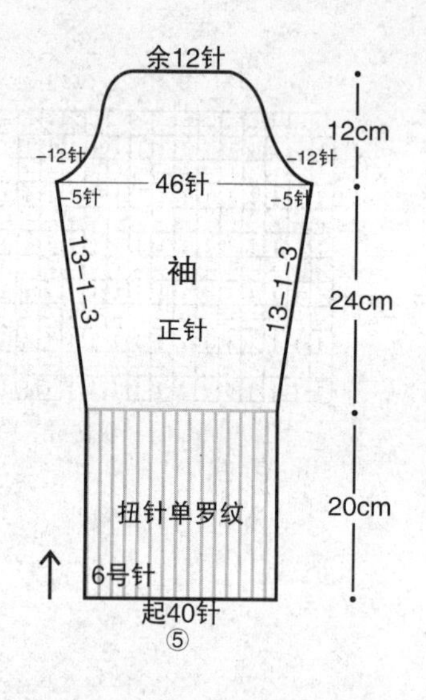

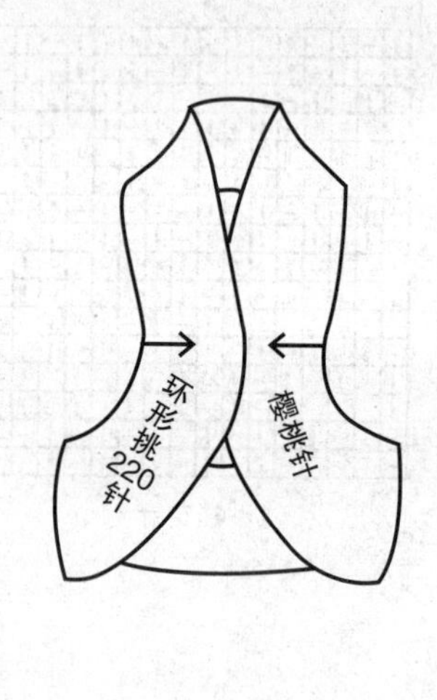

20

材　　料：

273规格纯毛粗线

用　　量：

550g

工　　具：

6号针

尺寸（cm）：

衣长54 袖长56 胸围80 肩宽22

平均密度：

$10cm^2$=20针×24行

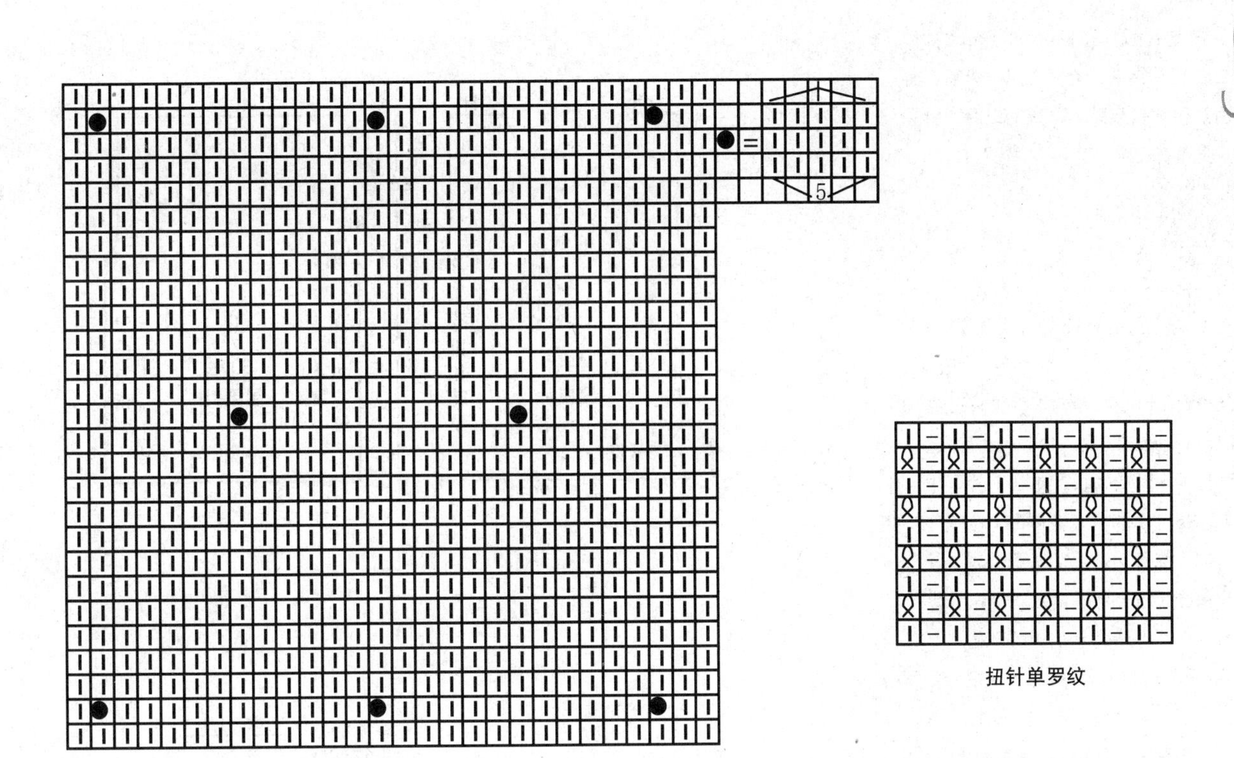

扭针单罗纹

球球针

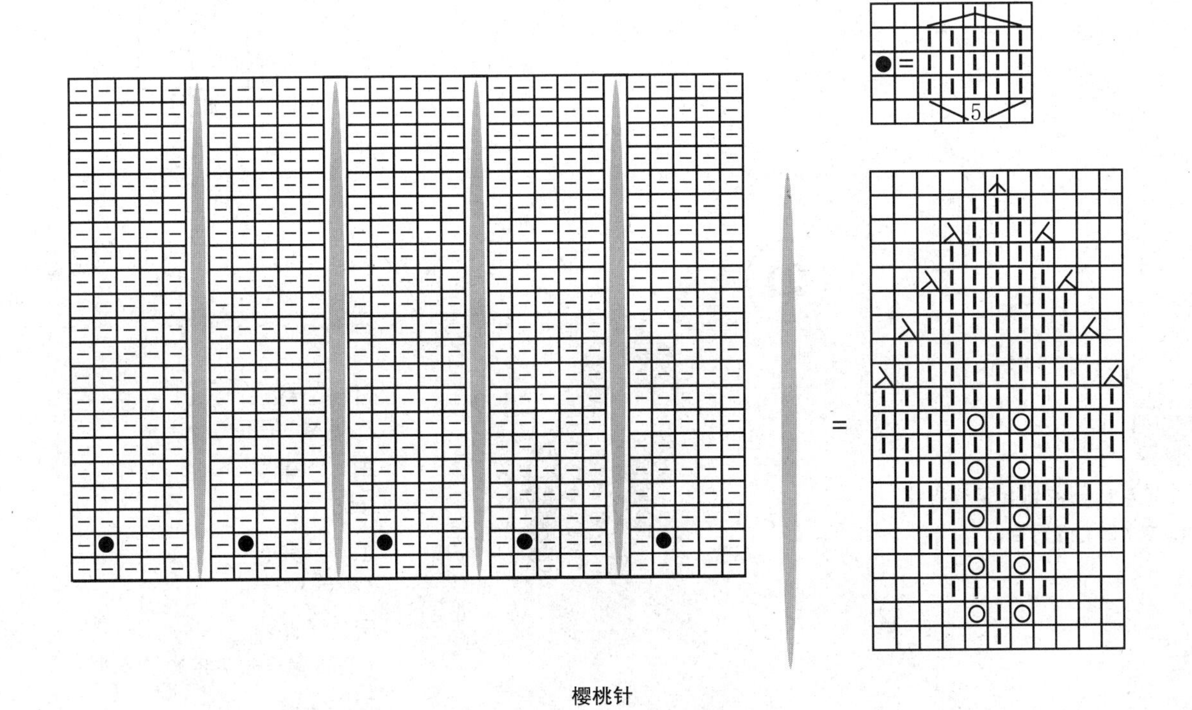

樱桃针

编织简述：

从下摆起针后环形向上织，先减袖窿后减领口，前后肩头缝合后挑织V形领；袖口起针后规律加针至腋下，减袖山后余针平收，与正身整齐缝合。

编织步骤：

① 用6号针起120针按正身排花环形向上织。

② 总长至30cm时减袖窿，①平收腋正中10针，②隔1行减1针减5次，余针向上直织。

③ 距后脖10cm时减领口，①在前片取中，左右隔1行减1针减6次，②隔3行减1针减5次。余针向上直织，前后肩头缝合后，从领口处挑出96针用8号针往返织2cm扭针单罗纹领片后，在领尖处缝合形成心形领。

④ 袖口用6号针起44针环形织40cm扭针单罗纹后统一加至57针改织宽锁链球球针，总长至44cm时减袖山，①平收腋正中10针，②隔1行减1针减12次，余针平收，与正身整齐缝合。

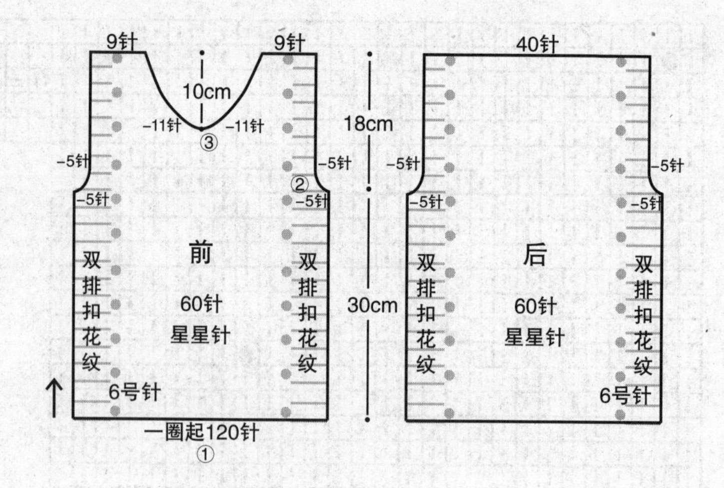

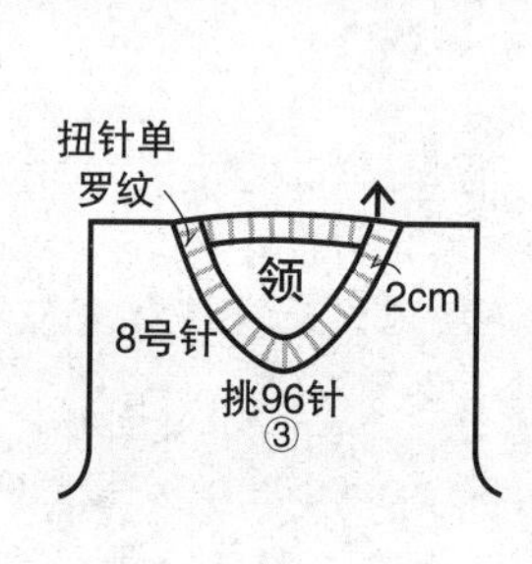

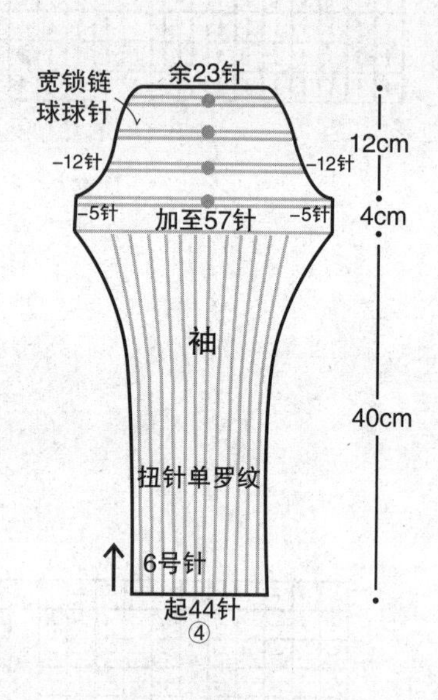

21

材　　料：
278规格纯毛粗线

用　　量：
500g

工　　具：
6号针　8号针

尺寸（cm）：
衣长48 袖长56 胸围60 肩宽20

平均密度：
$10cm^2$=20针×24行

领尖缝合效果:

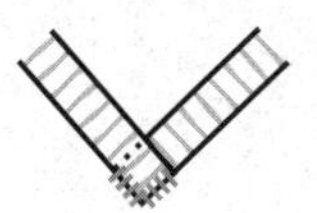

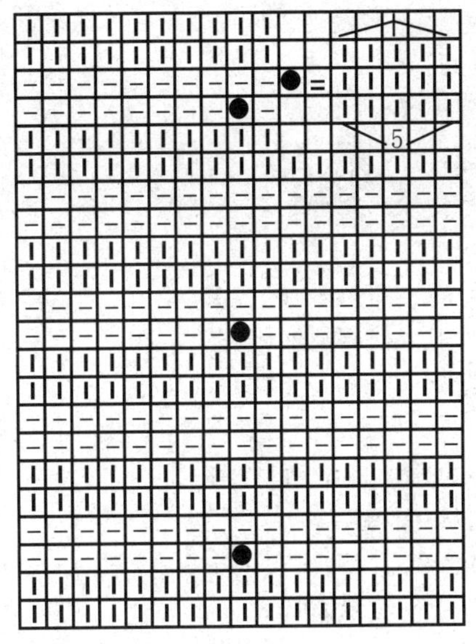

宽锁链球球针

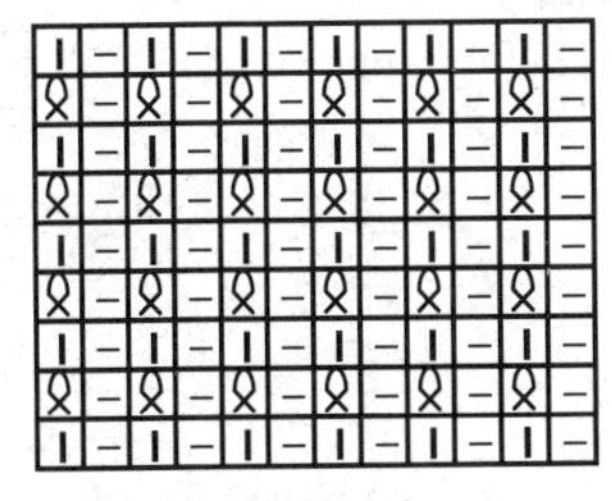

扭针单罗纹

正身排花:

1 反针 | 30 星星针 | 1 反针

28 双排扣花纹 | | 28 双排扣花纹

1 反针 | 30 星星针 | 1 反针

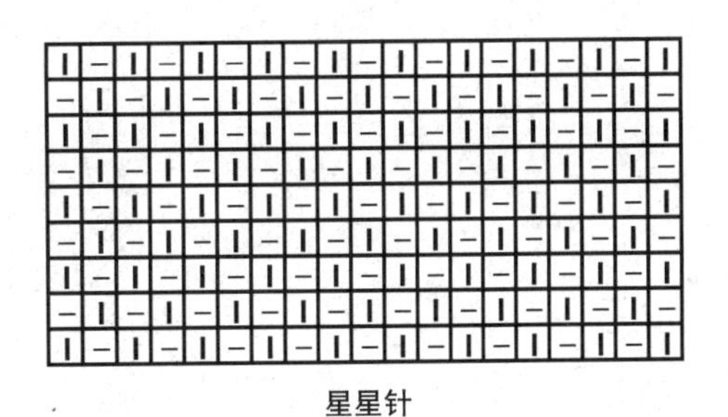

星星针

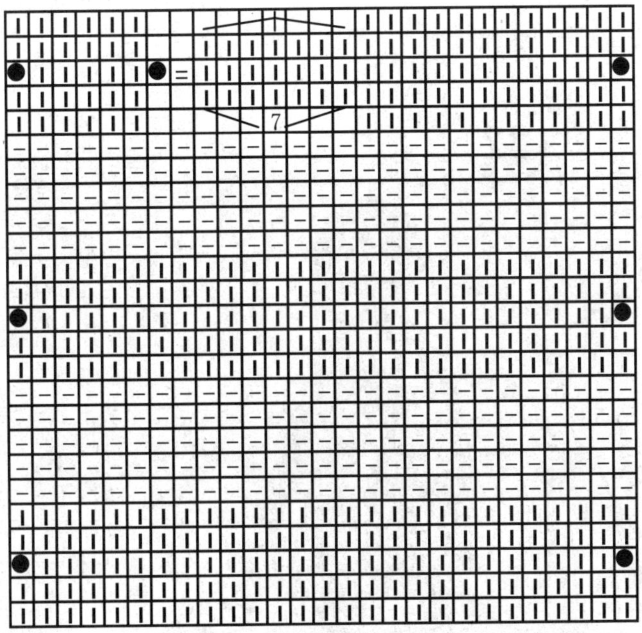

双排扣花纹

编织简述:

从圆形中心起针后规律加针形成圆片，分别织三个相同圆片，按图组合后，挑出领子和袖口织相应长后，收边。

编织步骤:

① 用6号针从圆中心起8针，每针1组，在固定位置隔1行加1次针，每次每圈加8针，形成半径为17cm圆形时，改织3cm锁链球球针后收针。

② 织三个相同大小的圆片，后背一个，左右前胸各一个，在左右肩头各缝合20cm。

③ 三个圆片的正中是领口，从此处挑88针往返织13cm6针麻花隔2反针，松收平边。

④ 左右肩头下方15cm宽位置为袖口，环形挑出40针织35cm扭针单罗纹，收机械边。

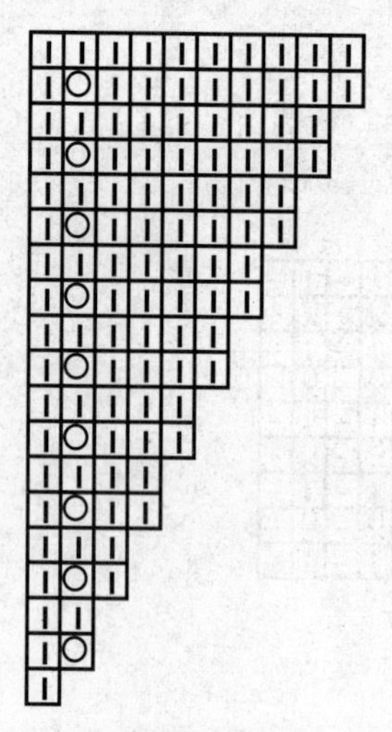

有洞加针法

扭针双罗纹

22

材　料:
286规格纯毛粗线

用　量:
450g

工　具:
6号针

尺寸（cm）:
以实物为准

平均密度:
$10cm^2$=20针×24行

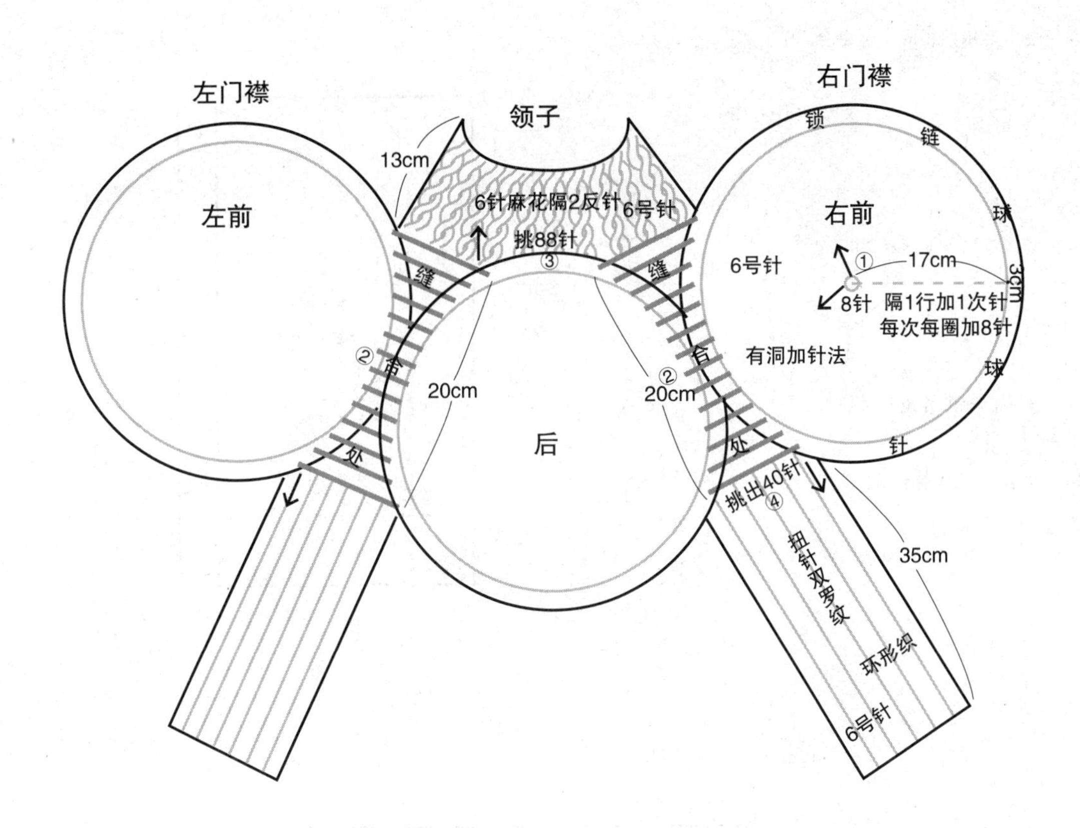

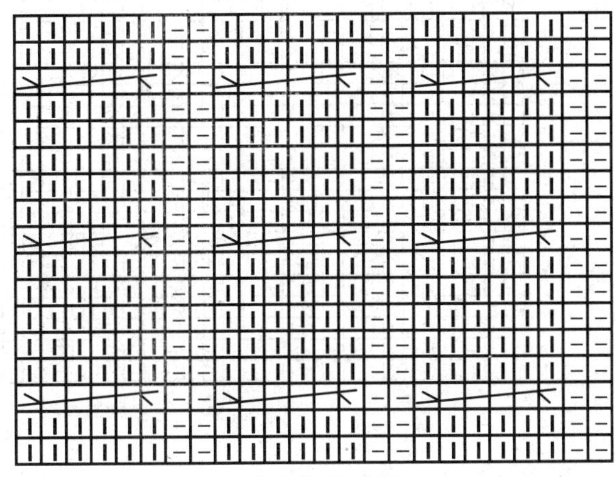

6针麻花隔2反针

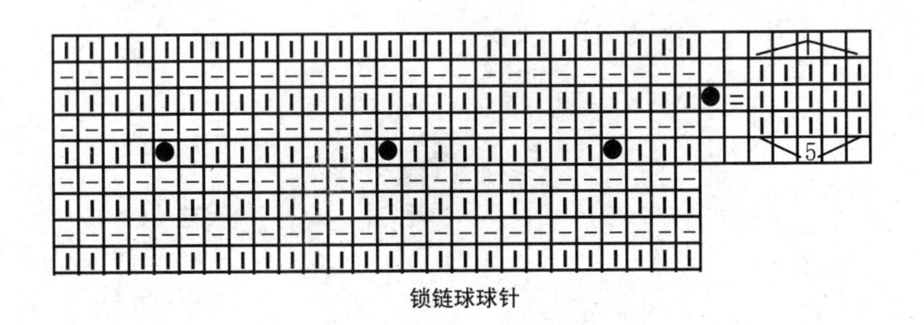

锁链球球针

编织简述：

按图织一条长围巾，依照相同字母缝合后挑针环形向下织正身。

编织步骤：

① 用6号针起44针按胸前长方形排花往返织60cm长方形，共织两个。
② 后背用6号针起90针往返织25cm松针后，按后背叶子图织叶子，至20cm后，取正中36针织2cm扭针单罗纹，两个长条交叉后，与肩头左右余针缝合。
③ 从袖窿口处挑出44针，用6号针织50cm扭针双罗纹，收双机械边。

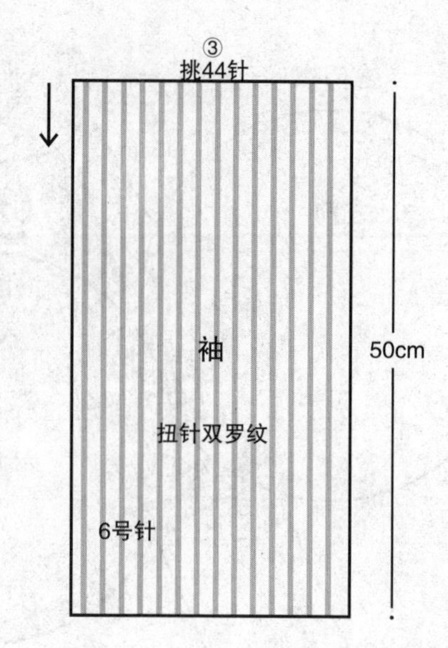

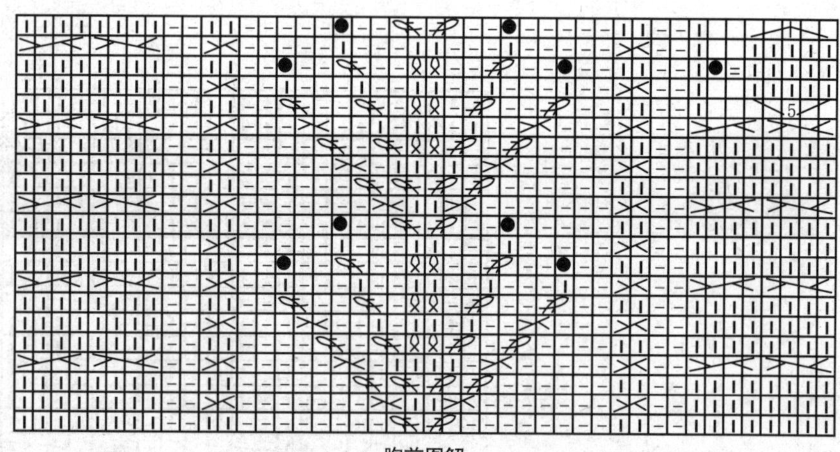

胸前图解

23

材　料：
286规格纯毛粗线

用　量：
450g

工　具：
6号针

尺寸（cm）：
衣长45 袖长50（腋下至袖口）
胸围75 肩宽37

平均密度：
$10cm^2$=24针×24行

Tips:
在袖窿口挑针时，腋下要多挑针，防止出现孔洞。

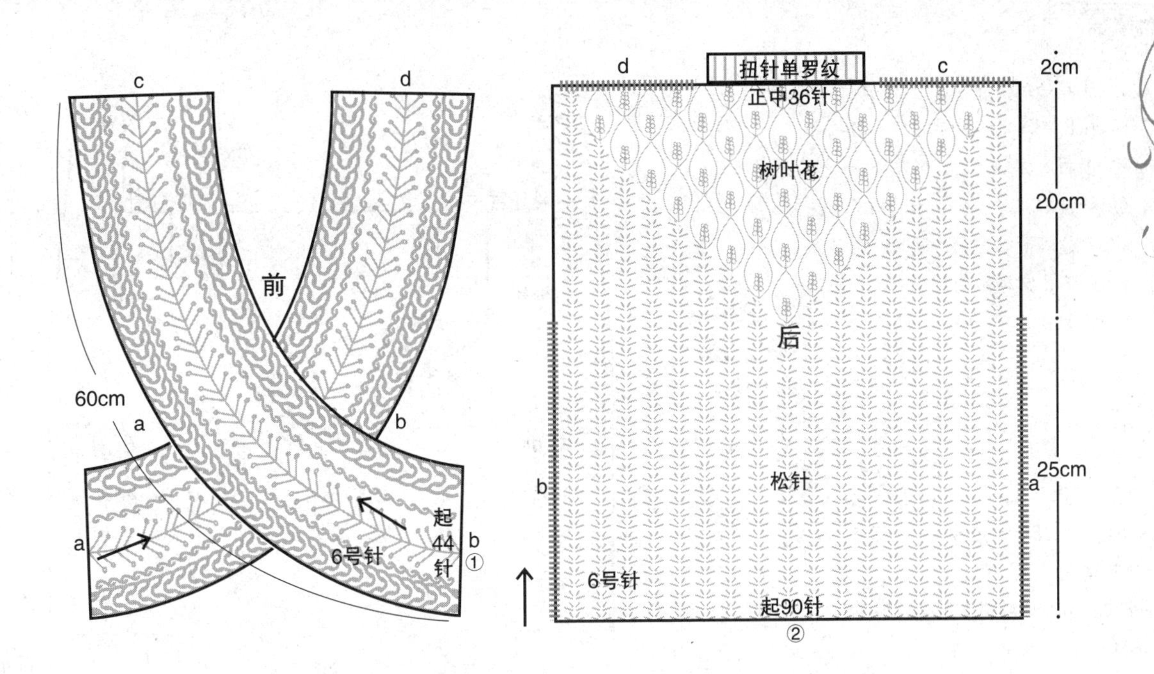

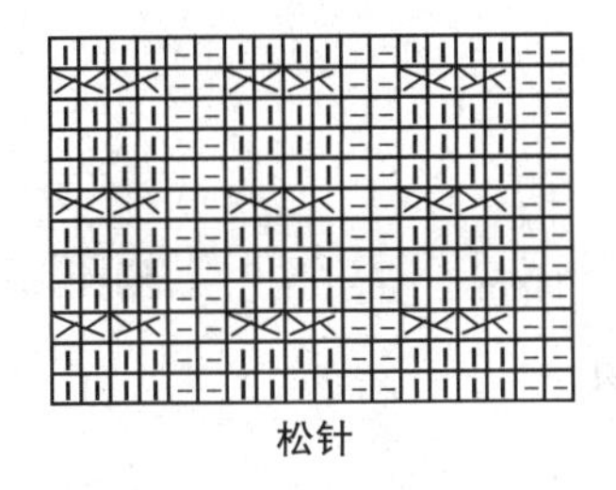
松针

扭针单罗纹

扭针双罗纹

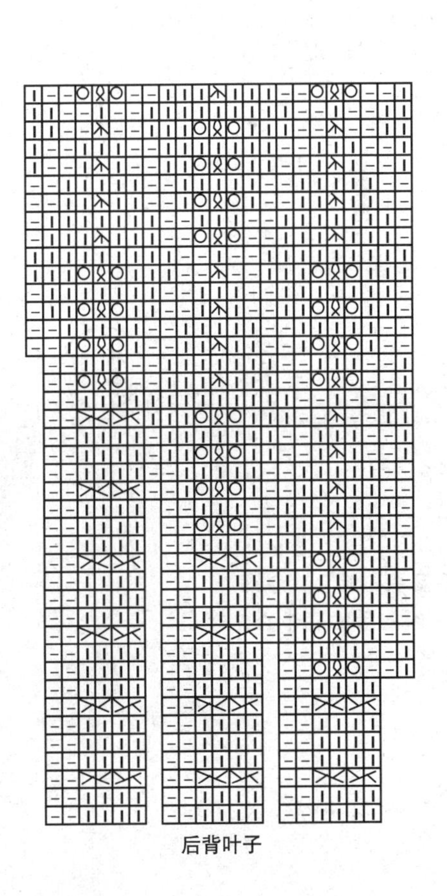
后背叶子

胸前长方形排花：

8	2	2	2	16	2	2	2	8
对扭麻花针	反针	鱼骨针	反针	小树结果针	反针	鱼骨针	反针	对扭麻花针

编织简述：

从后下摆起针织相应长后，在两侧平加针合成整片按排花向上织，减领口和减袖窿同时进行，前后肩头缝合后，门襟不缝，向上直织至后脖正中时对头缝合形成领子；袖口起针后按花纹环形向上织，同时在袖腋处规律加针至腋下，减袖山后余针平收，与正身整齐缝合。

编织步骤：

① 用6号针起100针往返织8cm桂花针。

② 在两侧各平加28针合成整片共156针向上按整体排花往返织。

③ 总长至46cm时减袖窿，①平收腋正中10针，②隔1行减1针减5次。

④ 距后脖18cm时减领口，①取左右各12针锁链球球针作为门襟，②在门襟的内侧隔3行减1针共减8次。

⑤ 前后肩头各取10针缝合后，门襟的12针不缝，依然向上织至后脖正中时对头缝合形成领子。

⑥ 袖口用8号针起44针环形织10cm扭针双罗纹后，换6号针按袖子排花环形向上织，同时在袖腋处隔19行加1次针，每次加2针，共加4次，总长至45cm时减袖山，①平收腋正中10针，②隔1行减1针减13次，余针平收，与正身整齐缝合。

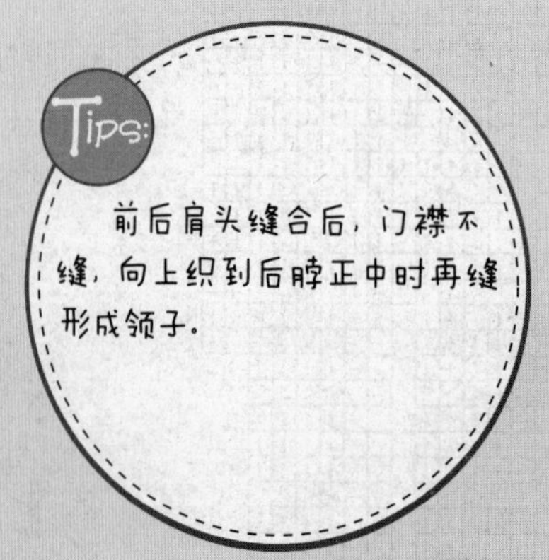

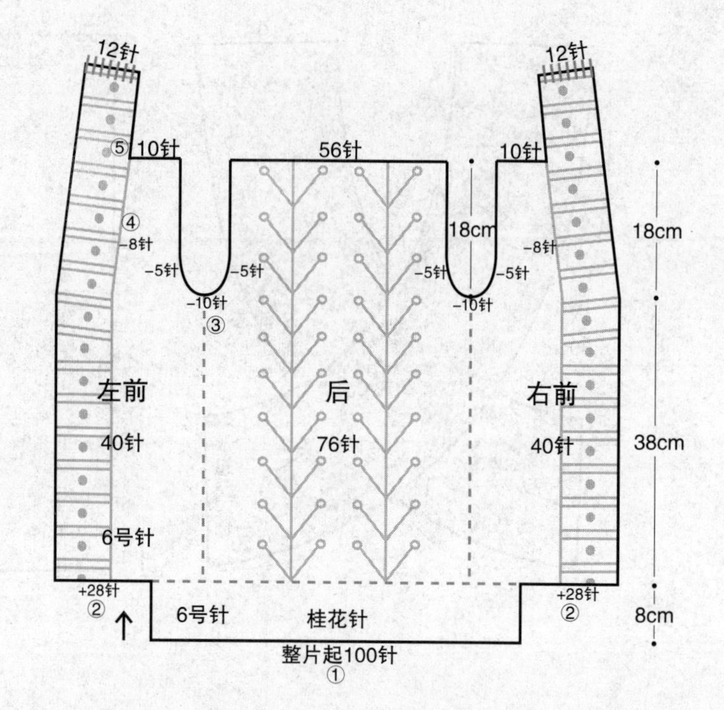

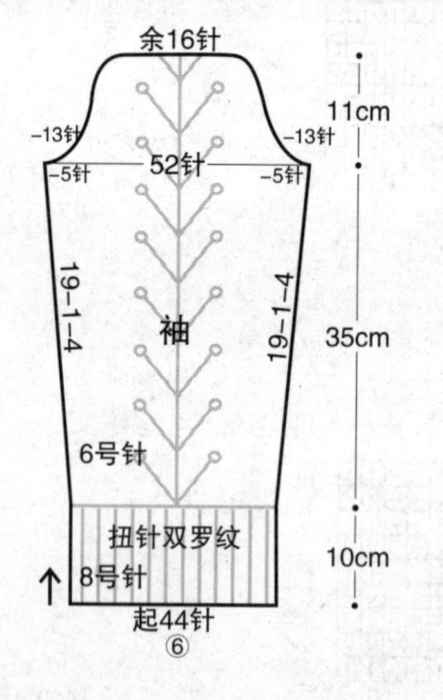

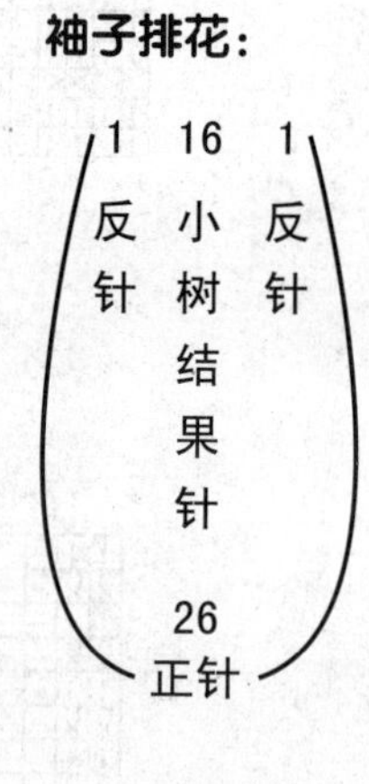

24

材　　料：

275规格纯毛粗线

用　　量：

550g

工　　具：

6号针　8号针

尺寸（cm）：

衣长64　袖长56　胸围78　肩宽28

平均密度：

10cm²=20针×24行

桂花针10cm²=18针×29行

整体排花：

12	46	1	16	1	4	1	16	1	46	12
锁链球球针	桂花针	反针	小树结果针	反针	星星针	反针	小树结果针	反针	桂花针	锁链球球针

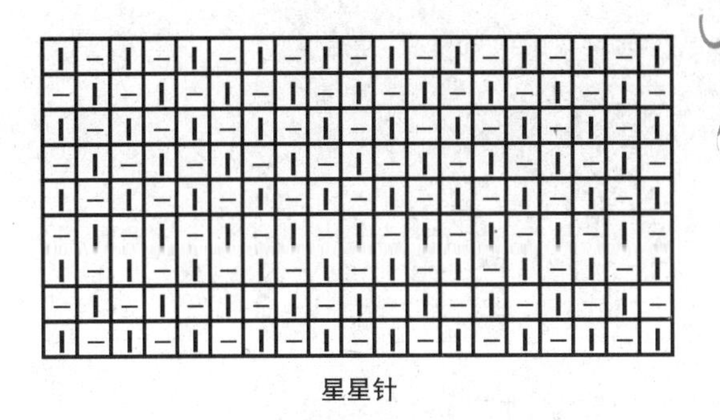

星星针

丨	—	丨	—	丨	—	丨	—	丨	—	丨	—	丨	—	丨	—	丨
丨	—	丨	—	丨	—	丨	—	丨	—	丨	—	丨	—	丨	—	丨
—	丨	—	丨	—	丨	—	丨	—	丨	—	丨	—	丨	—	丨	—
—	丨	—	丨	—	丨	—	丨	—	丨	—	丨	—	丨	—	丨	—
丨	—	丨	—	丨	—	丨	—	丨	—	丨	—	丨	—	丨	—	丨
丨	—	丨	—	丨	—	丨	—	丨	—	丨	—	丨	—	丨	—	丨
—	丨	—	丨	—	丨	—	丨	—	丨	—	丨	—	丨	—	丨	—
—	丨	—	丨	—	丨	—	丨	—	丨	—	丨	—	丨	—	丨	—
丨	—	丨	—	丨	—	丨	—	丨	—	丨	—	丨	—	丨	—	丨
丨	—	丨	—	丨	—	丨	—	丨	—	丨	—	丨	—	丨	—	丨
—	丨	—	丨	—	丨	—	丨	—	丨	—	丨	—	丨	—	丨	—
—	丨	—	丨	—	丨	—	丨	—	丨	—	丨	—	丨	—	丨	—
丨	—	丨	—	丨	—	丨	—	丨	—	丨	—	丨	—	丨	—	丨
丨	—	丨	—	丨	—	丨	—	丨	—	丨	—	丨	—	丨	—	丨
—	丨	—	丨	—	丨	—	丨	—	丨	—	丨	—	丨	—	丨	—
—	丨	—	丨	—	丨	—	丨	—	丨	—	丨	—	丨	—	丨	—

桂花针

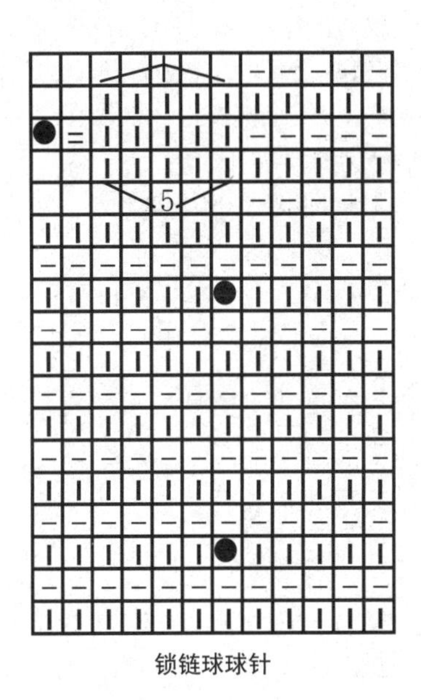

锁链球球针

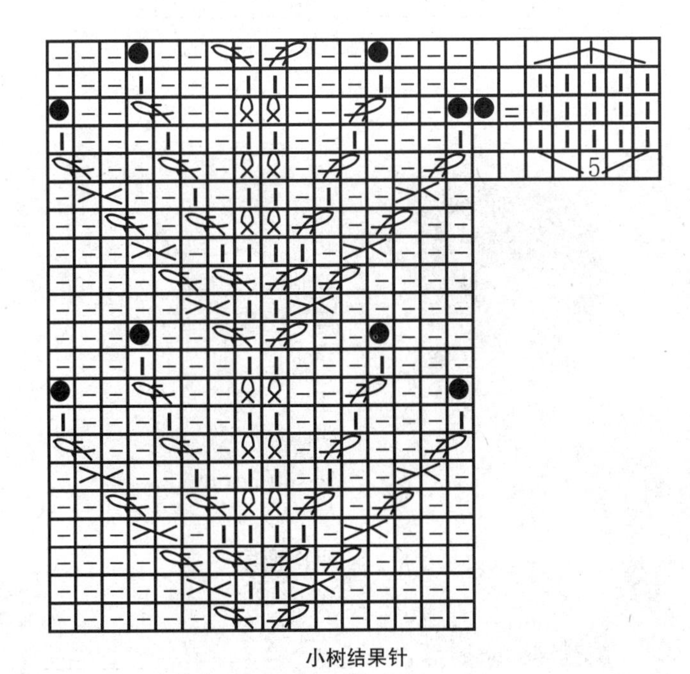

小树结果针

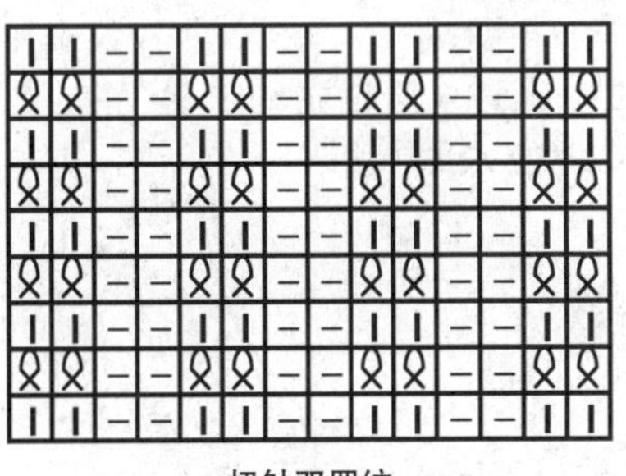

扭针双罗纹

编织简述：

从左袖向右袖横织，环织56cm，大片织8cm，再均分两小片织24cm，合成大片再织8cm，合圈并减针织56cm；下摆后挑针环形织。

编织步骤：

① 用6号针从左袖口起40针环形织26cm扭针双罗纹。

② 按袖口排花环形织，并在袖腋位置取2针做加针点，用无洞加针法隔1行在加针点左右各加1针，加出针织种植园针共加38次。

③ 以加针点为界，116针分开织大片，直织8cm后再分片织领口，每片58针织24cm长后合成大片织8cm，最后再环形织。依照左袖织法，使两袖尺寸和针目对称。

④ 从下摆开口处挑152针用6号针环形织12cm扭针双罗纹，收机械边。

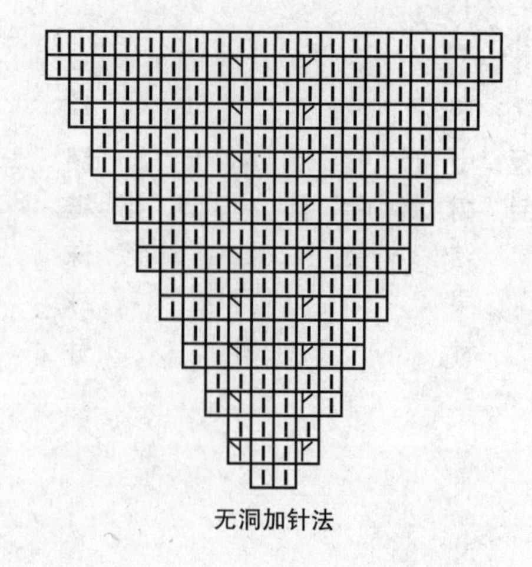
无洞加针法

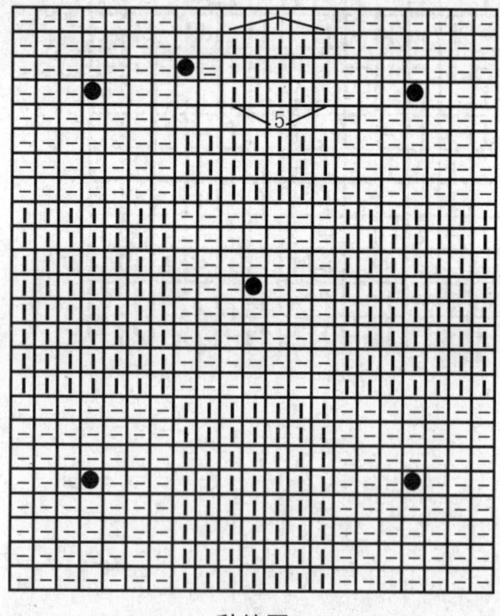

种植园

25

材　　料：
276规格纯毛粗线

用　　量：
550g

工　　具：
6号针

尺寸（cm）：
以实物为准

平均密度：
$10cm^2$=20针×24行

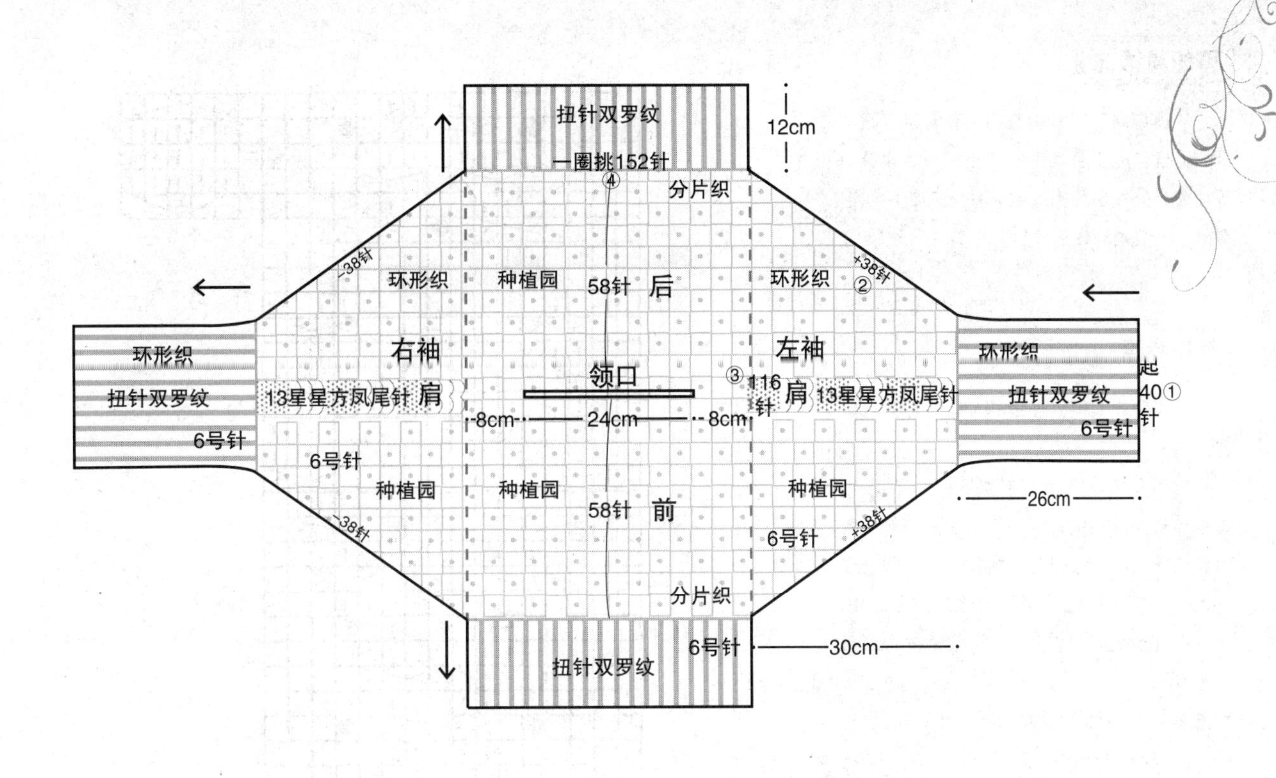

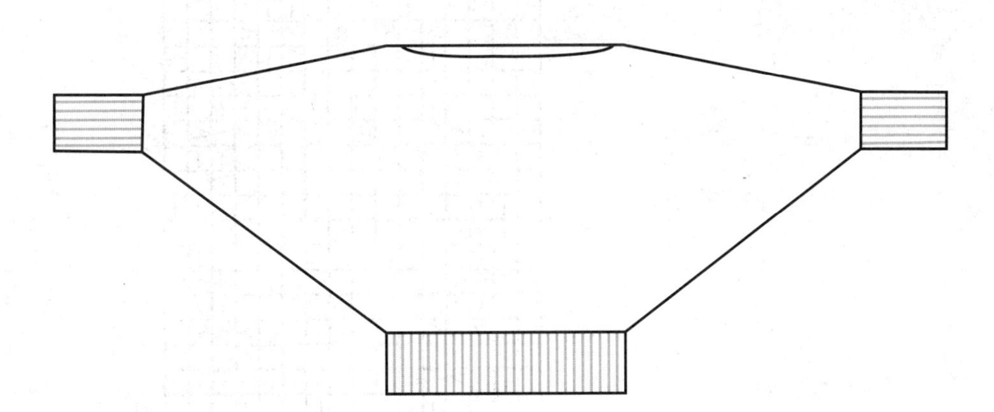

星星方凤尾针

袖口排花:

3 反针 | 13 星星方凤尾针 | 3 反针

21 种植园

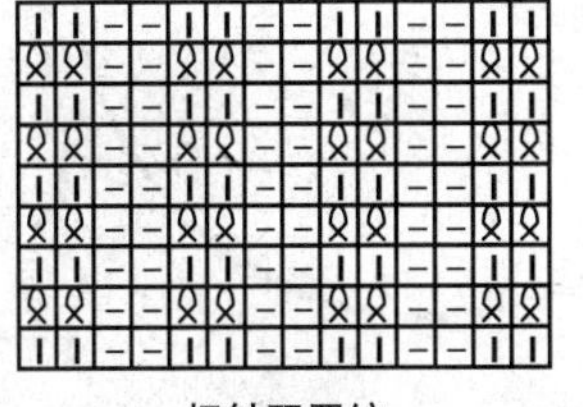

扭针双罗纹

编织简述：

从领口向下织，前胸和后背针目与腋下平加针目合成正身向下织，相应长后收针。两袖窿口处挑出所有针目，统一加针后织泡泡袖，改织紧袖口后收针。

编织步骤：

① 用6号针起180针往返织15cm扭针双罗纹。

② 合针环形再织15cm扭针双罗纹。

③ 以开口处为前胸正中，将前后片56针位置加至70针，两侧腋部各平加10针，一圈合成160针织菱形海棠针。织20cm后，减至140针改织15cm扭针双罗纹，松收机械边，形成底边。

④ 自袖窿口处挑出所有针目，第2行时加至80针环形织20cm正针后，再统一减至40针织20cm扭针双罗纹，松收机械边。

Tips:

领口织片时，安排左右各3正针，合圈后，左右边针改织反针。

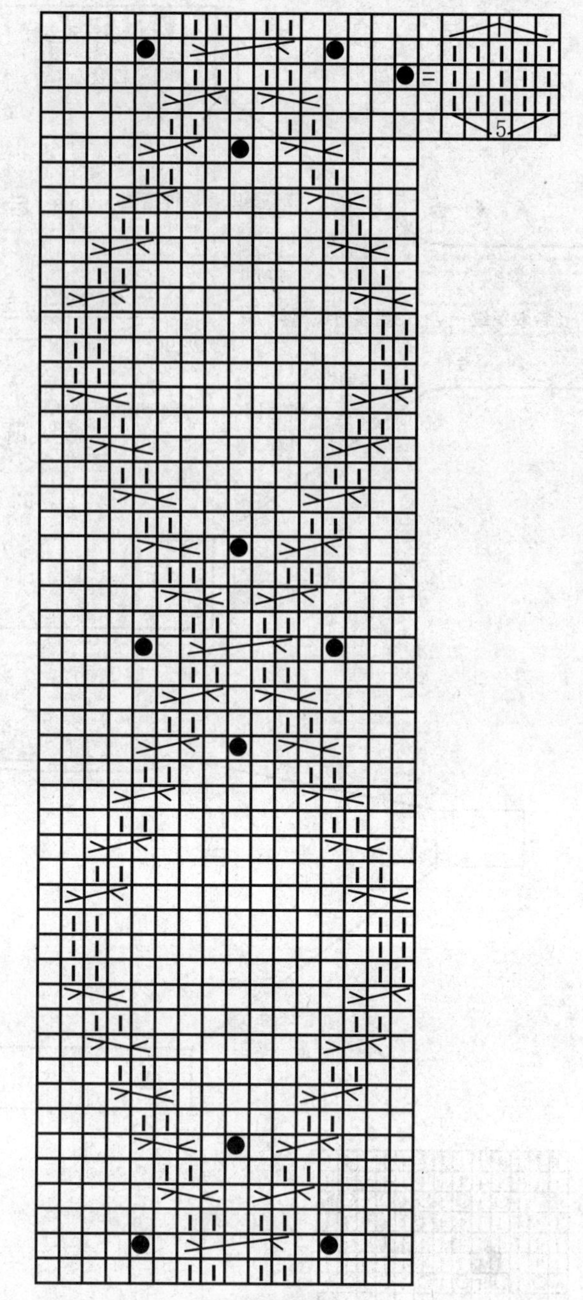

菱形海棠针

26

材　　料：
286规格纯毛粗线

用　　量：
500g

工　　具：
6号针

尺寸（cm）：
以实物为准

平均密度：
$10cm^2$=21针×24行

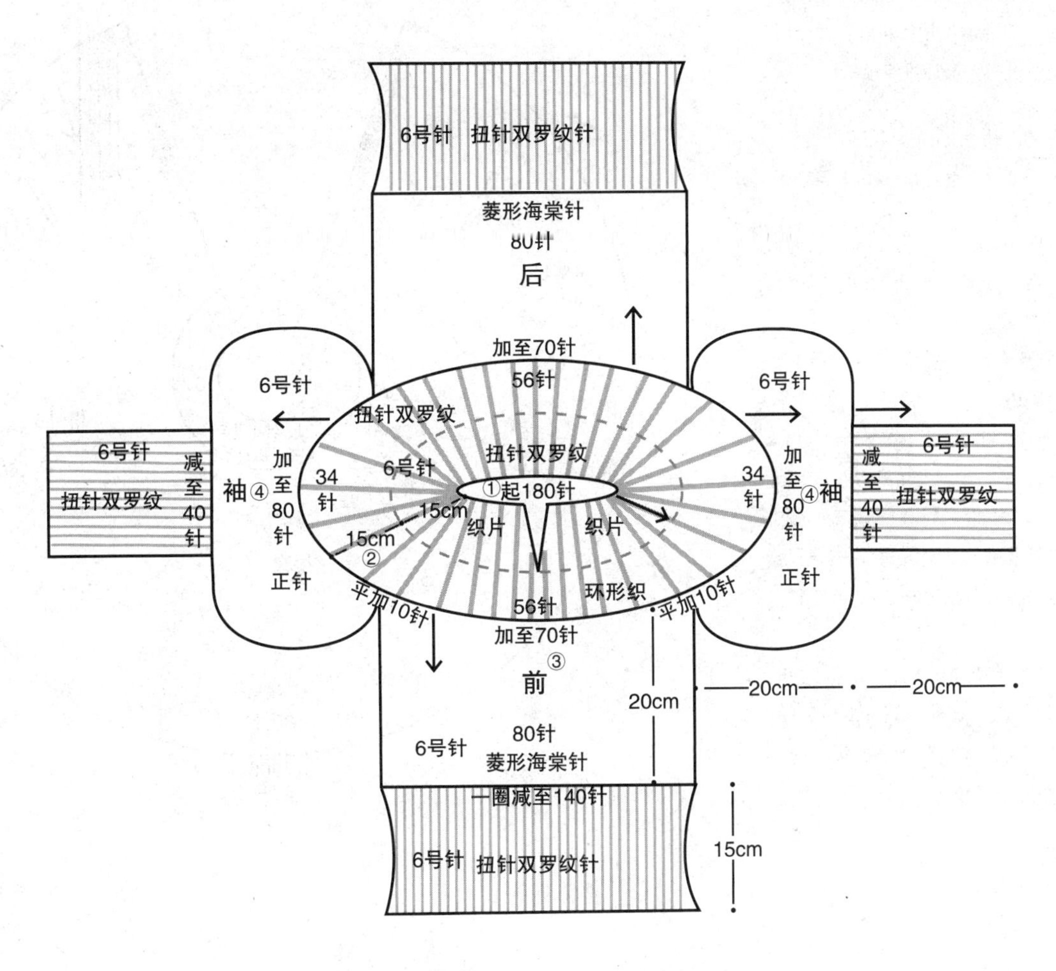

领子排花:

3	2	2	2	2	……	2	2	2	2	3
正针	反针	正针	反针	正针	……	正针	反针	正针	反针	正针

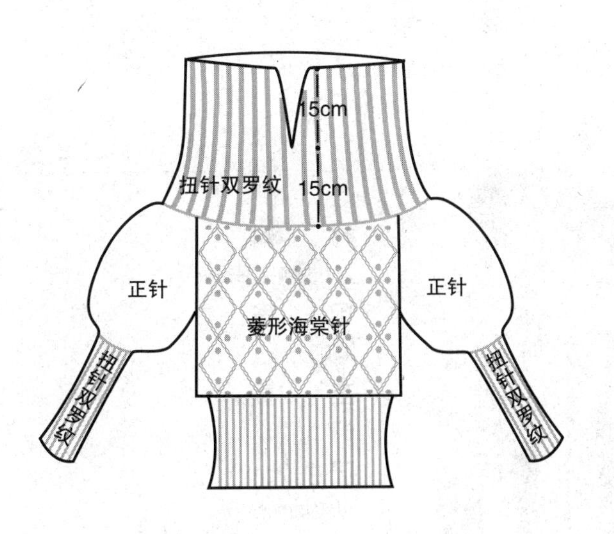

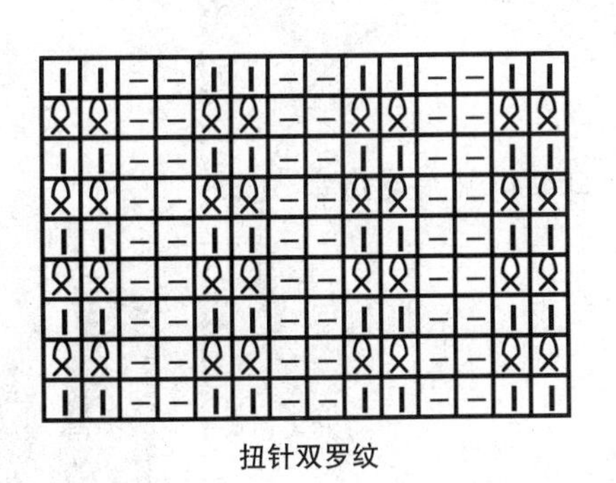

扭针双罗纹

编织简述：

从下向上织大片，分3片织相应长再合针即形成开口，肩两侧按规律减针，减领口与两肩减针同时进行。最后挑织领子。

编织步骤：

① 用6号针起206针，左右门襟各6针锁链针，左右肩头各17针海棠菱形针，余160针织星星针。

② 以17针海棠菱形针左右为减针点，隔3行减1次针共减18次。

③ 总长至12cm后，正面距门襟25cm处分片往返织12cm后合针，形成两个开口。

④ 总长至36cm时两侧隔1行减1针减5次。然后改为每行减针共减20次形成肩头。在行行减针的同时减领口，分别在左右隔1行减1次针减14次。

⑤ 从领口处挑120针用6号针织2反针4正针，10cm后收平边，在领口处挑出11针往返织60cm扭针单罗纹形成带子系于领前。

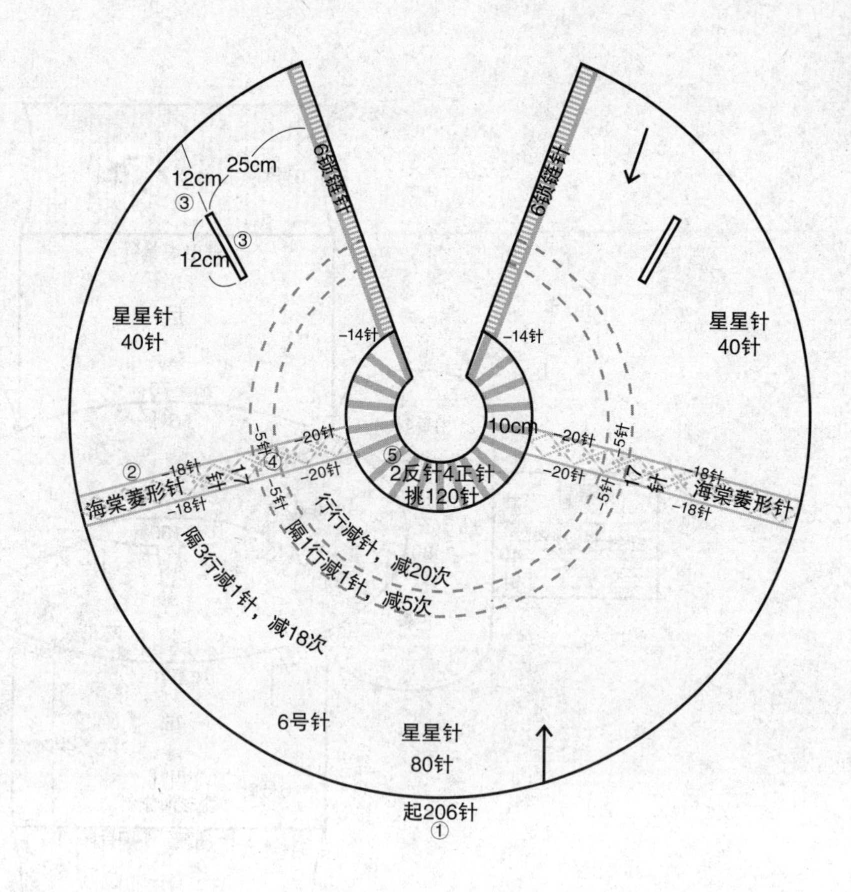

整体排花：

		减针点		减针点		
门襟6	40	17	80	17	40	6门襟
锁链针	星星针	海棠菱形针	星星针	海棠菱形针	星星针	锁链针

材　料：
286规格纯毛粗线

用　量：
450g

工　具：
6号针

尺寸（cm）：
以实物为准

平均密度：
$10cm^2$=19针×24行

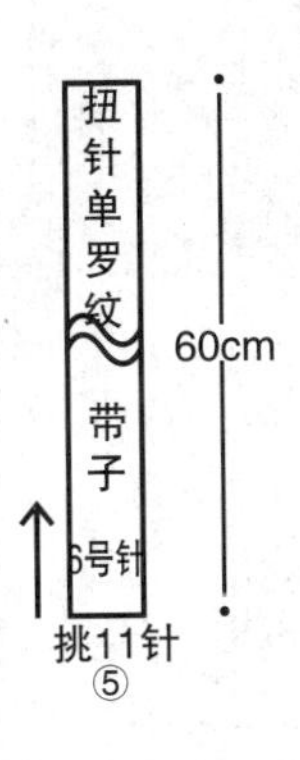

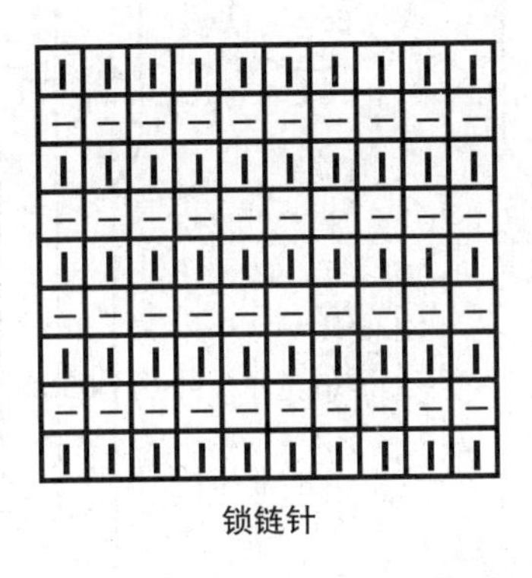

锁链针

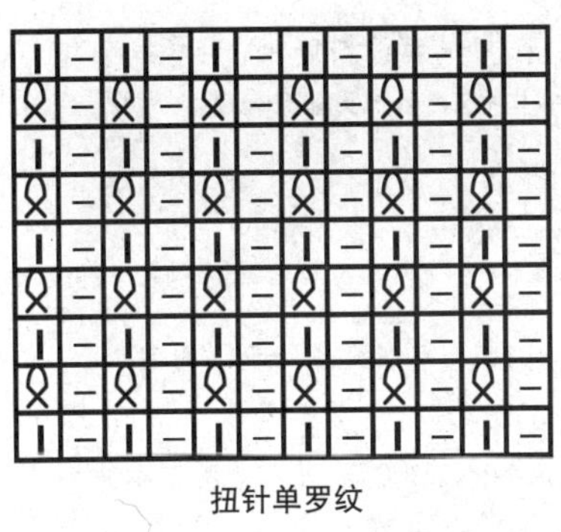

扭针单罗纹

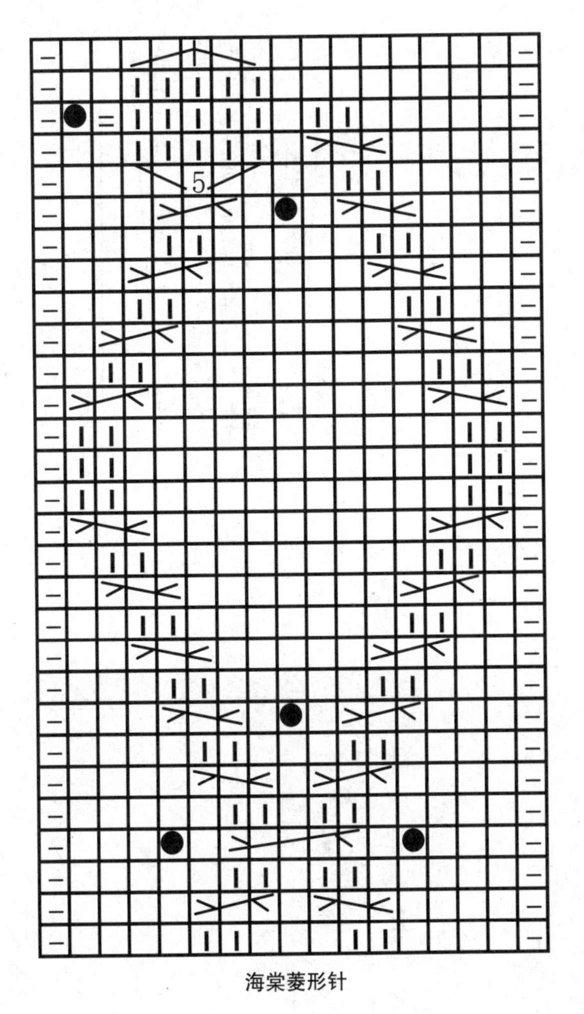

海棠菱形针

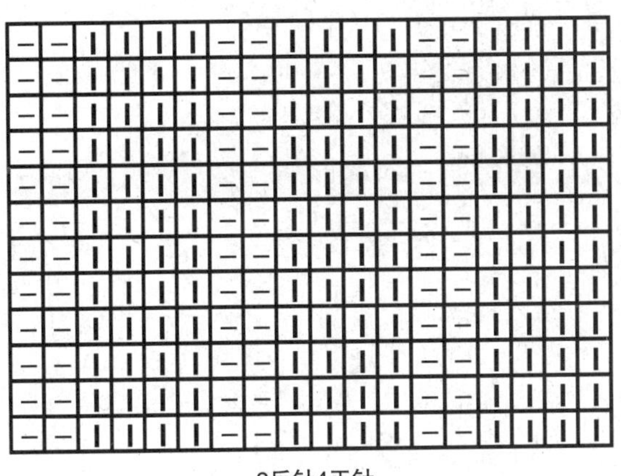

2反针4正针

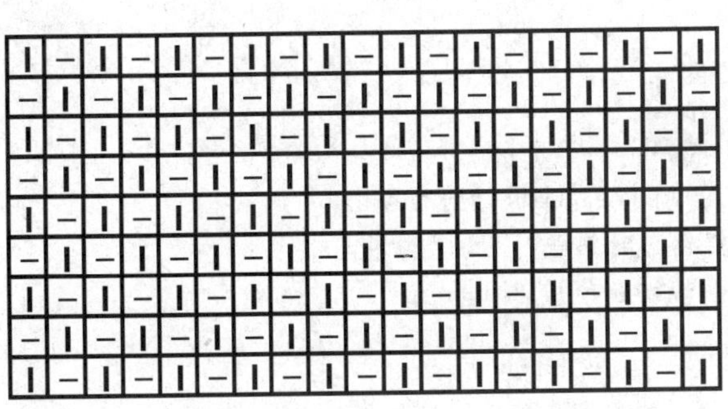

星星针

编织简述：

从下摆起针后按花纹环形向上织，先减袖窿后减领口，前后肩头缝合后挑织领子；袖口起针后环形向上织并规律加针至腋下，减袖山后余针平收，与正身整齐缝合。

编织步骤：

① 用6号针起140针环形织26cm阿尔巴尼亚罗纹针后按图织球球针。

② 总长至35cm时减袖窿，①平收腋正中8针，②隔1行减1针减4次。

③ 距后脖8cm时减领口，①平收领正中12针，②隔1行减3针减1次，③隔1行减2针减1次，④隔1行减1针减1次，前后肩头缝合后，从领口挑85针环形织15cm阿尔巴尼亚罗纹针后收平边。

④ 用6号针从袖口起35针环形织阿尔巴尼亚罗纹针，并在袖腋处隔13行加1次针，每次加2针，共加5次，总长至42cm时减袖山，①平收腋正中8针，②隔1行减1针减12次，余针平收，与正身整齐缝合。

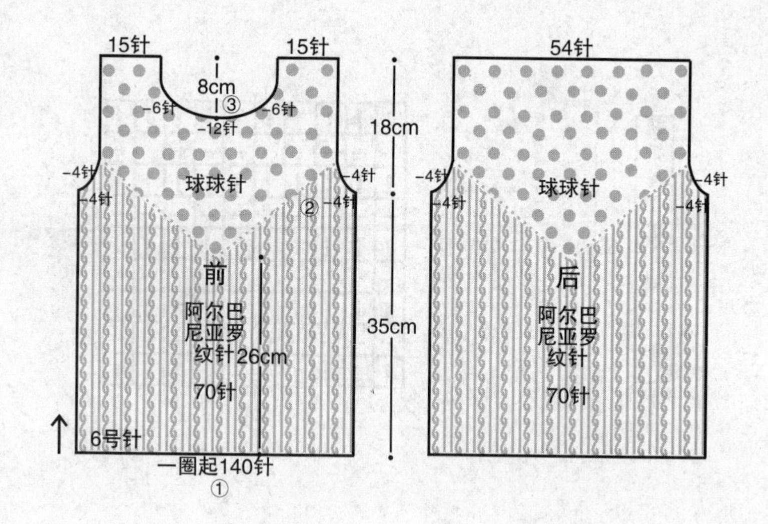

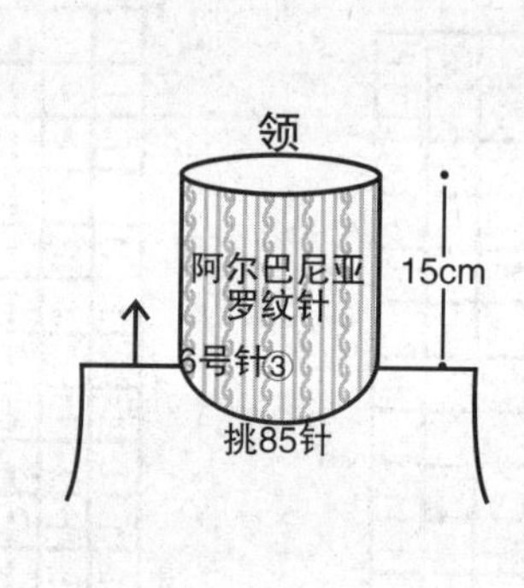

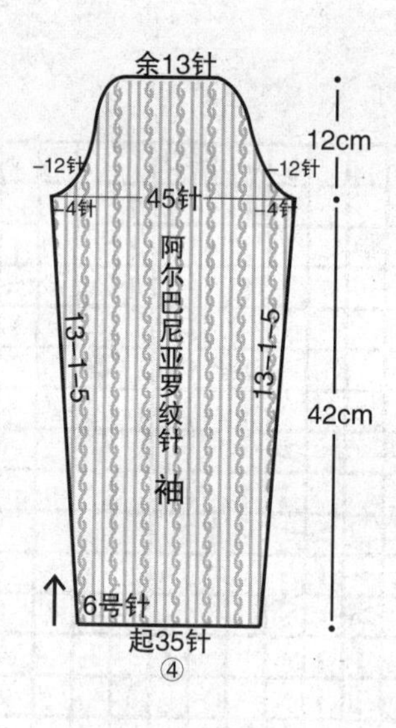

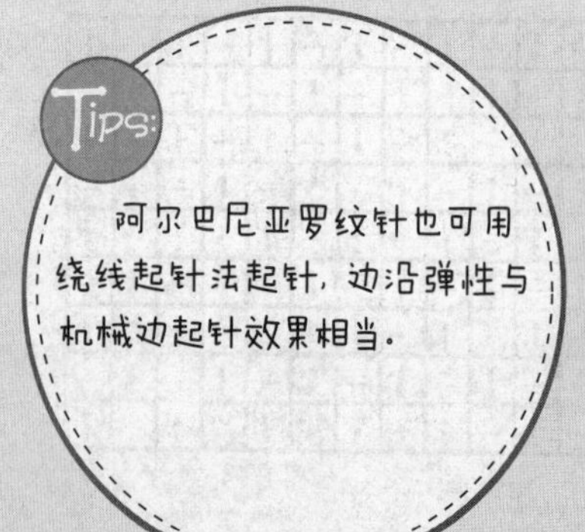

28

材　料：
286规格纯毛粗线

用　量：
550g

工　具：
6号针

尺寸（cm）：
衣长53 袖长54 胸围70 肩宽27

平均密度：
10cm²=20针×24行

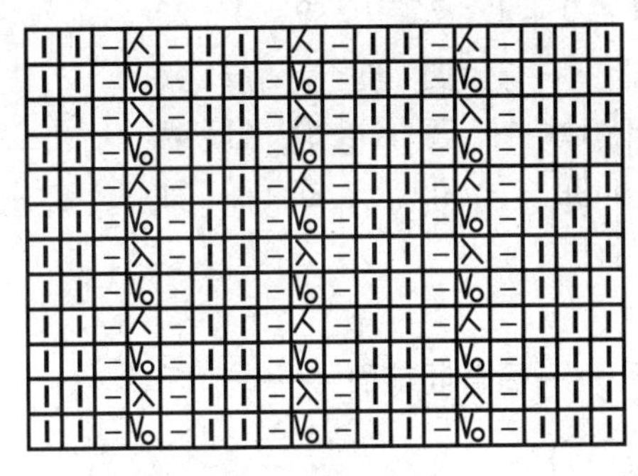

阿尔巴尼亚罗纹针

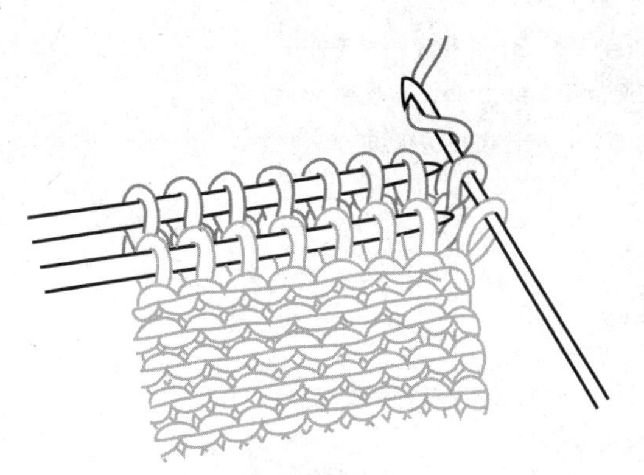

肩头缝合方法

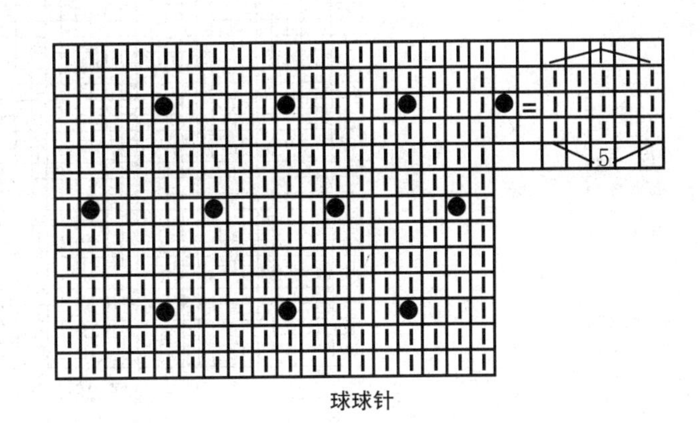

球球针

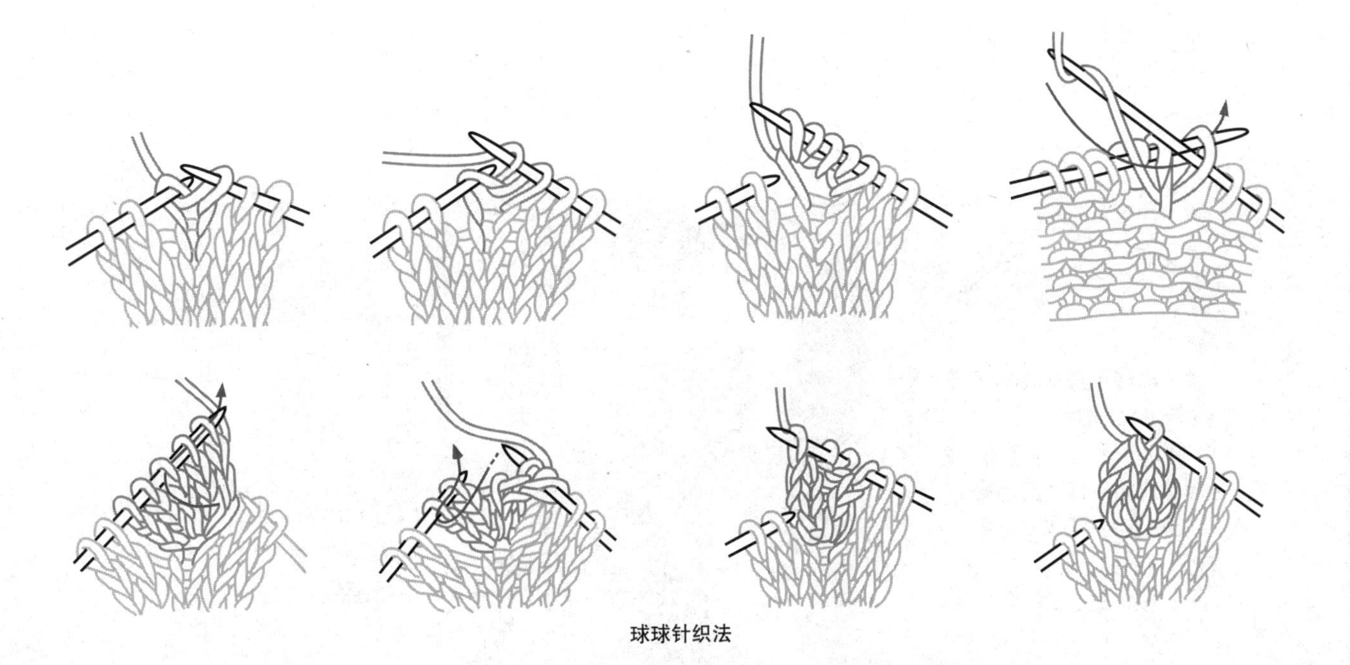

球球针织法

编织简述：

从下摆向上织，至腰部统一减针织扭针单罗纹后，再按胸部排花织，减领口和减袖窿同时进行；袖口起针织相应长后减袖山，余针比普通袖子多织12cm，平收后，外折多织出的部分，按普通袖子缝法与正身缝合。

编织步骤：

① 用6号针起180针环形织6行扭针单罗纹后，按图解织底边。

② 裙边至35cm后，统一减至146针环形织8cm扭针单罗纹。

③ 胸前及后背排花相同，向上织10cm后减袖窿，①平收腋正中8针，②隔1行减1针减6次。

④ 减领口与减袖窿同时进行，在1反针外侧，隔3行减1针减9次，领正中5锁链针从内部重叠挑针。

⑤ 袖口用6号针起40针环形织40cm扭针双罗纹后，统一加至70针改织5行正针1行反针，至44cm时减袖山，①平收腋正中8针，②隔1行减1针减12次，余38针向上直织12cm后平收。

⑥ 将袖子多织出的12cm重叠后，与正身缝合，形成公主袖效果。

Tips:

袖子的缝合略有难度，只要把多织出的部分向外折一下，将收针部分与平织部分重叠，最后按普通袖子缝法与袖窿处连接，区别于肩头三层是一起缝合的。

胸前排花：

22	1	9	1	7	1	9	1	22
蜗牛针	反针	雨伞花	反针	四喜花	反针	雨伞花	反针	蜗牛针

后背同前面

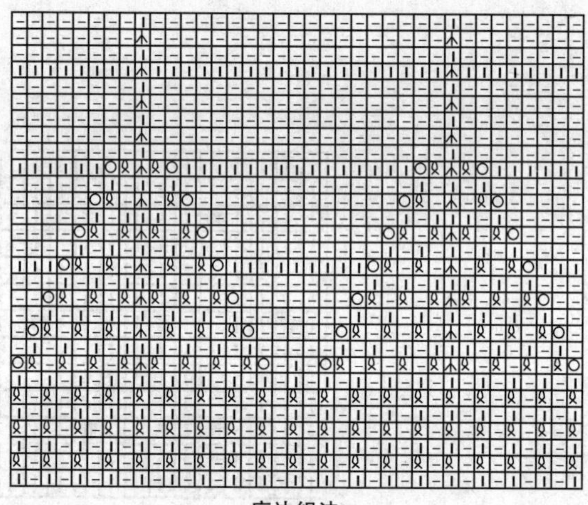

底边织法

29

材　　料：
286规格纯毛粗线

用　　量：
550g

工　　具：
6号针

尺寸(cm)：
衣长71　袖长56　胸围73　肩宽27

平均密度：
$10cm^2$=20针×24行

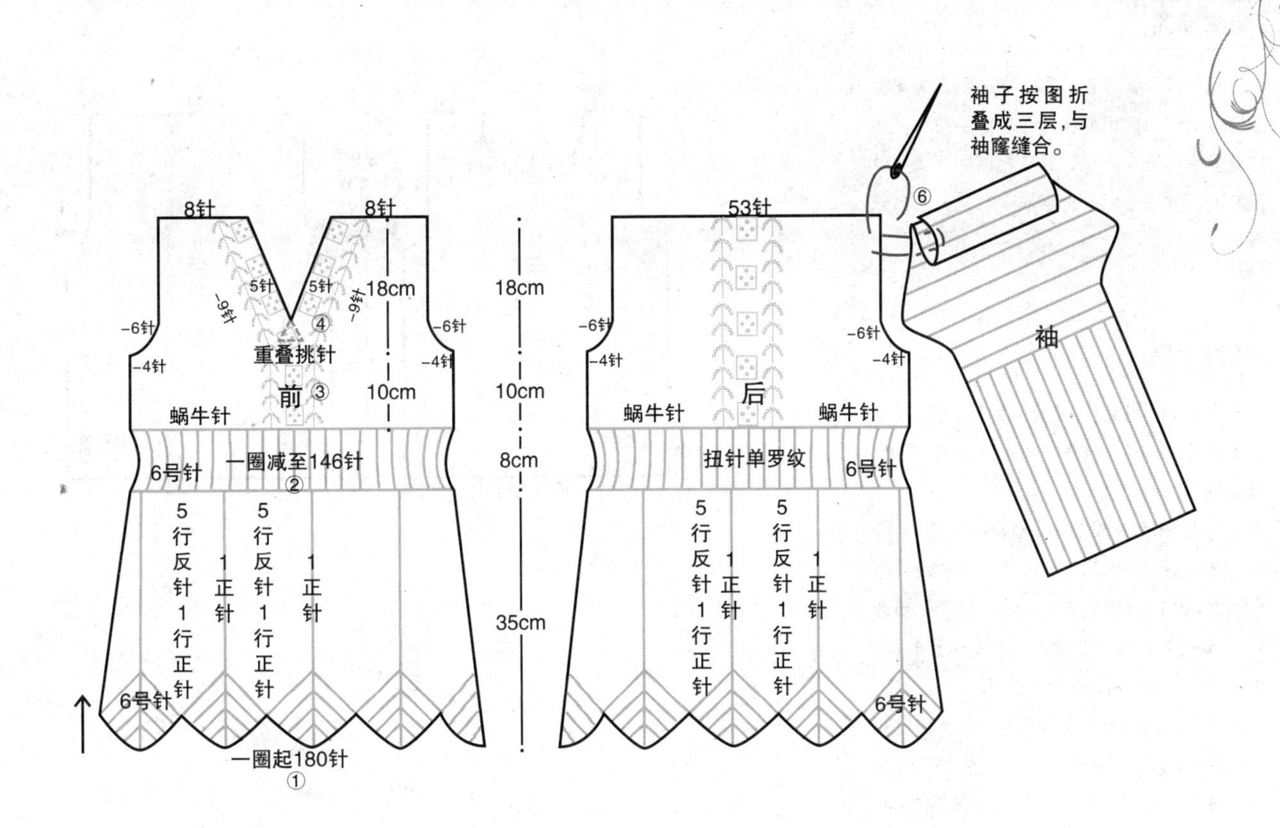

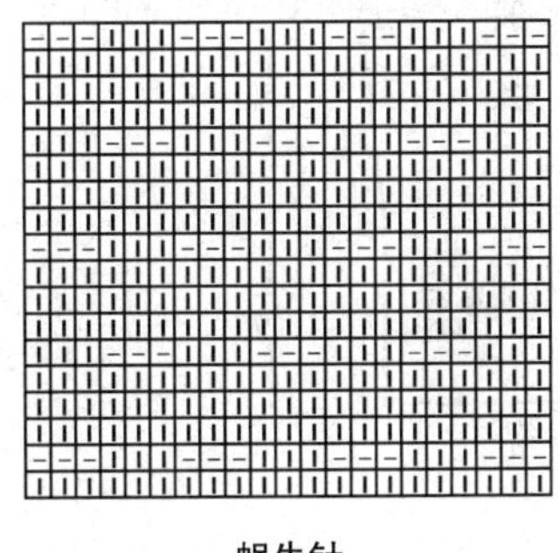

蜗牛针

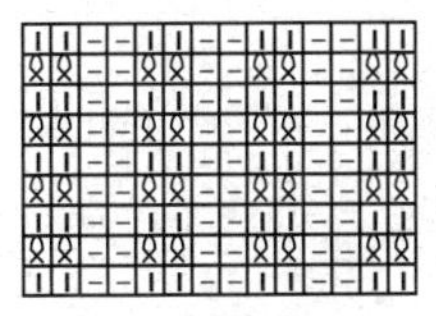

扭针双罗纹

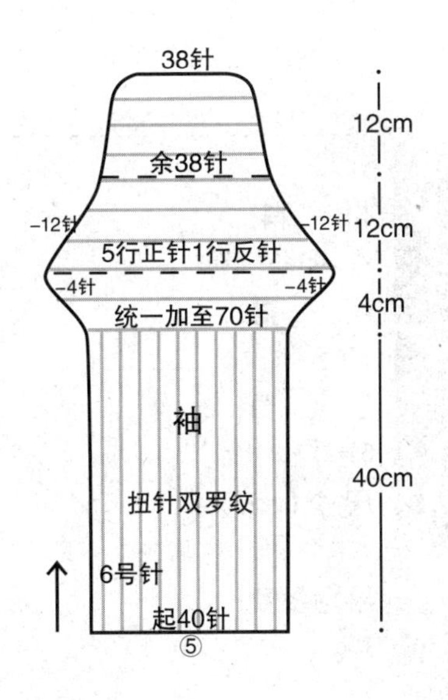

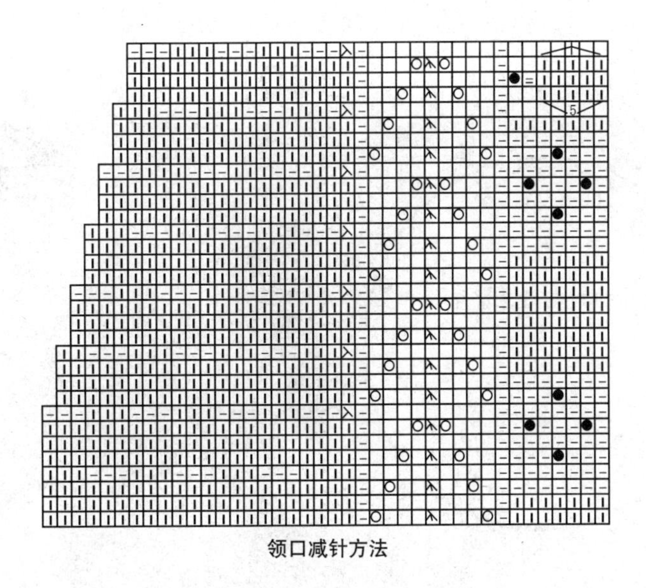

领口减针方法

编织简述:

从下摆起针后直接环形向上织，先减袖窿后减领口，前后肩头缝合后挑织领子；袖口起针后环形向上织，并在袖腋处规律加针至腋下，减袖山后余针平收，与正身整齐缝合。

编织步骤:

① 用6号针起144针按正身花纹环形织30cm后减袖窿，①平收腋正中10针，②隔1行减1针减5次。

② 距后脖8cm时减领口，①平收领正中10针，②隔1行减3针减1次，③隔1行减2针减1次，④隔1行减1针减1次，前后肩头缝合后，用8号针从领口处挑出88针环形织11cm扭针双罗纹后收机械边形成高领。

③ 袖口用6号针起40针环形织13cm扭针双罗纹后改织正针，同时在袖腋处隔9行加1次针，每次加2针，共加4次，总长至44cm时减袖山，①平收腋正中10针，②隔1行减1针减12次，余针平收，与正身整齐缝合。

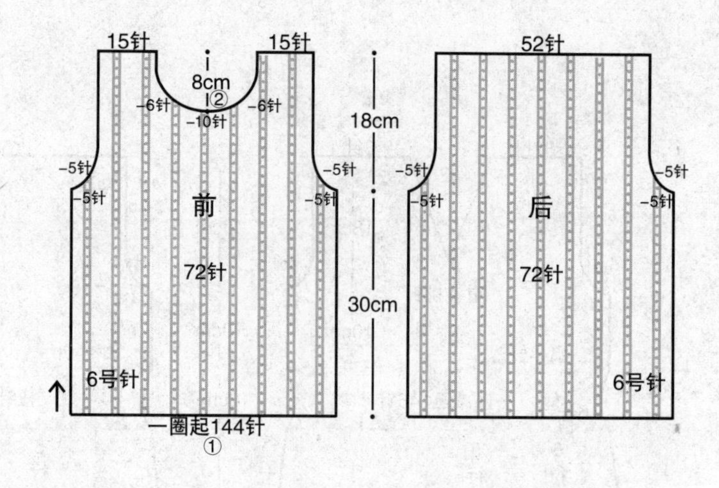

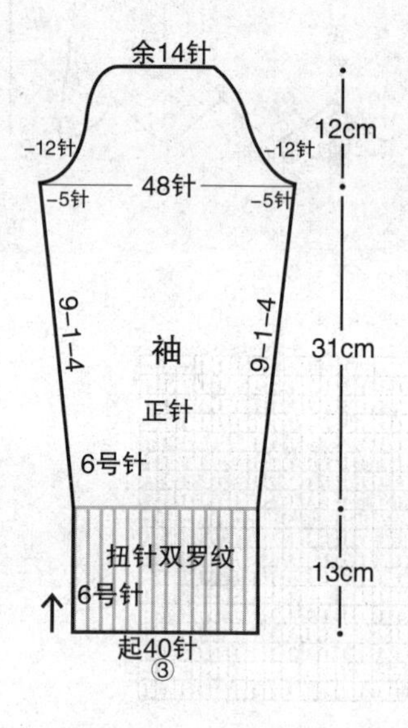

30

材　料:
273规格纯毛粗线

用　量:
500g

工　具:
6号针　8号针

尺寸（cm）:
衣长48 袖长56 胸围72 肩宽26

平均密度:
$10cm^2$=20针×24行

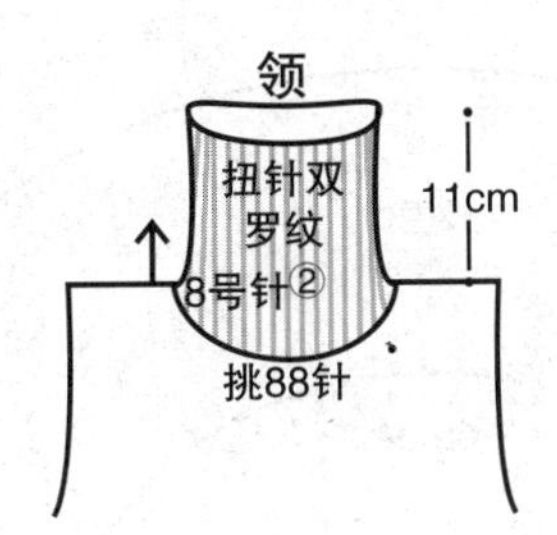

扭针双罗纹

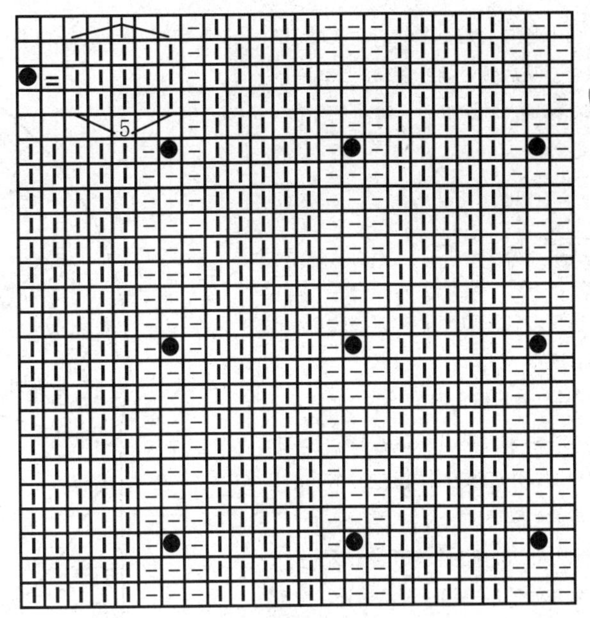

正身花纹

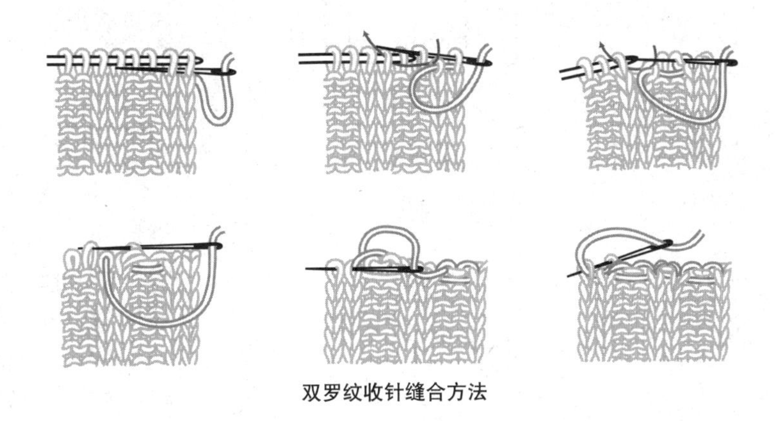

双罗纹收针缝合方法

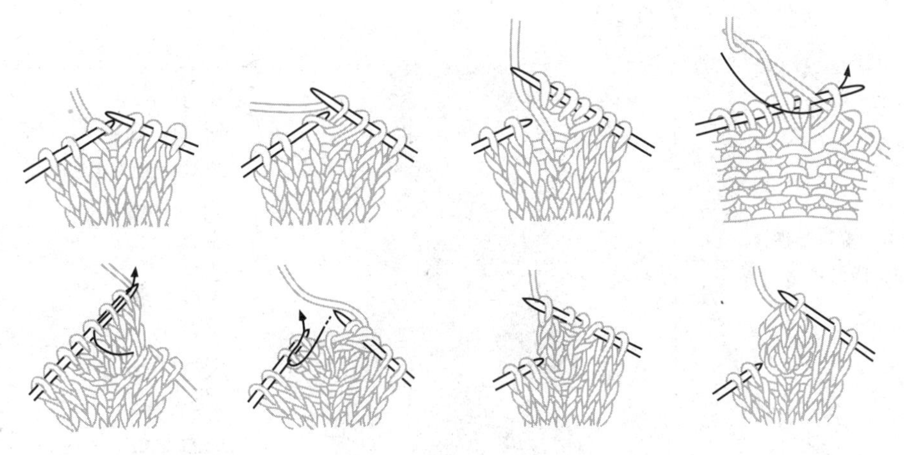

球球针织法

编织简述：

织一条长围巾，在起针处向上30cm位置对头缝合，从后腰处挑针后织正针，在围巾的后脖处横缝。袖织好后，缝合于围巾与后片的开口处。

编织步骤：

① 用6号针起47针按围巾排花往返织165cm小树结果针围巾。

② 留30cm后，对针缝合围巾。

③ 从围巾的后腰部位挑出70针织正针片，并隔1行减1针减5次，余60针向上直织17cm，与围巾形成的后脖部位缝合。

④ 用6号针从袖口处起36针环形织13cm扭针双罗纹，袖正中改织一组小树结果针，两侧为正针，隔13行加1次针，每次加2针，共加4次，袖长至45cm时减袖山：①平收正中8针，②隔1行减1针减13次，余针平收，与围巾形成的开口部位缝合。

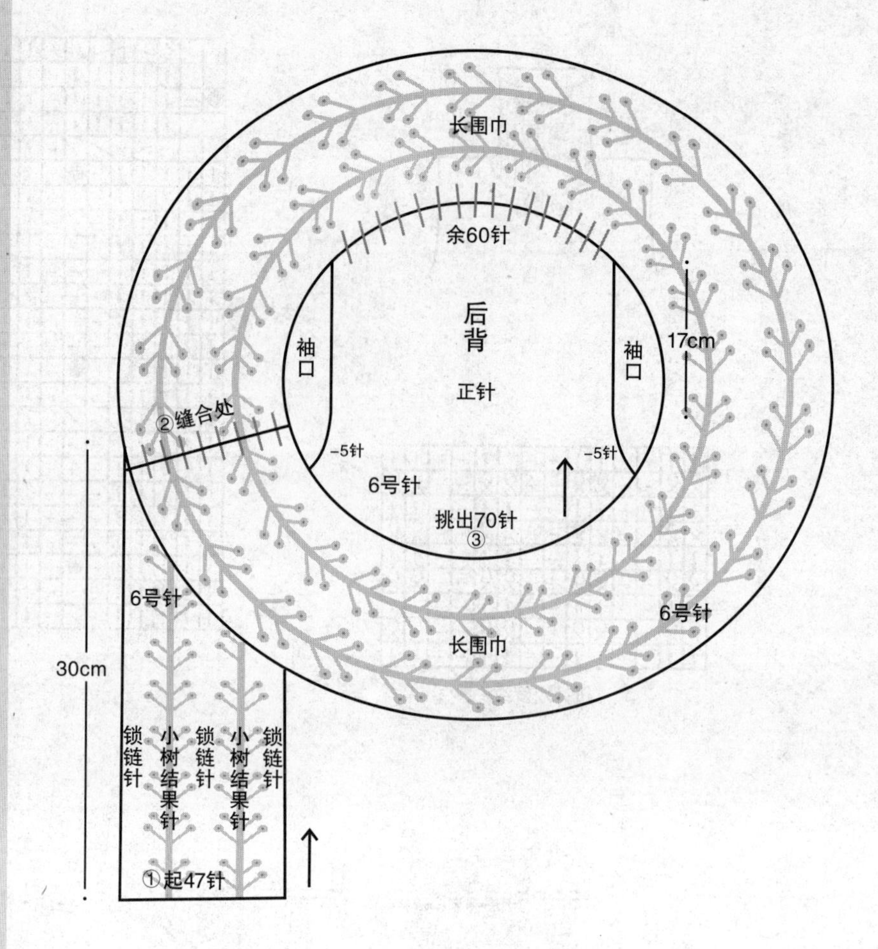

围巾排花：

5	16	5	16	5
锁链针	小树结果针	锁链针	小树结果针	锁链针

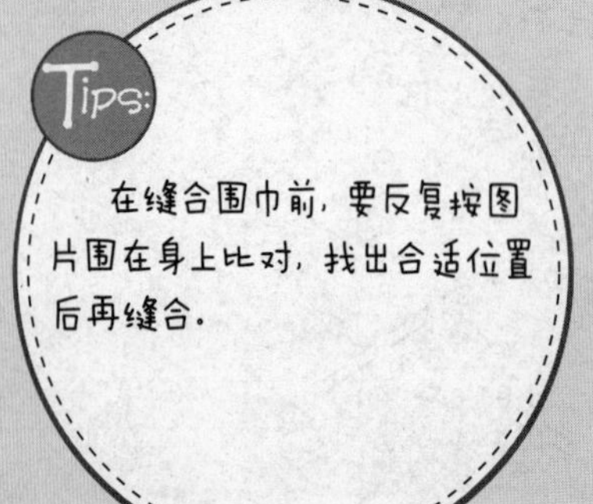

在缝合围巾前，要反复按图片围在身上比对，找出合适位置后再缝合。

31

材　料：
278规格纯毛粗线

用　量：
550g

工　具：
6号针

尺寸（cm）：
以实物为准

平均密度：
10cm²=20针×24行

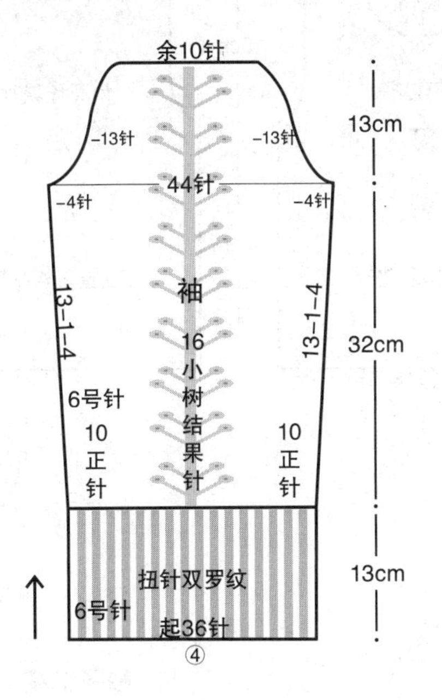
余10针
-13针
-13针
13cm
44针
-4针
-4针
袖
16
小
树
结
果
针
13-1-4
13-1-4
32cm
6号针
10
正
针
10
正
针
扭针双罗纹
6号针
起36针
13cm
④

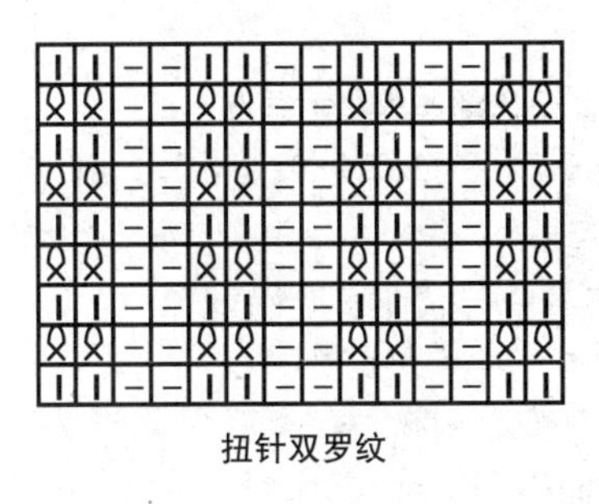
扭针双罗纹

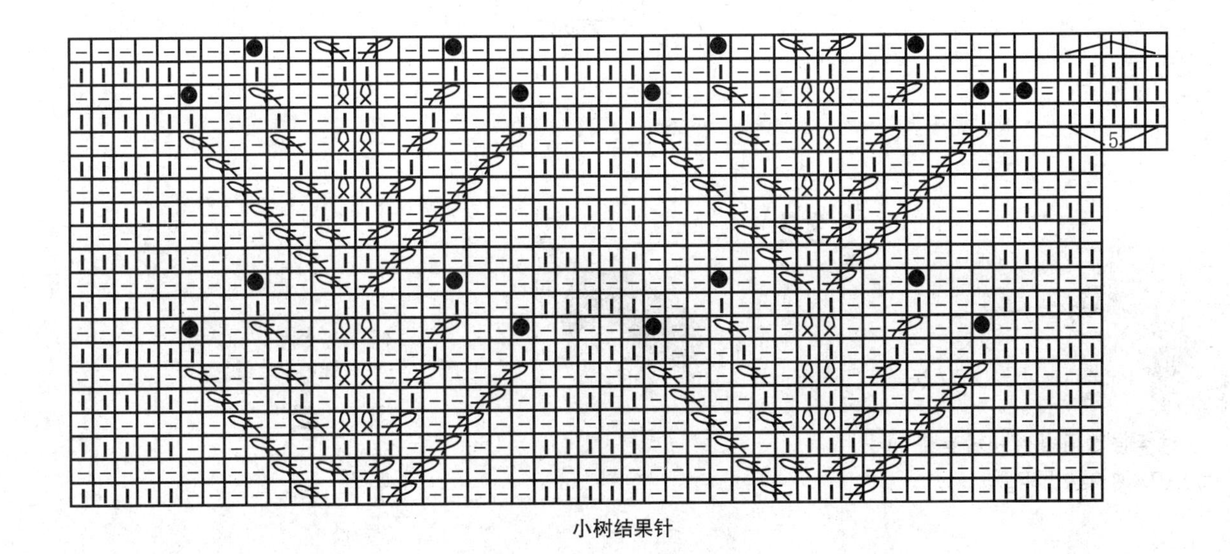
5
小树结果针

编织简述：

从下摆起针后直接环形向上织，先减袖窿后减领口，前后肩头缝合后挑织领子；袖口起针后环形向上织，并在袖腋处规律加针至腋下，减袖山后余针平收，与正身整齐缝合。

编织步骤：

① 用6号针起144针按花纹环形织32cm后改织麻花球球针减袖窿，①平收腋正中10针，②隔1行减1针减5次。

② 距后脖8cm时减领口，①平收领正中10针，②隔1行减3针减1次，③隔1行减2针减1次，④隔1行减1针减1次，前后肩头缝合后，从领口处挑出88针环形织5cm扭针单罗纹后收机械边形成领子。

③ 袖口用6号针起40针环形织10cm扭针双罗纹后按袖子排花向上织，同时在袖腋处隔9行加1次针，每次加2针，共加4次，总长至44cm时减袖山，①平收腋正中10针，②隔1行减1针减12次，余针平收，与正身整齐缝合。

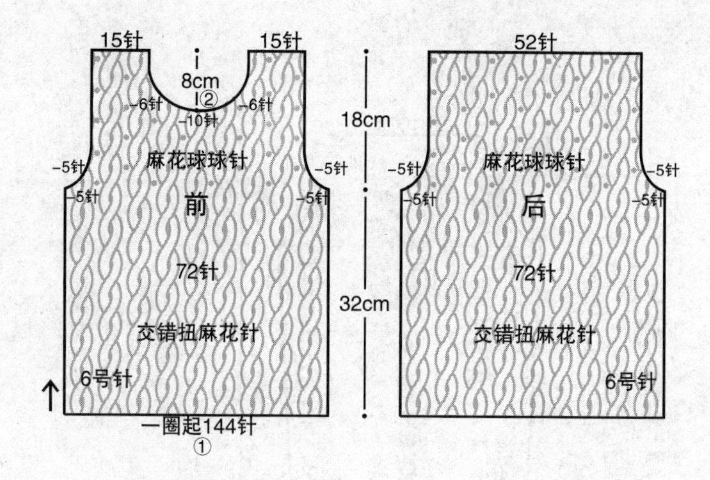

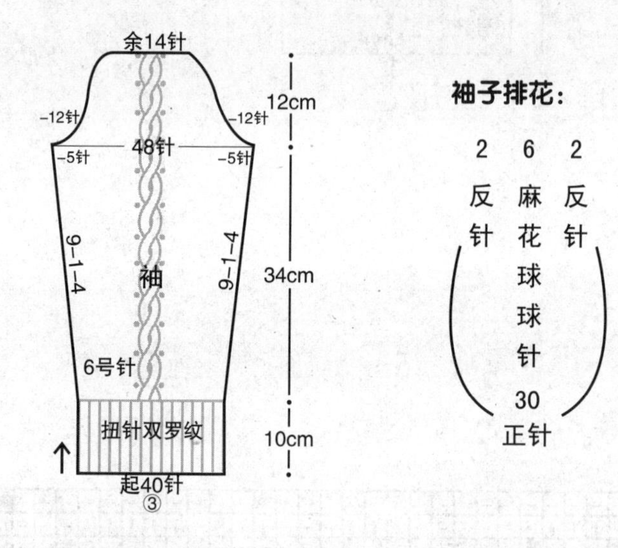

32

材　料：
273规格纯毛粗线

用　量：
450g

工　具：
6号针

尺寸（cm）：
衣长50 袖长56 胸围68 肩宽24

平均密度：
$10cm^2$=21针×24行

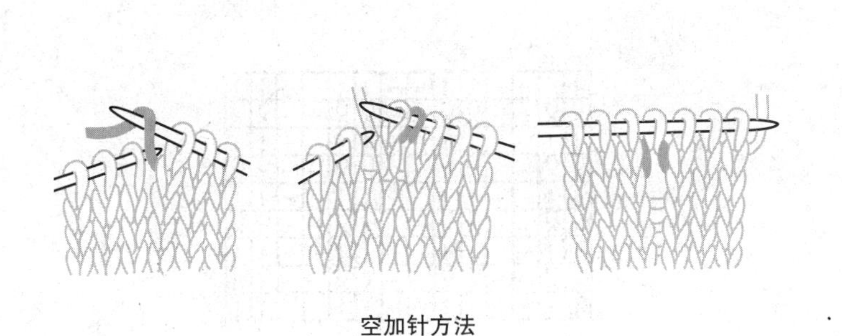
空加针方法

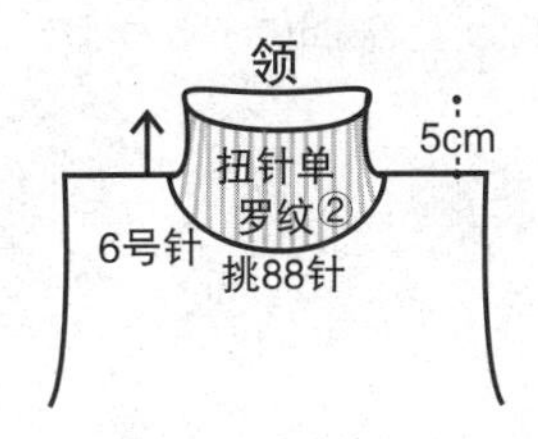

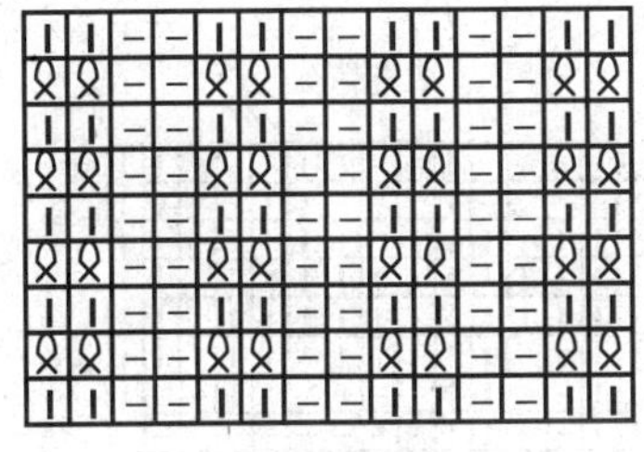
扭针双罗纹

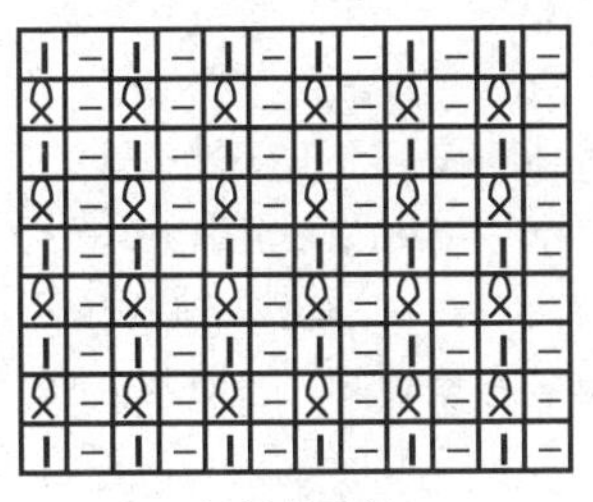
扭针单罗纹

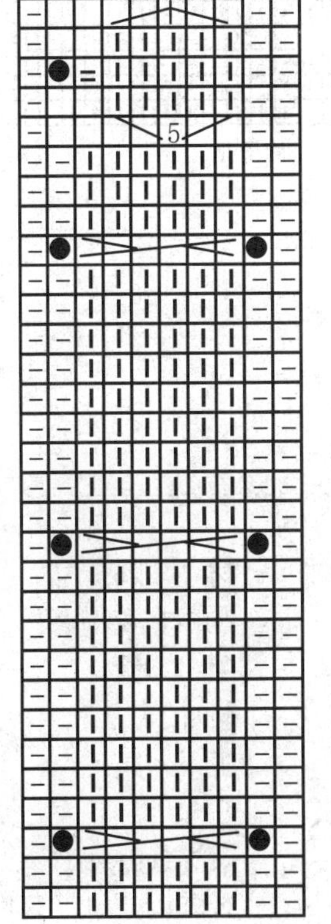

麻花球球针

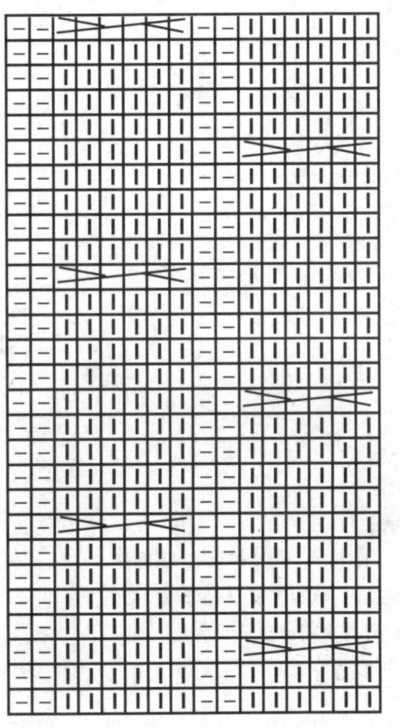
交错扭麻花针

编织简述：

织两个长方形和一个后片，用长方形边沿的球球作为扣子与后片连接形成背心；袖口起针后按规律加针，减袖山后平收与袖窿位置缝合。

编织步骤：

① 用6号针起43针按花纹往返织樱桃树针，至60cm处收针，共织两条同样的长方形。

② 织后片：用6号针起72针往返织35cm席子花后减袖窿，①平收一侧3针，②隔1行减1针减4次。余针向上织。

③ 把花纹中的球球作为扣子扣入后片，形成背心。

④ 袖口用6号针起36针环形织18cm扭针双罗纹后改织正针，并在袖腋处隔9行加1次针，每次加2针，共加5次，至44cm时减袖山，①平收正中4针，余针平收，缝合在正身袖窿部位。

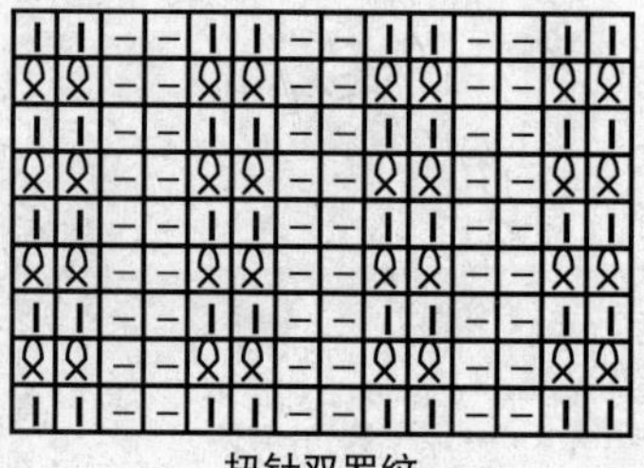

扭针双罗纹

席子花

Tips:

后片不必织扣眼，球球可以扣入自然的编织孔洞内；也可以把两个前片交叉与后片联接，一衣多穿。

33

材　　料：
286规格纯毛粗线

用　　量：
450g

工　　具：
6号针

尺寸（cm）：
衣长53 袖长45（腋下至袖口）
胸围72 肩宽29

平均密度：
$10cm^2$=20针×22行

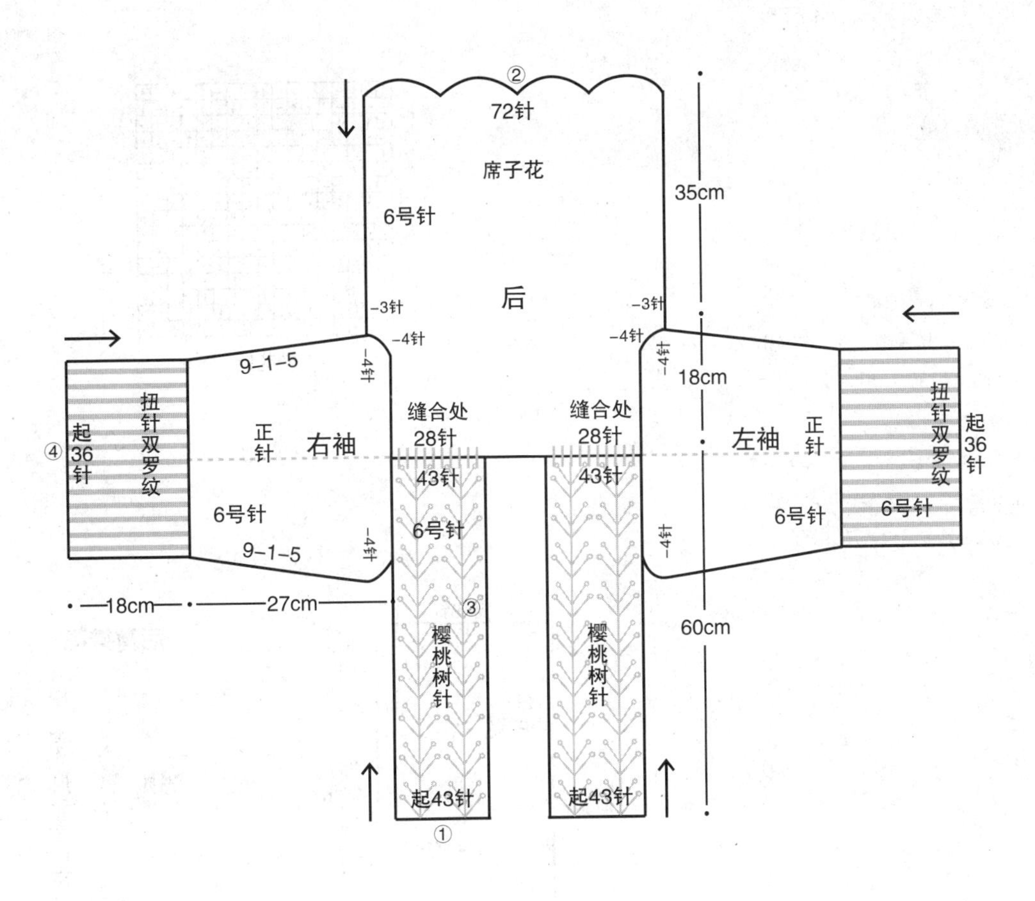
②
72针
席子花
6号针
35cm
后
-3针
-4针
9-1-5
扭针双罗纹
起36针
④
正针
右袖
6号针
缝合处
28针
43针
18cm
27cm
③
樱桃树针
起43针
①
左袖
60cm
6号针

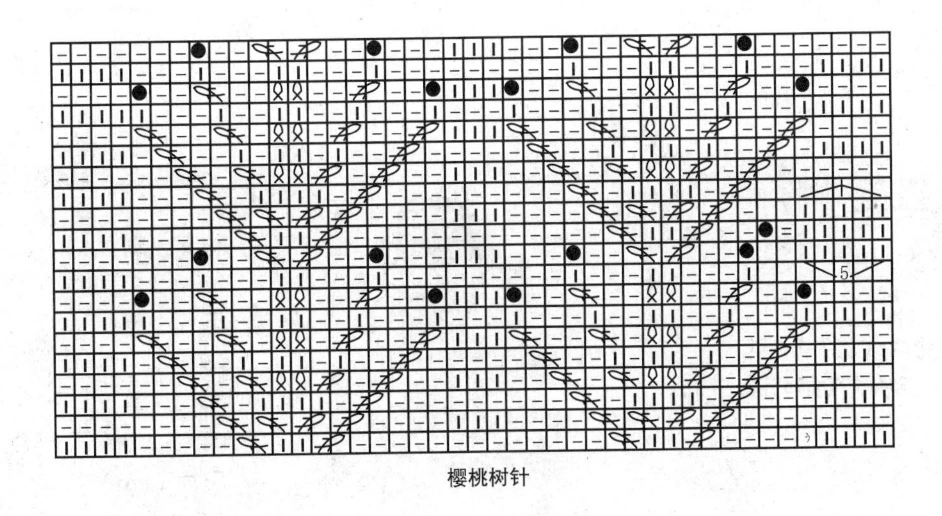
5

樱桃树针

编织简述：

按图织一个不规则的衣片，依照相同字母缝合两肋后同时形成袖窿口，从此处环形挑针向下织袖子。

编织步骤：

① 用6号针起238针往返织15cm对称树叶花。

② 统一减至200针改织11cm桂花针。

③ 将衣片左右的各76针松平收，余正中48针按后背排花往返向上织30cm后，换8号针改织2cm扭针单罗纹后收机械边。

④ 在两肋按相同字母缝合a–a、b–b后，用6号针从袖窿口挑出48针向下环形织45cm扭针单罗纹后收机械边形成袖子。

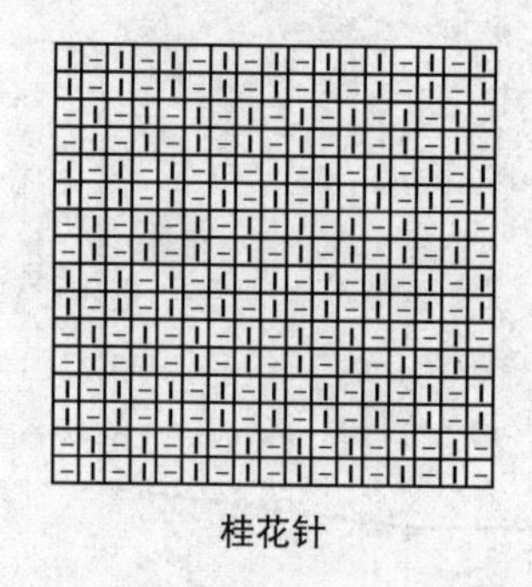

桂花针

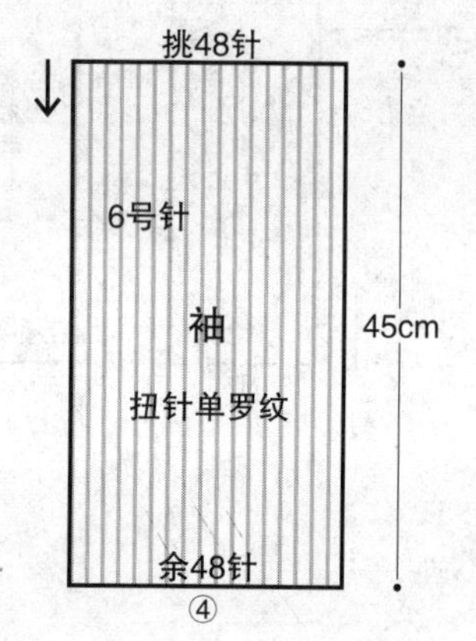

后背排花：

17	1	12	1	17
宽锁链球球针	反针	菱形星星针	反针	宽锁链球球针

34

材　　料：
278规格纯毛粗线

用　　量：
450g

工　　具：
6号针　8号针

尺寸（cm）：
以实物为准

平均密度：
$10cm^2$=20针×24行

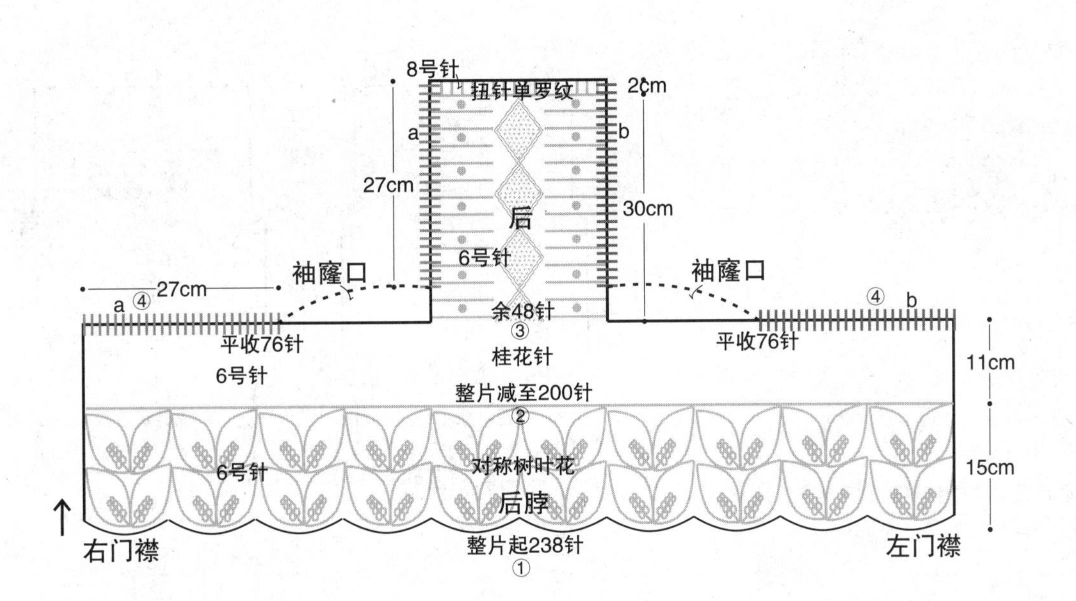

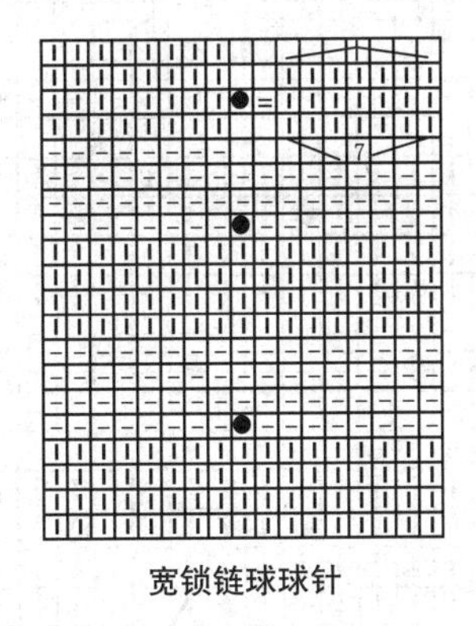

宽锁链球球针

扭针单罗纹

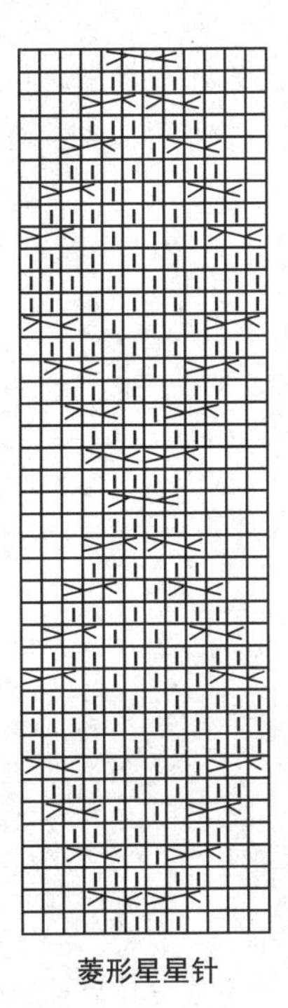

菱形星星针

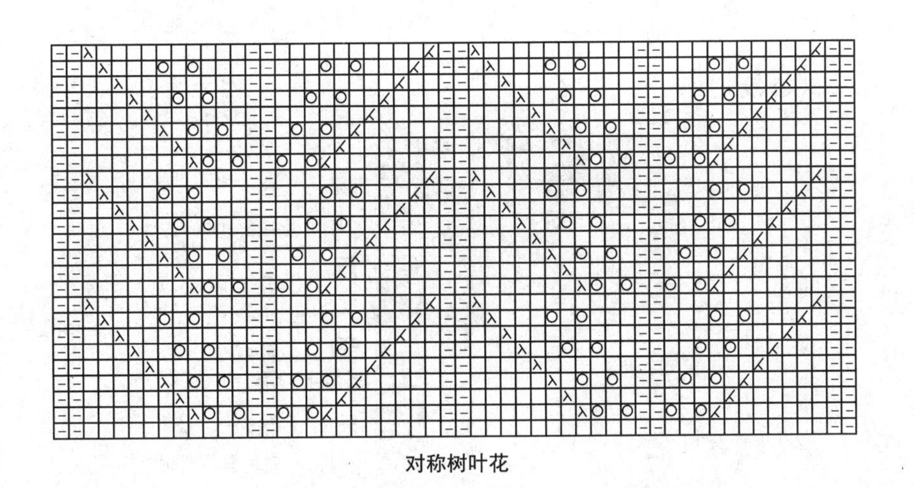

对称树叶花

编织简述：

从下摆起针后环形向上织，减袖窿的同时改织条纹球球针，减领口后，余针向上直织，前后肩头缝合后挑织高领；袖口起针后环形向上织，同时在袖腋处规律加针至腋下，减袖山后余针平收，与正身整齐缝合。

编织步骤：

① 用8号针起128针环形织16cm扭针双罗纹。

② 换6号针改织17cm正针。

③ 总长至33cm时改织条纹球球针并减袖窿，①平收腋正中8针，②隔1行减1针减4次。

④ 距后脖8cm时减领口，①平收领正中10针，②隔1行减3针减1次，③隔1行减2针减1次，④隔1行减1针减1次。前后肩头缝合后，从领口处挑出88针用8号针环形织9cm扭针双罗纹后收机械边形成高领。

⑤ 袖口用8号针起36针环形织16cm扭针双罗纹后，换6号针改织正针，同时在袖腋处隔11行加1次针，每次加2针，共加5次，总长至43cm时减袖山，①平收腋正中8针，②隔1行减1针减13次，余针平收，与正身整齐缝合。

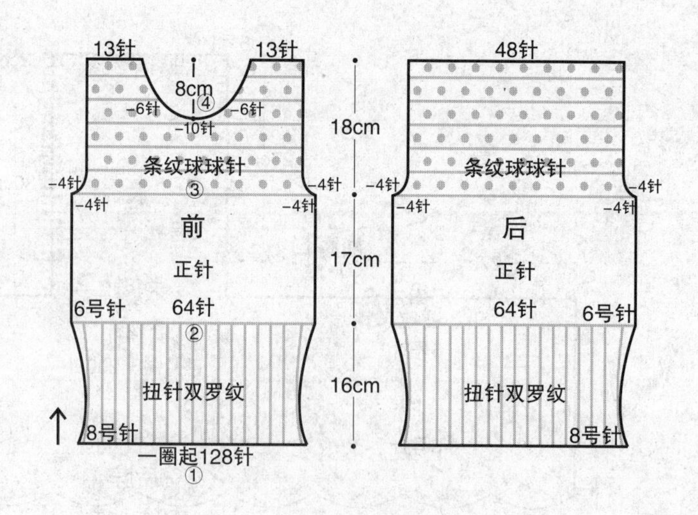

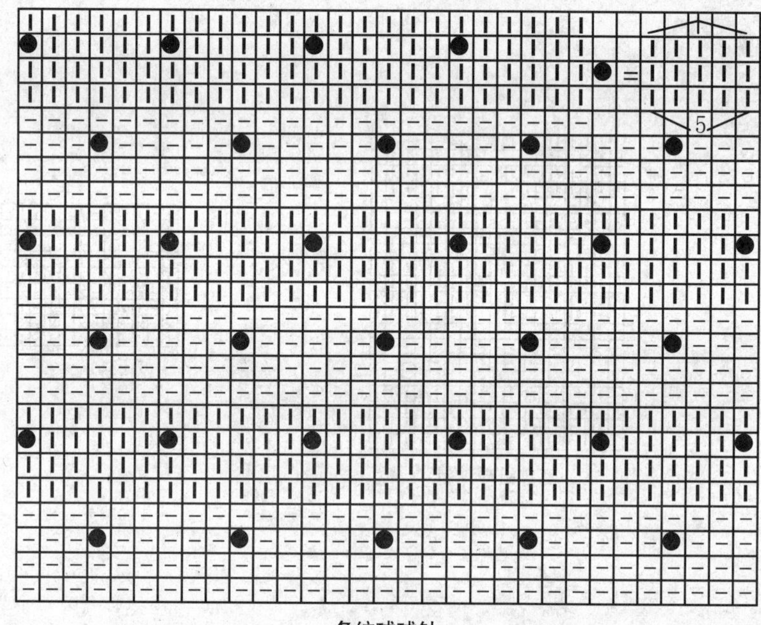

条纹球球针

35

材　　料：
278规格纯毛粗线

用　　量：
500g

工　　具：
6号针　8号针

尺寸（cm）：
衣长51　袖长54　胸围67　肩宽25

平均密度：
$10cm^2$=19针×25行

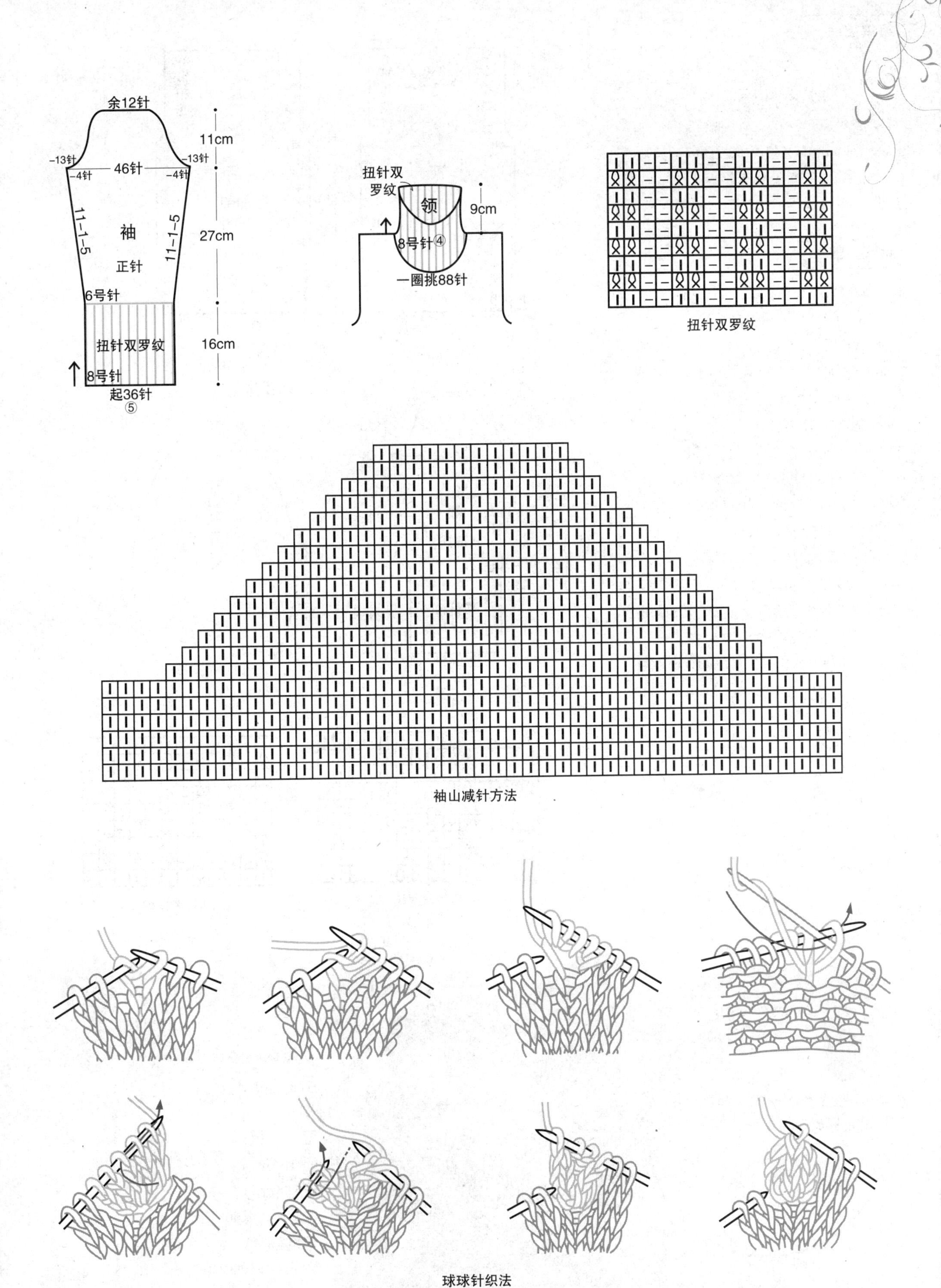

扭针双罗纹

袖山减针方法

球球针织法

编织简述：

从下摆起针后环形向上织，至腋下后减袖窿，领口后减针。前后肩头等高后缝合，并环形挑织领子；袖口起针后按排花环形向上织，同时在袖腋处规律加针至腋下，减袖山后余针平收，与正身整齐缝合。

编织步骤：

① 用8号针起112针环形织12cm扭针双罗纹。

② 换6号针按正身排花环形向上织，总长至34cm时减袖窿，①平收腋正中8针，②隔1行减1针减4次。减完袖窿后，左右肩边沿的12针改织双排扣花纹。

③ 距后脖8cm时减领口，①平收领正中4针，②隔1行减3针减1次，③隔1行减2针减1次，④隔1行减1针减1次。前后肩头缝合后，从领口处挑出80针用8号针环形织10cm扭针单罗纹后收机械边形成高领。

④ 袖口用8号针起34针按袖子排花环形织20cm后，换6号针改织正针，同时在袖腋处隔9行加1次针，每次加2针，共加6次，总长至44cm时减袖山，①平收腋正中8针，②隔1行减1针减13次，余针平收，与正身整齐缝合。

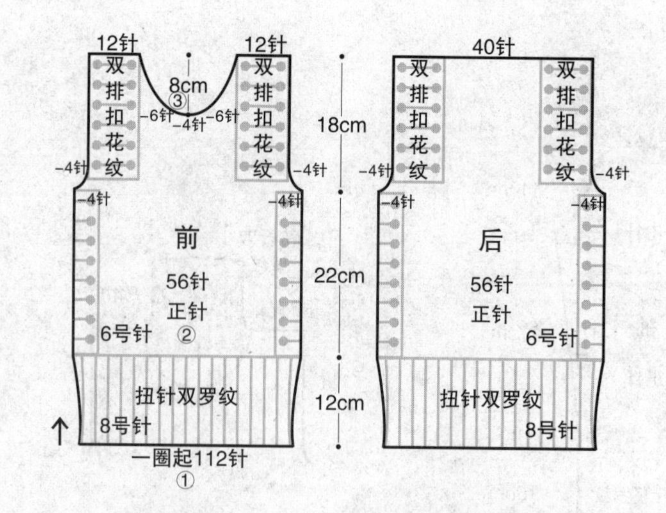

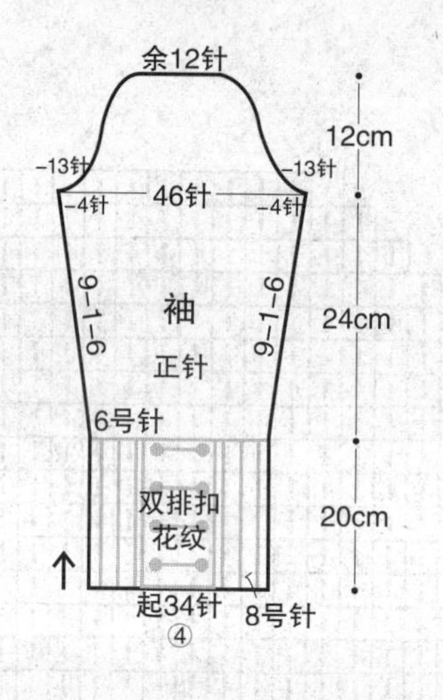

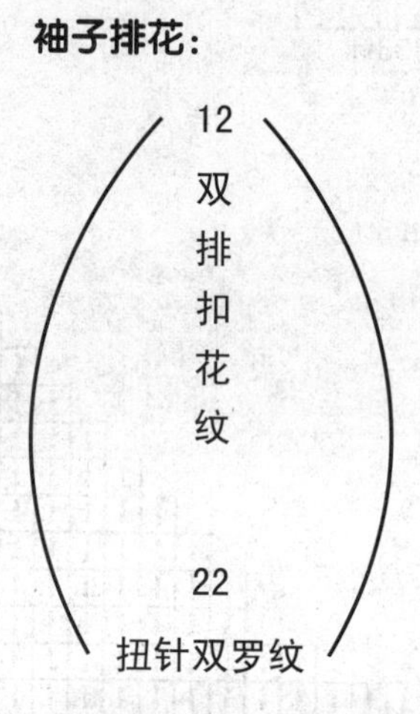

扭针双罗纹

扭针单罗纹

36

材　料：
273规格纯毛粗线

用　量：
400g

工　具：
6号针　8号针

尺寸(cm)：
衣长52　袖长56　胸围62　肩宽22

平均密度：
$10cm^2$=18针×24行

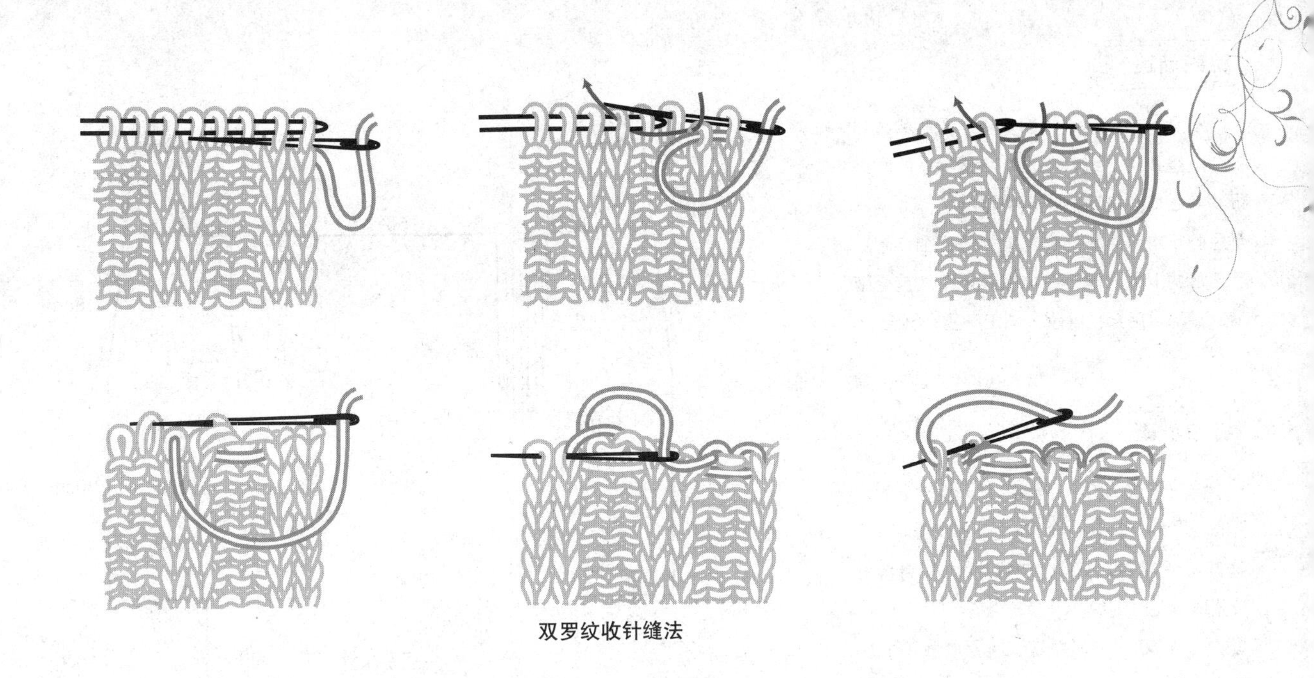

双罗纹收针缝法

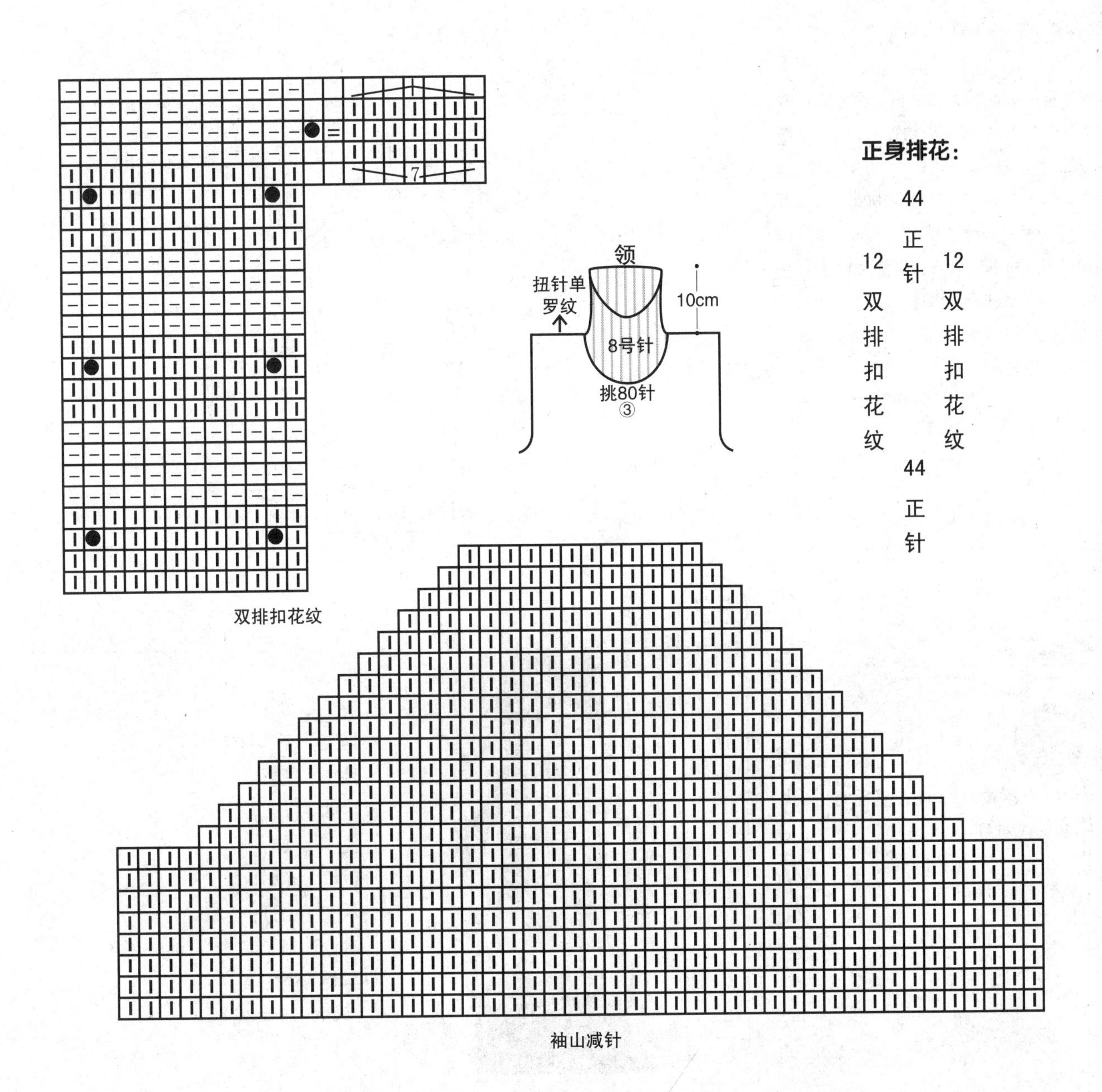

双排扣花纹

袖山减针

编织简述：

从后下摆起针织相应长后，在两侧平加针合成整片向上织，减领口和减袖窿同时进行，前后肩头缝合后，门襟不缝，向上直织至后脖正中时对头缝合形成领子；袖口起针后环形向上织，同时在袖腋处规律加针至腋下，减袖山后余针平收，与正身整齐缝合。

编织步骤：

① 用6号针起100针往返织16cm桂花条纹针。

② 在两侧各平加28针合成整片共156针向上按整体排花往返织。

③ 总长至46cm时减袖窿，①平收腋正中10针，②隔1行减1针减5次。

④ 距后脖18cm时减领口，①取左右各12针作为门襟，②在门襟的内侧隔3行减1针共减8次。

⑤ 前后肩头各取10针缝合后，门襟的12针不缝，依然向上织桂花条纹针至后脖正中时对头缝合形成领子。

⑥ 袖口用8号针起40针环形织10cm扭针双罗纹后，换6号针按袖子排花环形向上织，同时在袖腋处隔19行加1次针，每次加2针，共加4次，总长至45cm时减袖山，①平收腋正中10针，②隔1行减1针减13次，余针平收，与正身整齐缝合。

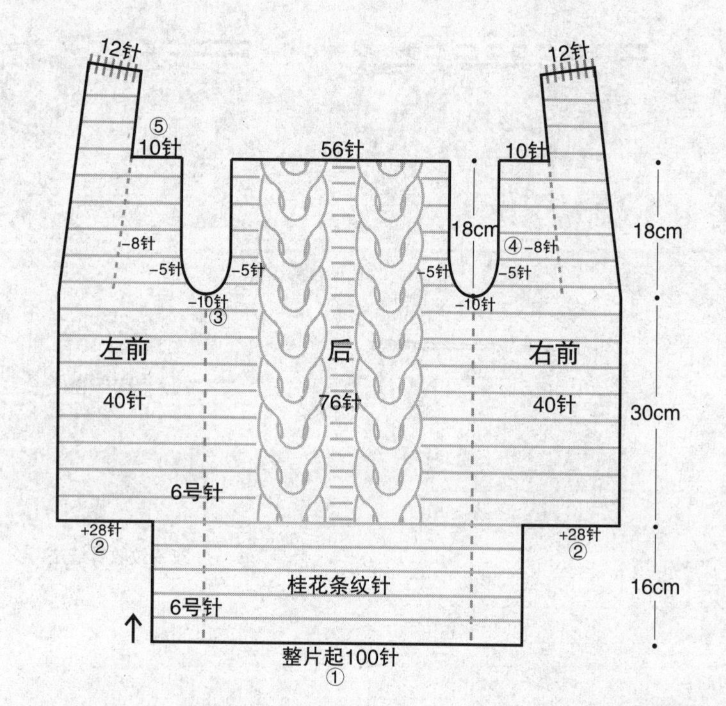

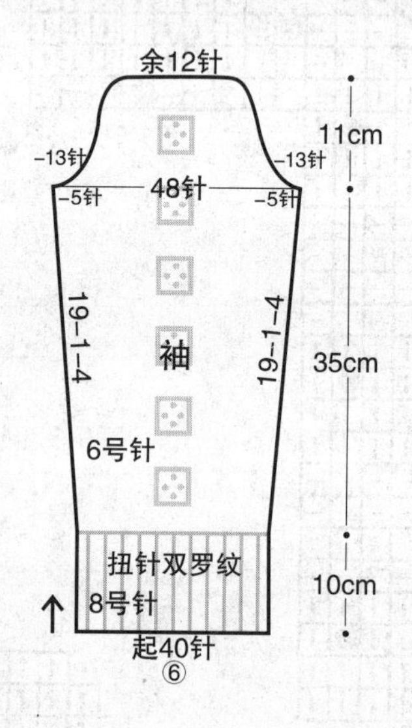

37

材　料：
275规格纯毛粗线

用　量：
550g

工　具：
6号针　8号针

尺寸(cm)：
衣长64　袖长56　胸围78　肩宽28

平均密度：
$10cm^2$=20针×24行

整体排花：

50	1	24	1	4	1	24	1	50
桂花条纹针	反针	对扭麻花针	反针	锁链针	反针	对扭麻花针	反针	桂花条纹针

袖子排花：

7 四喜花

33 正针

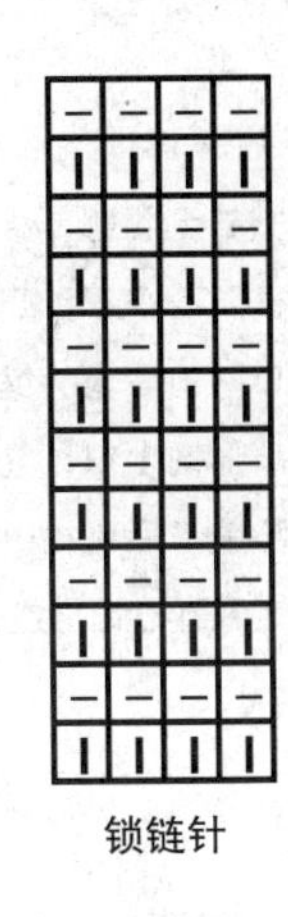

锁链针

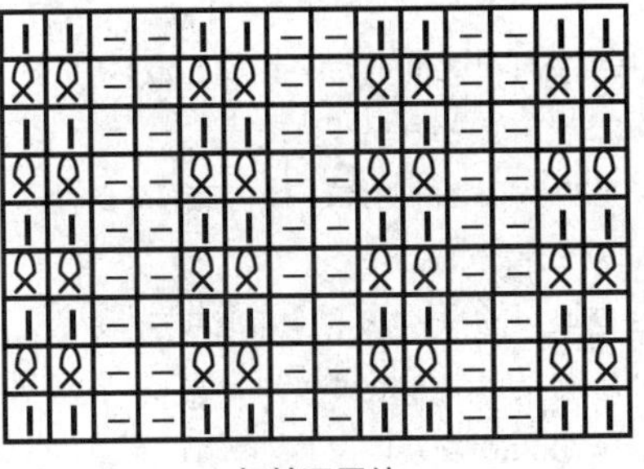

扭针双罗纹

桂花条纹针

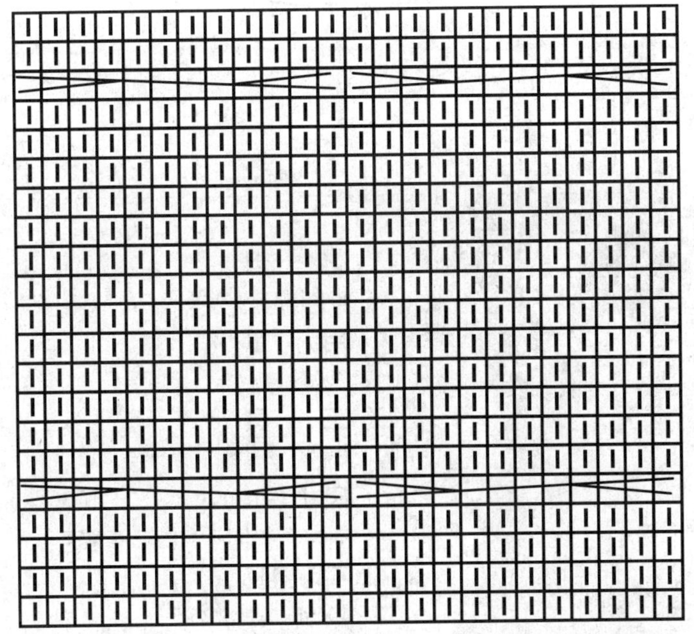

对扭麻花针

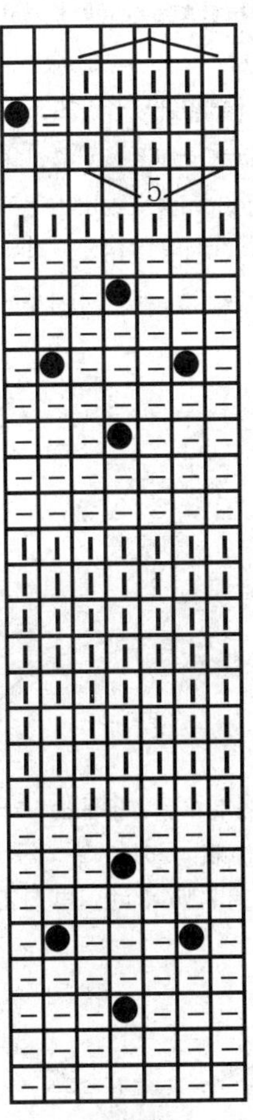

四喜花

编织简述：

从下摆起针后环形向上织，相应长后在反针组内规律减针至腰部，腰部依然按花纹向上织，至胸部时改织正针。至腋下后减袖窿，然后减领口，前后肩头缝合后挑织方领；袖口起针后环形向上织，统一加针后形成泡泡袖效果，至腋下后减袖山，余针分两次减针后平收，然后再与正身整齐缝合。

编织步骤：

① 用6号针起176针按裙摆排花环形向上织15cm。

② 将海棠菱形针之间的7反针隔3行减1次针，共减3次，使花纹间只隔1反针。

③ 总长至20cm时，一圈余128针按花纹环形向上织12cm后改织正针。

④ 总长至42cm时减袖窿，①平收腋正中8针，②隔1行减1针减4次。

⑤ 距后脖10cm时减领口，①平收领正中28针，②余针向上直织。后片距后脖2cm时，取中间的28针平收，左右余针向上直织。前后肩头缝合后，从领口处挑出136针，用9号针环形织2cm扭针单罗纹后收机械边形成方领。

⑥ 袖口用8号针起40针环形织38cm扭针单罗纹后，换6号针统一加至85针按袖子排花向上织，总长至46cm时减袖山，①平收腋正中8针，②隔1行减1针减13次，余51针可分两次减至13针后平收，再与正身整齐缝合形成泡泡袖效果。

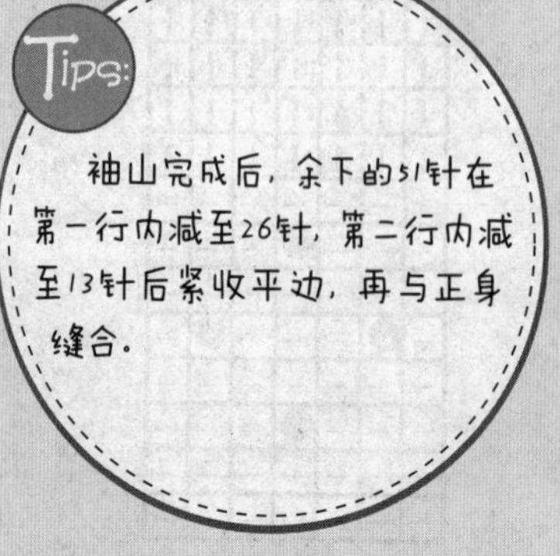

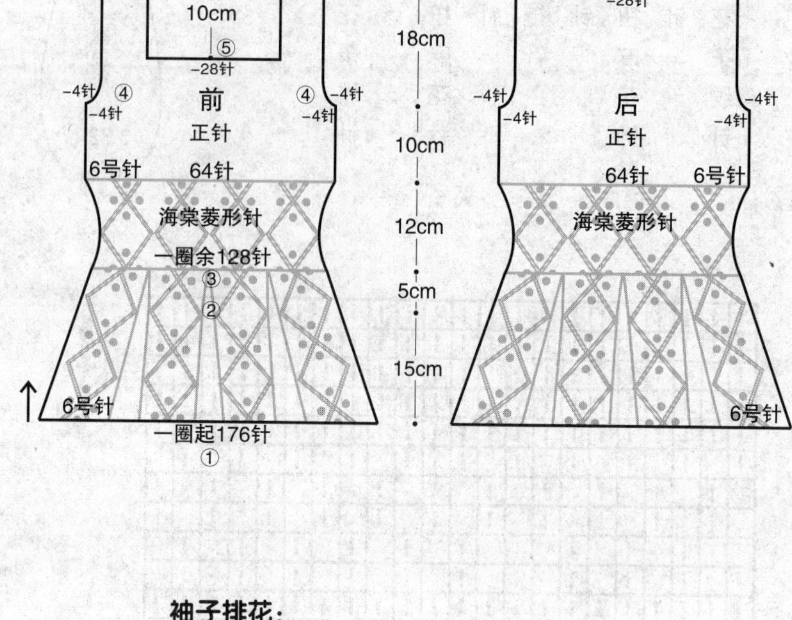

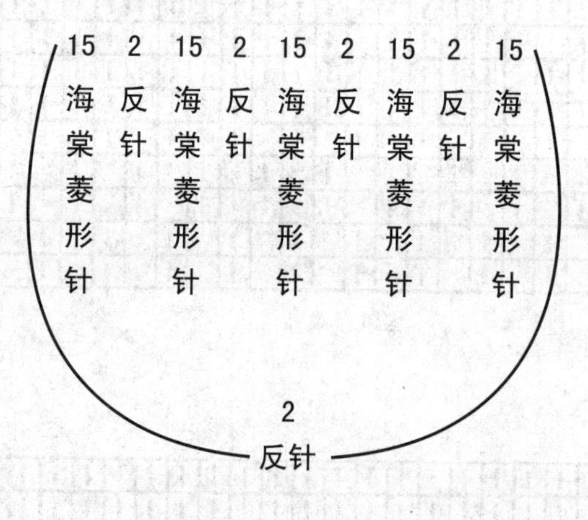

38

材　料：
273规格纯毛粗线

用　量：
300g

工　具：
6号针　8号针　9号针

尺寸（cm）：
衣长60　袖长58　胸围67　肩宽25

平均密度：
$10cm^2$=19针×25行

裙摆减针方法：

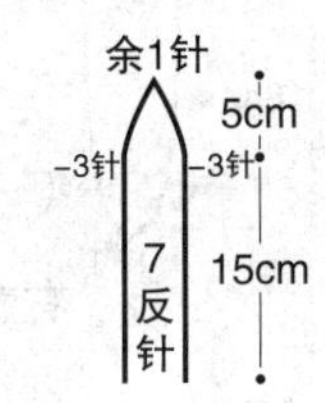

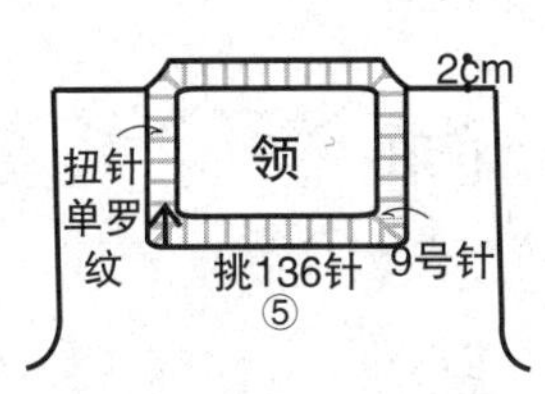

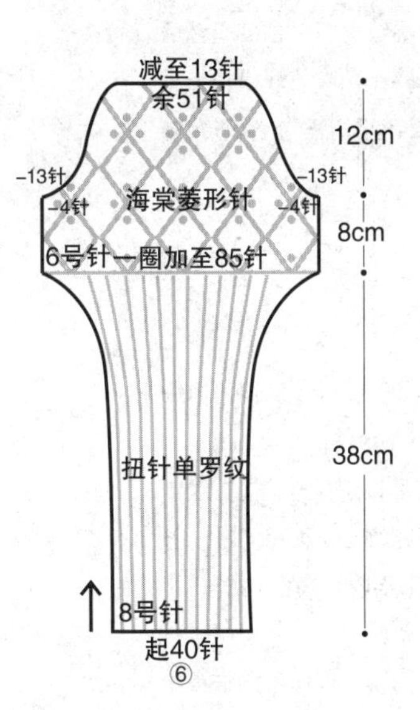

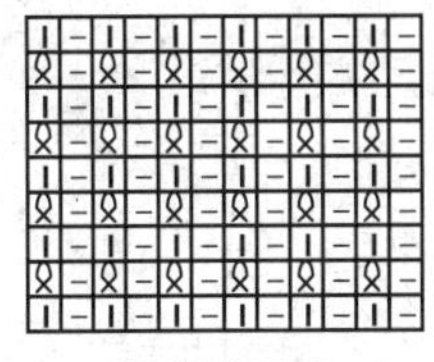
扭针单罗纹

裙摆排花：

	15 海棠菱形针	7 反针	15 海棠菱形针	7 反针	15 海棠菱形针	7 反针	15 海棠菱形针	
7 反针								7 反针
	15 海棠菱形针	7 反针	15 海棠菱形针	7 反针	15 海棠菱形针	7 反针	15 海棠菱形针	

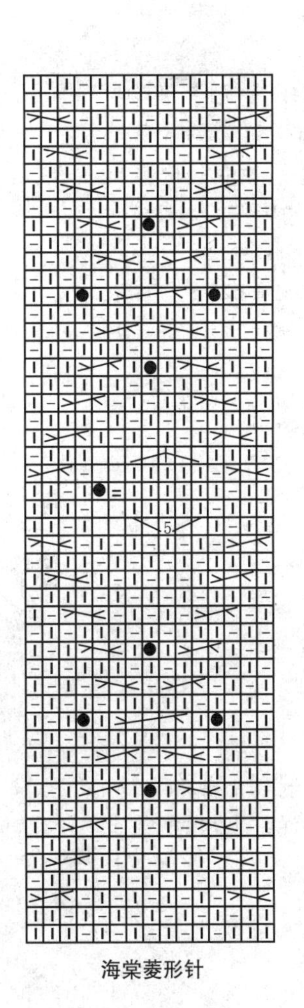
海棠菱形针

编织简述：

从下摆起针后往返向上织大片，两侧平加针后按排花向上直织，先减袖窿后减领口，前后肩头缝合后挑织立领；袖口起针后直接环形向上织，同时在袖腋处规律加针至腋下，减袖山后余针平收，与正身整齐缝合，最后挑织肩章搭扣。

编织步骤：

① 用6号针起119针往返织20cm双波浪凤尾针。

② 在两侧各平加20针后按正身排花向上织，注意平加的20针背面花纹与正面相同，总长至42cm时减袖窿，①平收腋正中10针，②隔1行减1针减5次。

③ 距后脖8cm时，将门襟处平加的20针单排扣花纹平收，同时减领口，①隔1行减3针减1次，②隔1行减2针减1次，③隔1行减1针减1次。前后肩头缝合后，用8号针从领口处挑出60针往返织3cm锁链针后收平边形成立领。

④ 用6号针从袖口起36针按袖子排花环形向上织，同时在袖腋处隔27行加1次针，每次加2针，共加4次，总长至43cm时减袖山，①平收腋正中10针，②隔1行减1针减13次，余针平收，与正身整齐缝合。

⑤ 在肩部袖与正身缝合迹挑出20针，用6号针往返织14cm双排扣花纹后收针，并与领根处固定形成肩章搭扣。

Tips:

注意门襟小球球的排列，内部同样织小球球，并安排在门襟边沿。

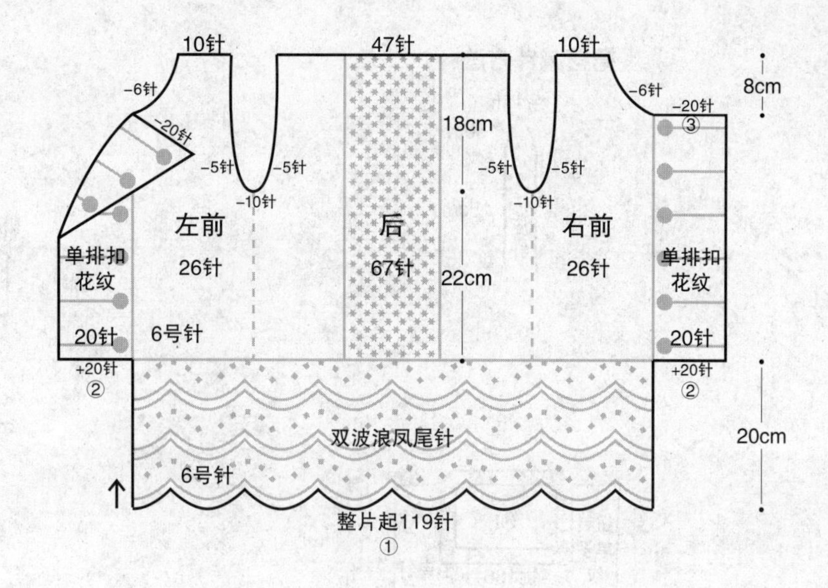

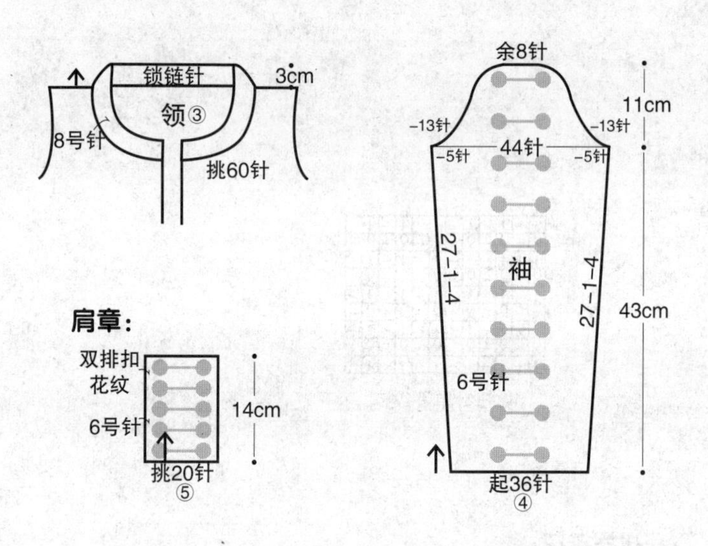

39

材　　料：
275规格纯毛粗线

用　　量：
550g

工　　具：
6号针　8号针

尺寸（cm）：
衣长60　袖长54　胸围83　肩宽24

平均密度：
$10cm^2$=19针×24行

正身排花：

20	52	1	13	1	52	20
单排扣花纹	正针	反针	菠萝针	反针	正针	单排扣花纹

袖子排花：

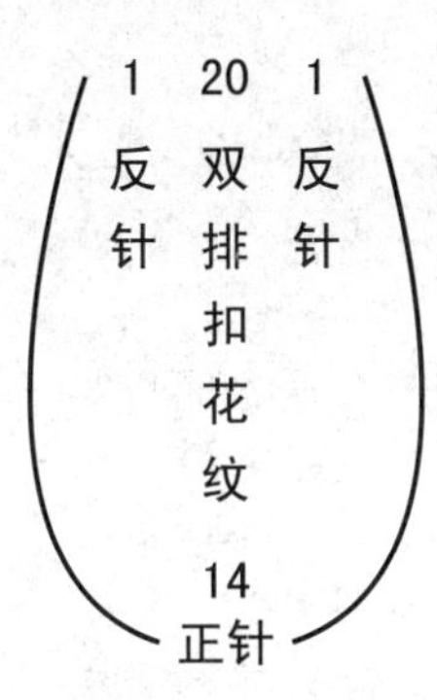

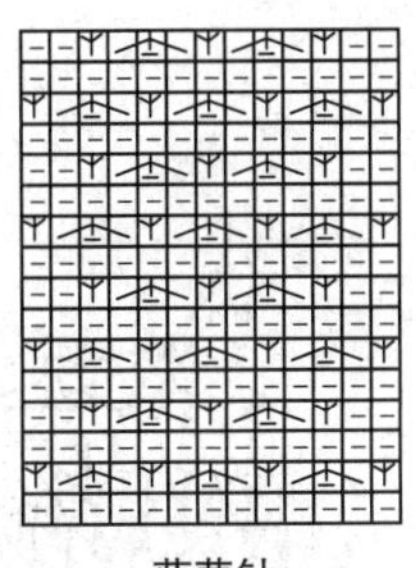

菠萝针

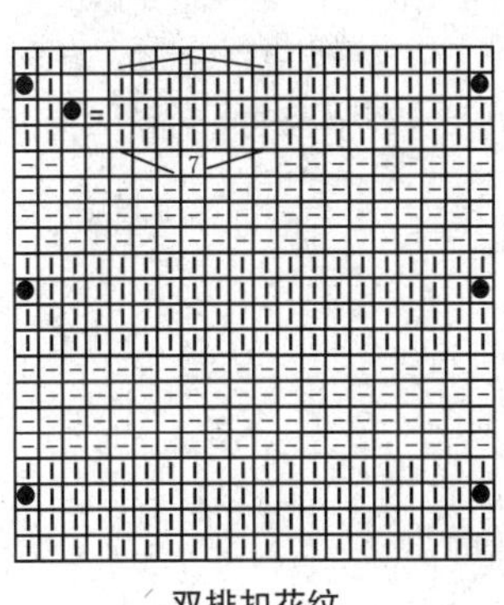

双排扣花纹

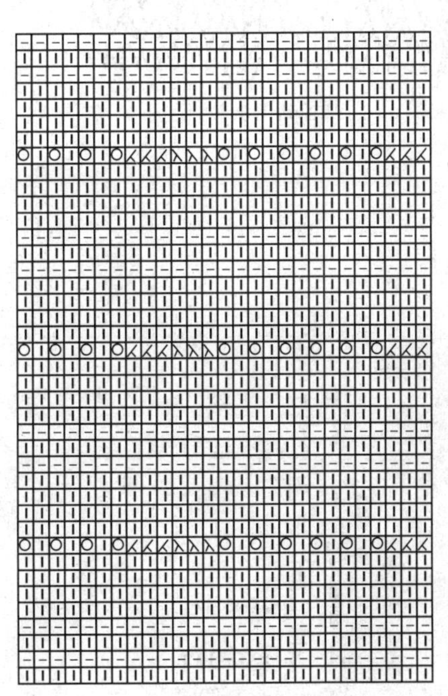

双波浪凤尾针

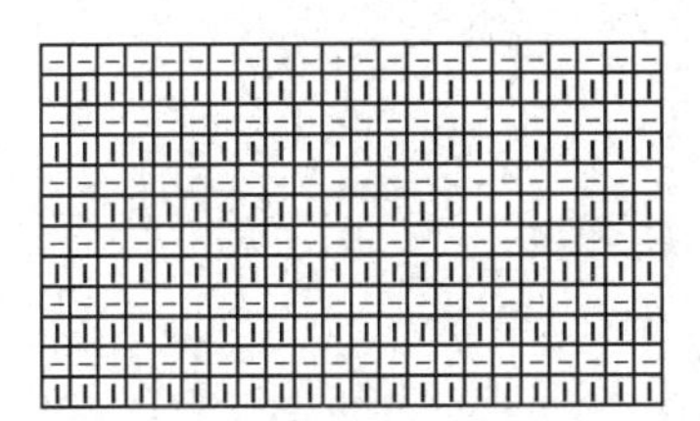

锁链针

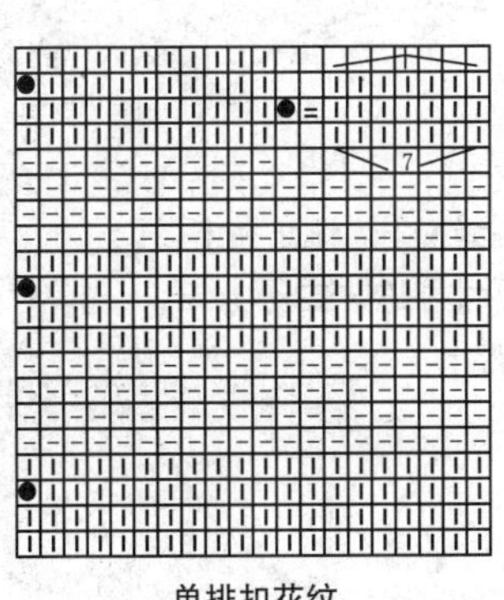

单排扣花纹

编织简述：

从披肩的左袖起针环形织，至后背时分片织，最后环形织右袖；从挑针处环形挑织门襟等。

编织步骤：

① 用8号针从左袖口起45针环形织20cm阿尔巴尼亚罗纹针。

② 换6号针统一加至80针改织28cm正针后，分片织50cm形成后背。

③ 再次合圈环形织28cm正针后，换8号针统一减至45针织20cm阿尔巴尼亚罗纹针形成右袖口。

④ 用6号针从挑针处一圈内共挑出220针环形织9cm樱桃针后收平边形成领边和门襟等。

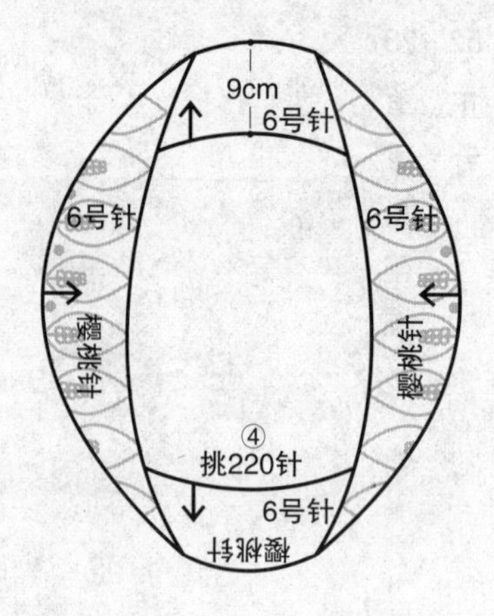

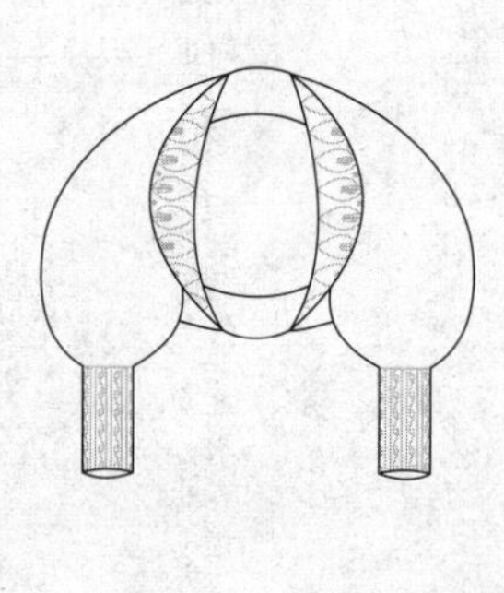

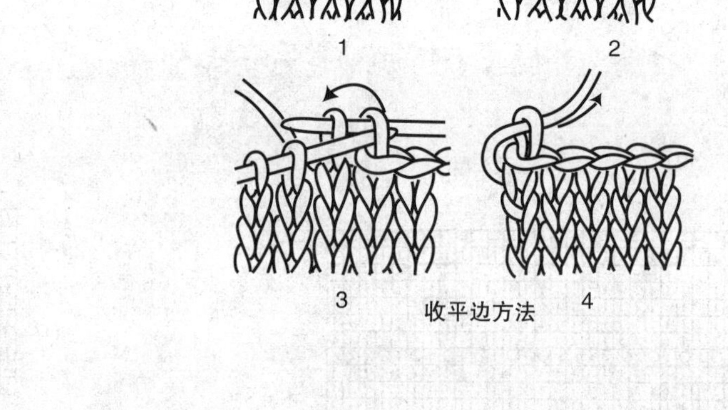

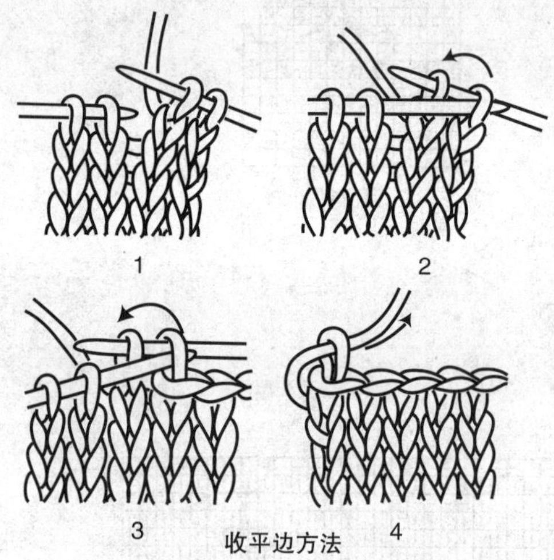

收平边方法

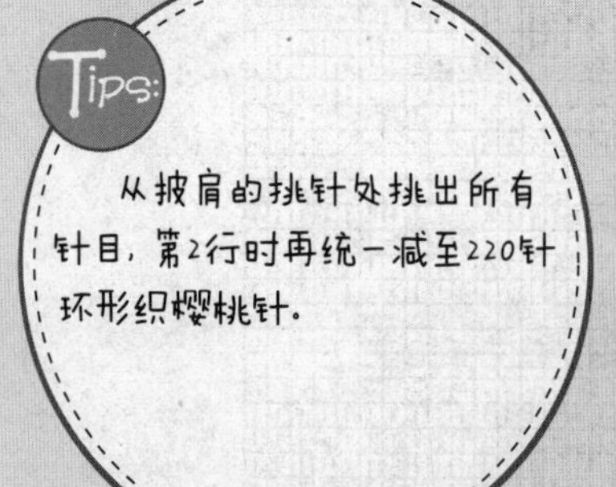

40

材　料：
278规格纯毛粗线

用　量：
450g

工　具：
6号针　8号针

尺寸(cm)：
以实物为准

平均密度：
$10cm^2$=19针×24行

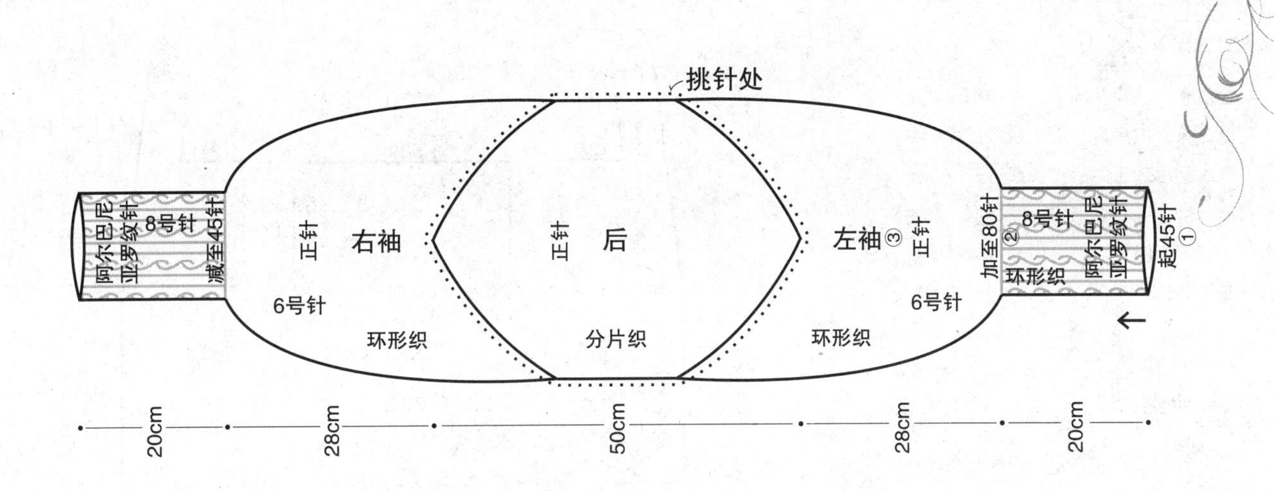

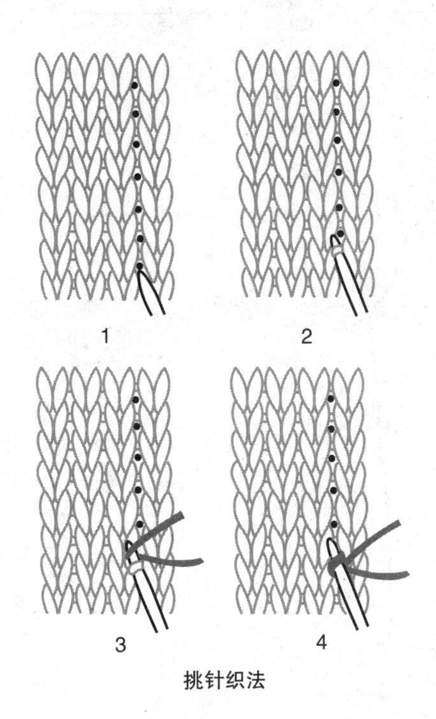

挑针织法

阿尔巴尼亚纹针

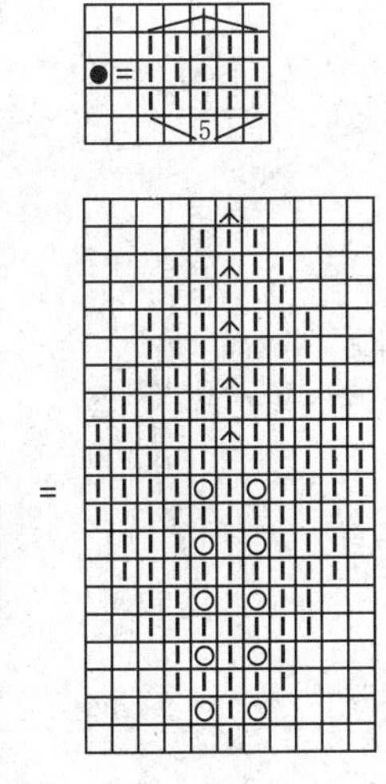

樱桃针

编织简述：

从后下摆起针织相应长后，在两侧平加针合成整片按排花向上织，减领口和减袖窿同时进行，前后肩头缝合后，门襟不缝，向上直织至后脖正中时对头缝合形成领子；袖口起针后按花纹环形向上织，同时在袖腋处规律加针至腋下，减袖山后余针平收，与正身整齐缝合。

编织步骤：

① 用6号针起53针往返织13cm星星球球针形成方片。

② 织两个相同大小的方片后，串入一根毛衣针后形成一个完整大片，注意左右各10针共20针重叠后挑出10针，整片合成96针。

③ 在96针大片的两侧各平加25针合成146针向上按整体排花往返织。

④ 总长至38cm时减袖窿，①平收腋正中10针，②隔1行减1针减5次。

⑤ 距后脖18cm时减领口，①取左右各8针桂花针作为门襟，②在门襟的内侧隔3行减1针共减8次。

⑥ 前后肩头各取12针缝合后，门襟的8针桂花针不缝，依然向上织至后脖正中时对头缝合形成领子。

⑦ 袖口用8号针起40针环形织15cm扭针单罗纹后，换6号针按袖子排花环形向上织，同时在袖腋处隔17行加1次针，每次加2针，共加4次，总长至45cm时减袖山，①平收腋正中10针，②隔1行减1针减13次，余针平收，与正身整齐缝合。

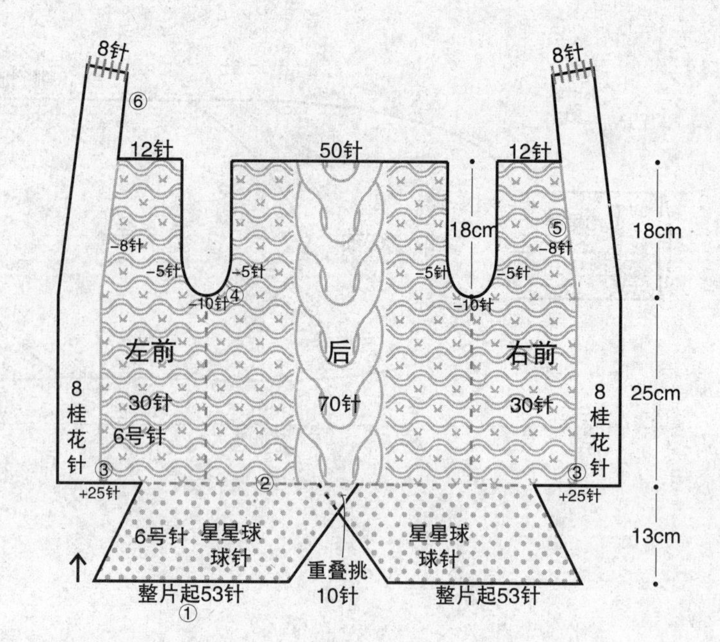

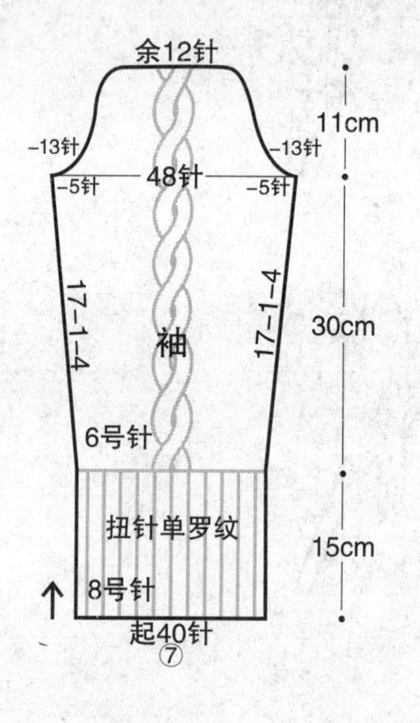

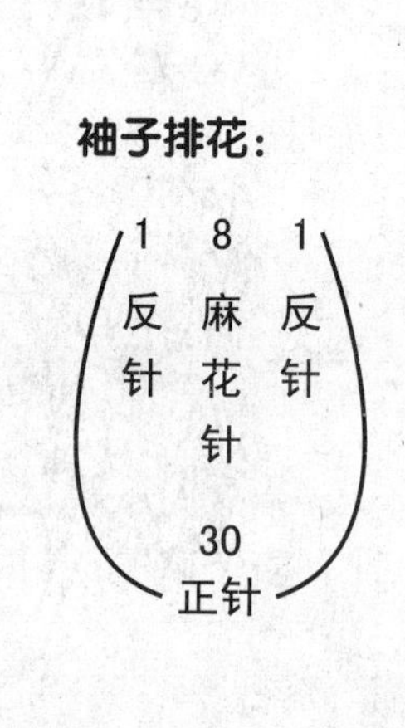

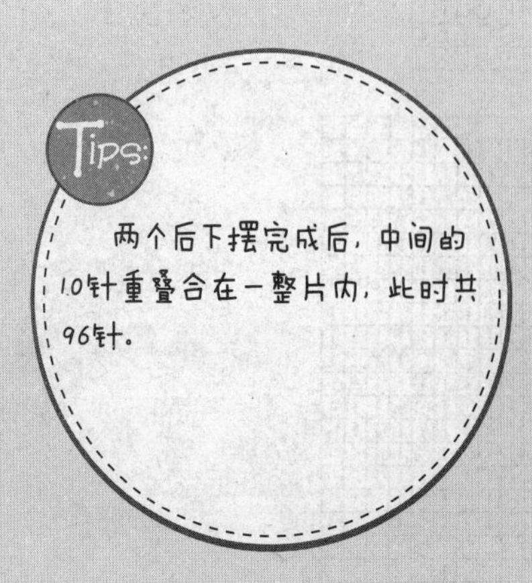

41

材　料：
275规格纯毛粗线

用　量：
550g

工　具：
6号针　8号针

尺寸（cm）：
衣长56　袖长56　胸围73　肩宽25

平均密度：
10cm²=20针×24行

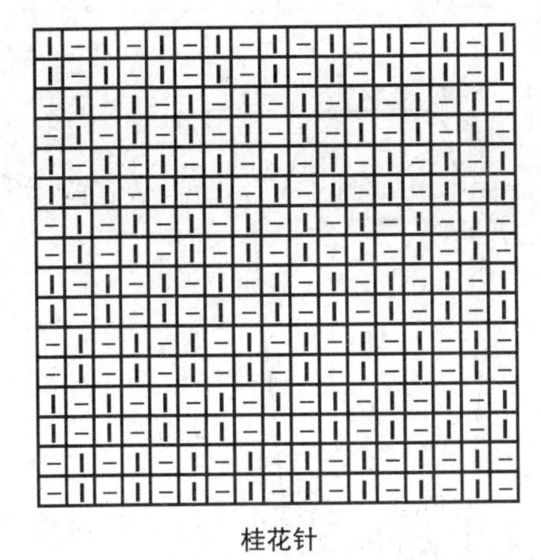

桂花针

整体排花：

8	52	1	24	1	52	8
桂花针	沙滩针	反针	对扭麻花针	反针	沙滩针	桂花针

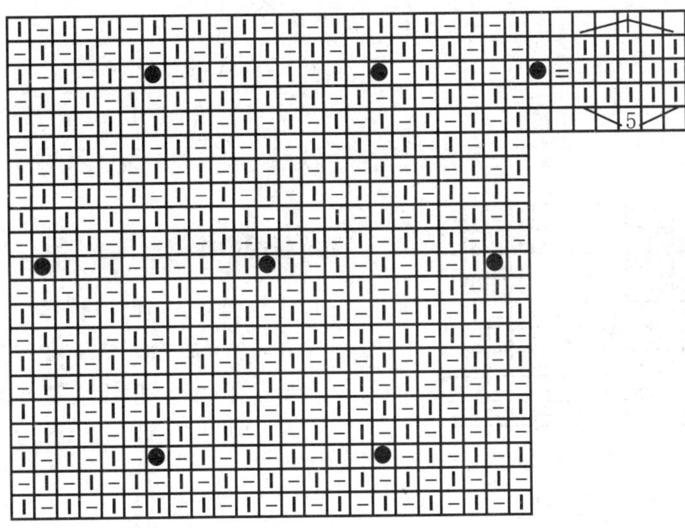

星星球球针

扭针单罗纹

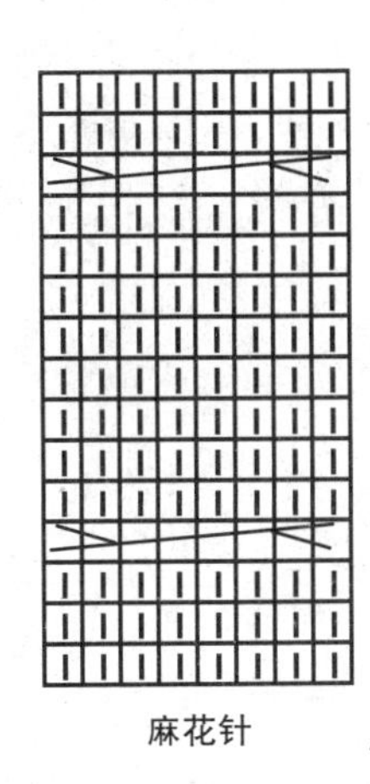

麻花针

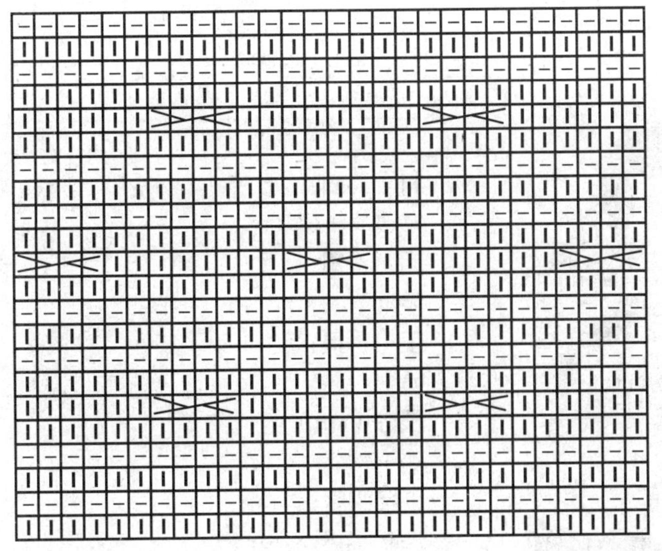

沙滩针

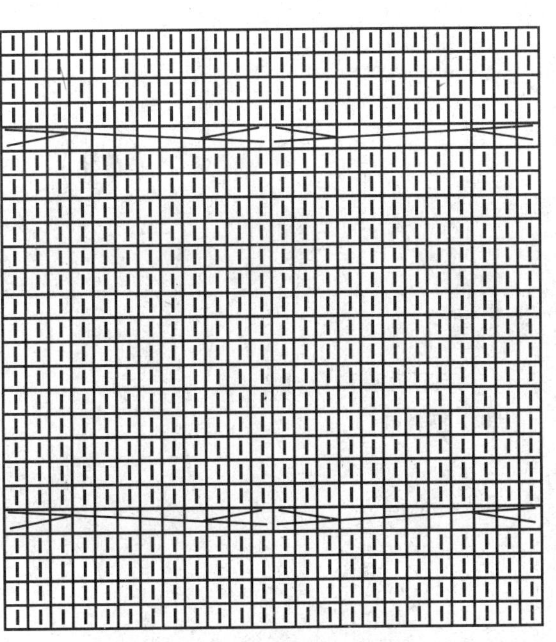

对扭麻花针

编织简述:

首先织一条长围巾，然后织后片，将后片与长围巾按相同字母缝合形成背心；另线起针织袖子，与袖窿口处缝合。

编织步骤:

① 用6号针起51针按长围巾排花往返织125cm形成长围巾。

② 后片用6号针起60针往返织2cm扭针单罗纹后，改织球球针，总长至30cm时减袖窿，①左右腋下各平收4针，②隔1行减1针减4次。袖窿高10cm时收针，并与围巾正中缝合，两肋按相同字母缝合，注意从围巾上端5cm处开始缝，形成的洞口为袖窿口。

③ 袖口用6号针起40针环形织12cm扭针单罗纹后改织球球针，并在袖腋处隔13行加1次针，每次加2针，共加4次，总长至44cm时减袖山，①平收腋正中10针，②隔1行减1针减12次，余针平收，与正身袖窿口整齐缝合。

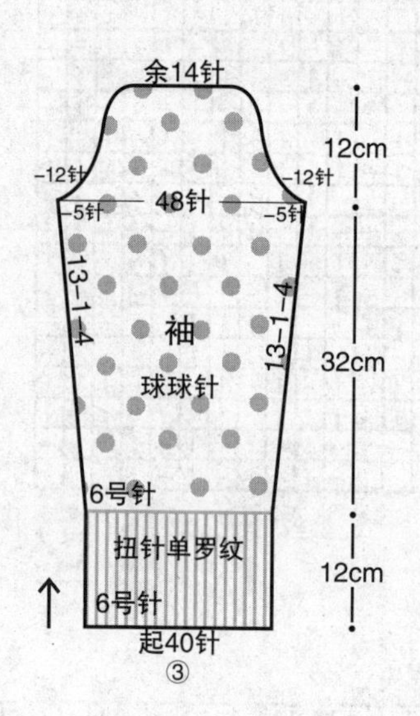

扭针单罗纹

长围巾排花:

1	16	1	16	1	16
正针	麻花针	反针	麻花针	反针	麻花针

42

材　料:
278规格纯毛粗线

用　量:
500g

工　具:
6号针

尺寸（cm）:
以实物为准

平均密度:
$10cm^2$=20针×24行

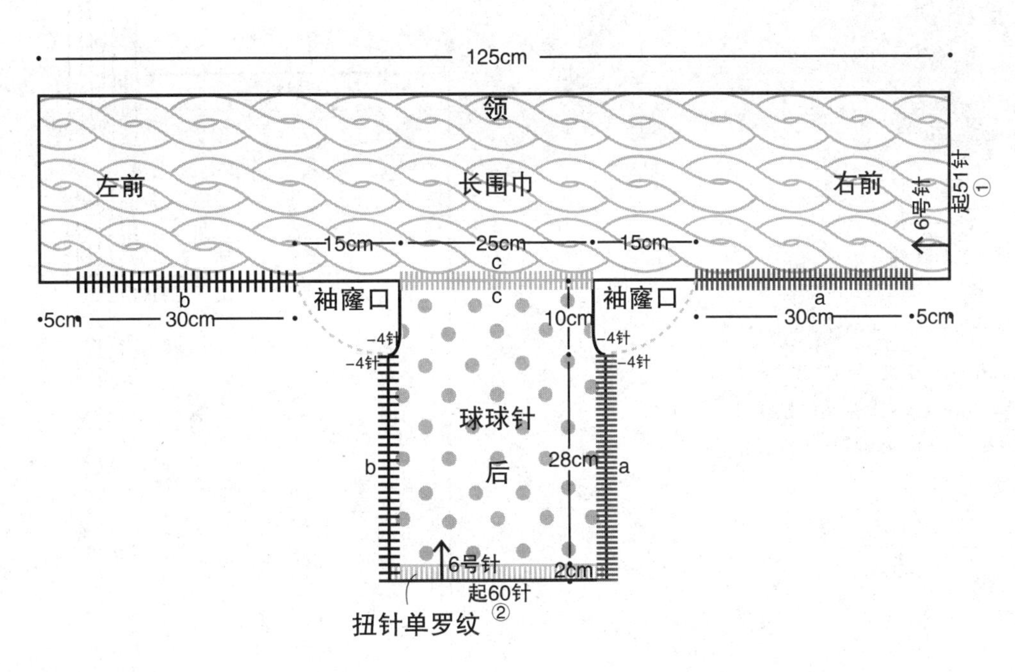
125cm
领
左前
长围巾
右前
起51针
①
6号针
15cm
25cm
15cm
c
b
袖窿口
5cm
30cm
c
10cm
-4针
-4针
a
30cm
5cm
球球针
后
b
28cm
a
6号针
2cm
起60针
扭针单罗纹
②

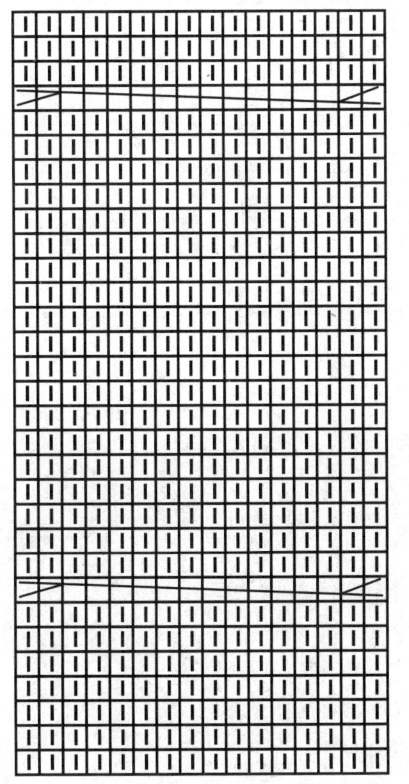

麻花针

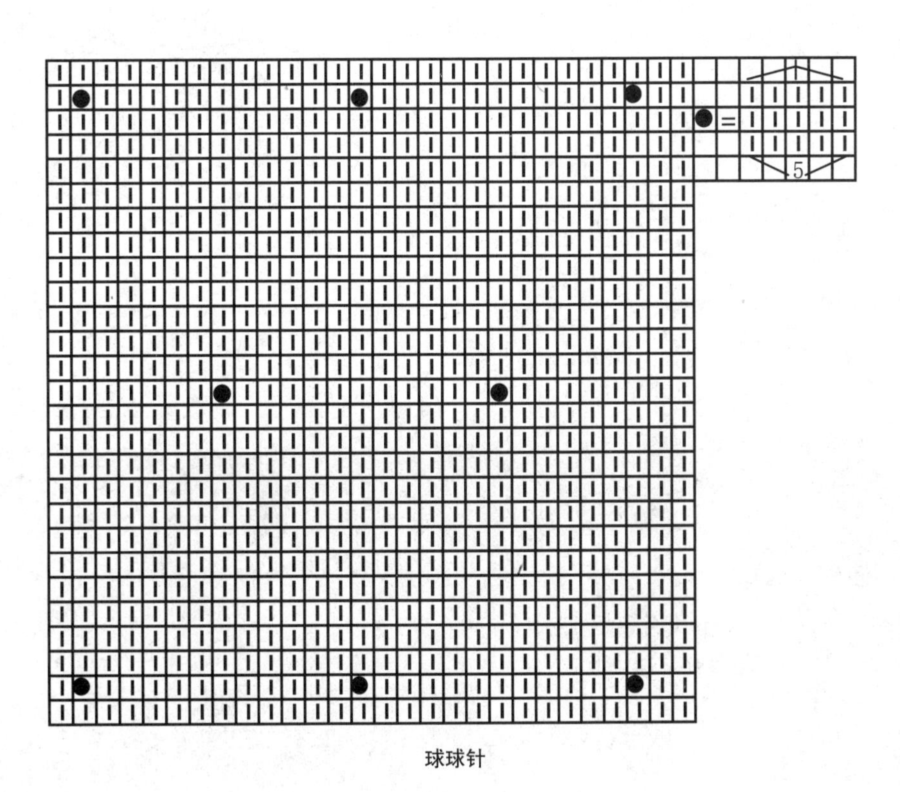
=
5

球球针

编织简述：

按图织一个不规则的大片，依照相同字母缝合后形成披肩，最后挑织开领。

编织步骤：

① 用8号针起80针往返织4cm星星针。
② 换6号针按披肩排花往返织26cm。
③ 在右侧每行减1针，共减24次。
④ 向上直织10cm后，右侧再平加出24针，合成原来的80针大片继续向上直织26cm。
⑤ 换8号针改织4cm星星针后收平边。
⑥ 按相同字母缝合后形成披肩，从领口处挑出111针用9号针往返织10cm扭针单罗纹后收机械边形成开领。

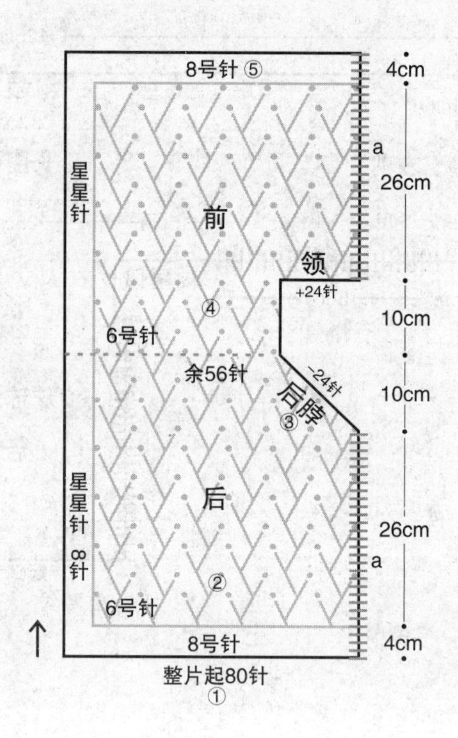

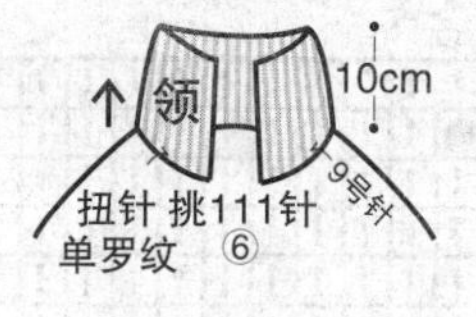

披肩排花：

8	1	73
星星针	反针	鱼腥草针

43

材　料：
273规格纯毛粗线

用　量：
450g

工　具：
6号针　8号针　9号针

尺寸（cm）：
以实物为准

平均密度：
10cm²=19针×24行

星星针

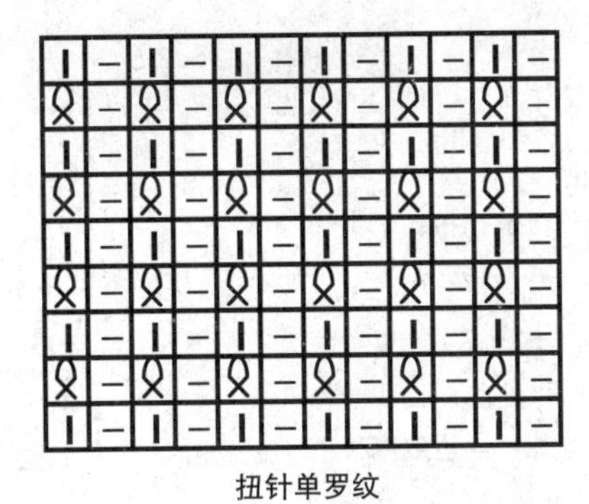

扭针单罗纹

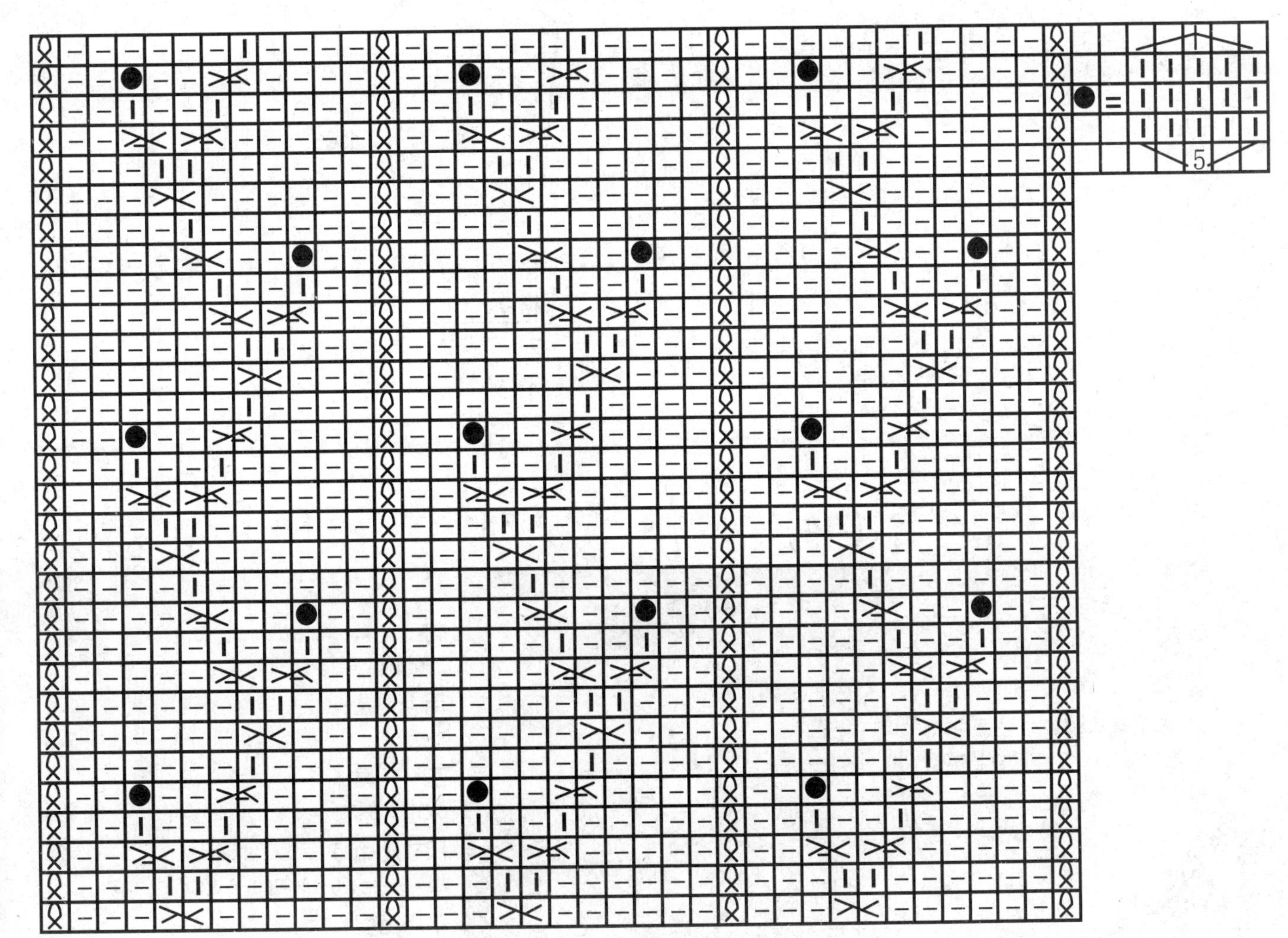

鱼腥草针

编织简述：

从下摆起针后环形向上织，先减袖窿后减领口，前后肩头缝合后挑织领子；袖口起针后环形向上织，并在袖腋处规律加针至腋下，减袖山后余针平收，与正身整齐缝合。

编织步骤：

① 用6号针起132针环形织15cm扭针单罗纹。

② 按正身排花织20cm后减袖窿，①平收腋正中10针，②隔1行减1针减5次。

③ 距后脖10cm时减领口，①平收领正中28针，余针向上直织，前后肩头缝合后，用8号针从领口处挑出108针环形织2cm扭针单罗纹后收机械边形成领子。

④ 袖口用6号针起40针环形织10cm扭针单罗纹后按袖子排花向上织，并在袖腋处隔13行加1次针，每次加2针，共加4次，总长至43cm时减袖山，①平收腋正中10针，②隔1行减1针减12次，余针平收，与正身整齐缝合。

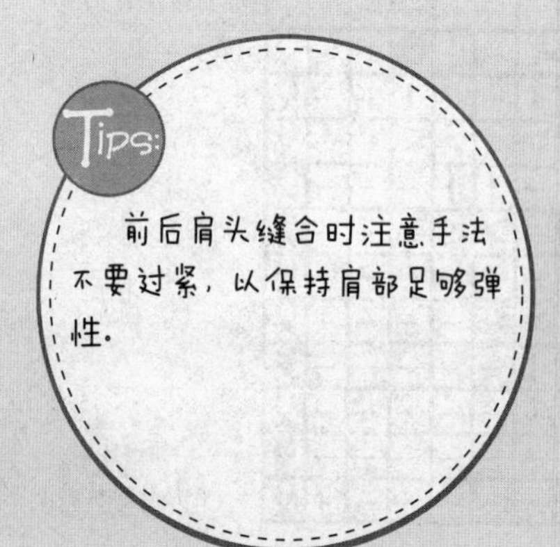

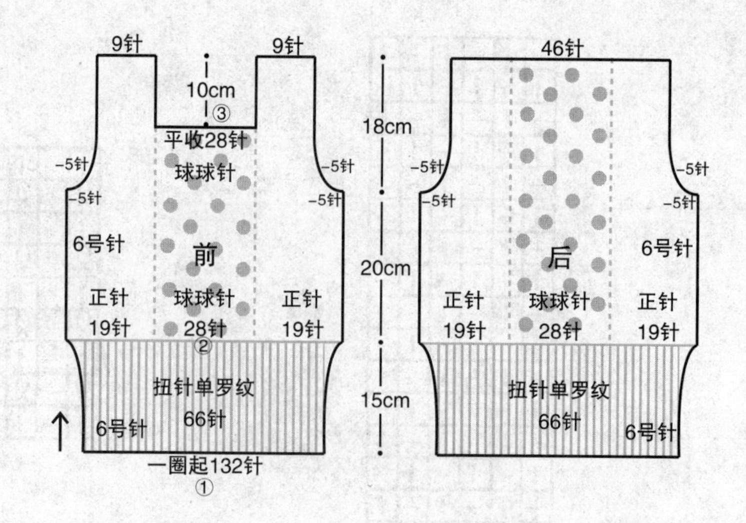

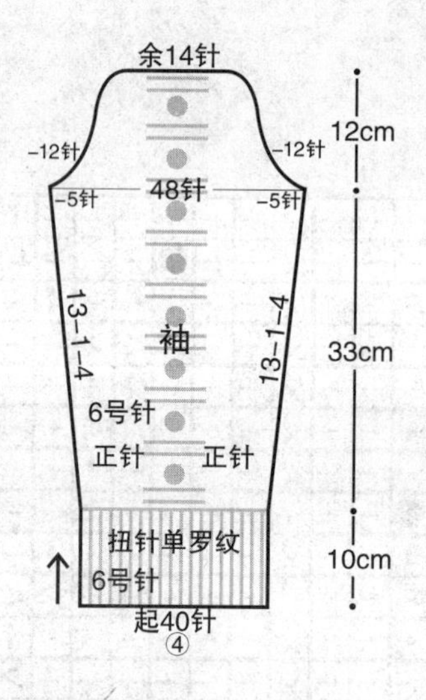

44

材　料：

280规格纯毛粗线

用　量：

500g

工　具：

6号针　8号针

尺寸（cm）：

衣长53　袖长55　胸围66　肩宽23

平均密度：

10cm^2=20针×24行

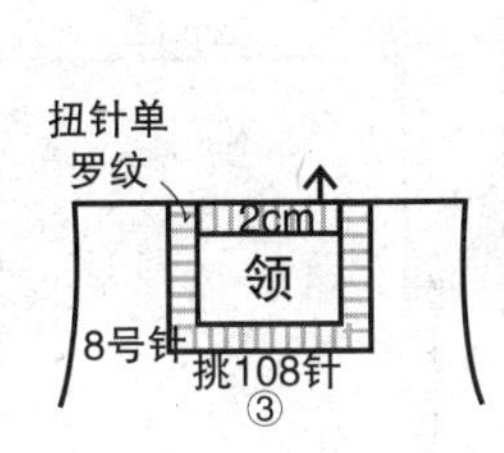

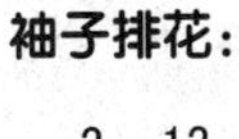

袖子排花：

3 反针 | 13 锁链球球针 | 3 反针

21 正针

正身排花：

38 正针 | 28 球球针 | 28 球球针 | 38 正针

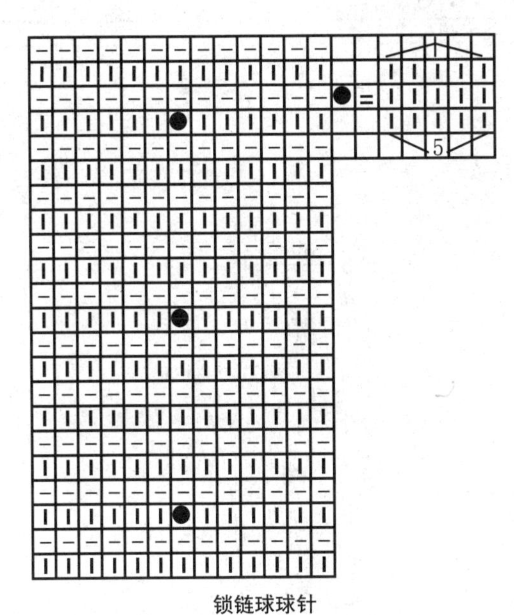

锁链球球针

扭针单罗纹

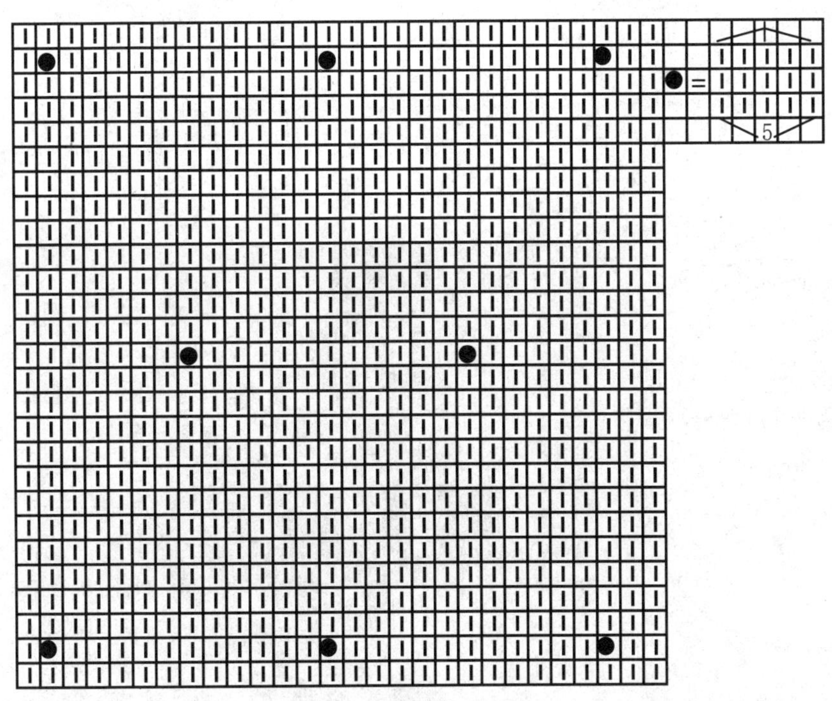

球球针

编织简述：

从下摆起针后环形向上织，先减袖窿后减领口，前后肩头缝合后，从领口挑织高领；袖口起针后环形向上直织，统一加针后向上织相应长后减袖山，最后平收余针，与正身整齐缝合。

编织步骤：

① 用6号针起124针环形织10cm扭针单罗纹。

② 不加减针改织20cm正针后减袖窿，①平收腋正中10针，②隔1行减1针减5次。

③ 距后脖8cm时减领口，①平收领正中12针，②隔1行减3针减1次，③隔1行减2针减1次，④隔1行减1针减1次，前后肩头缝合后，从领口处挑出80针环形织8cm扭针单罗纹后收机械边形成高领。

④ 袖口用6号针起44针环形织40cm扭针单罗纹后，统一加至60针织3cm球球针后减袖山，①平收腋正中10针，②隔1行减1针减11次，余针平收，与正身整齐缝合。

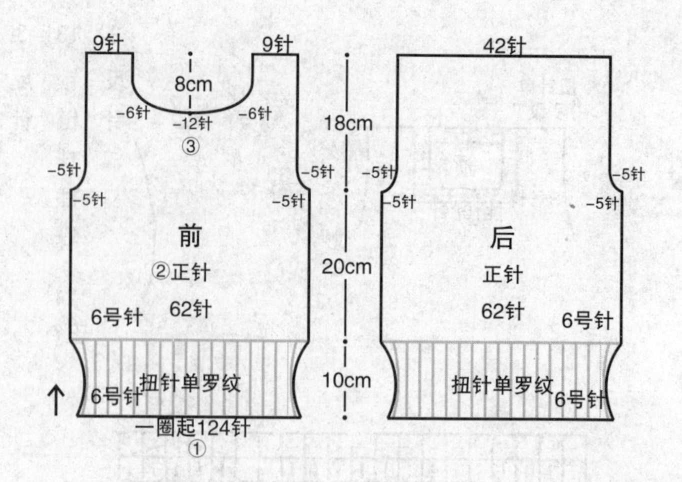

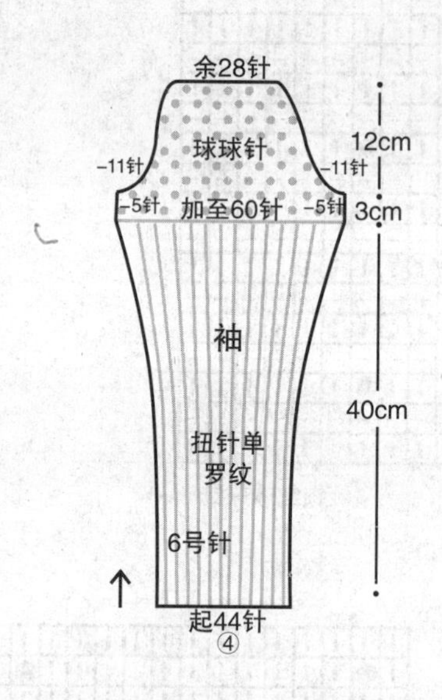

45

材　料：

273规格纯毛粗线

用　量：

450g

工　具：

6号针

尺寸（cm）：

衣长48 袖长55 胸围65 肩宽22

平均密度：

10cm^2=19针×24行

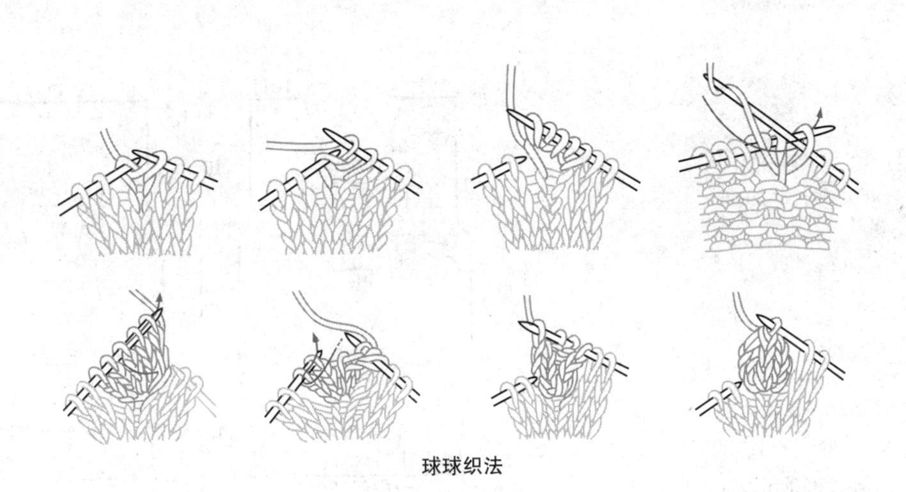

球球织法

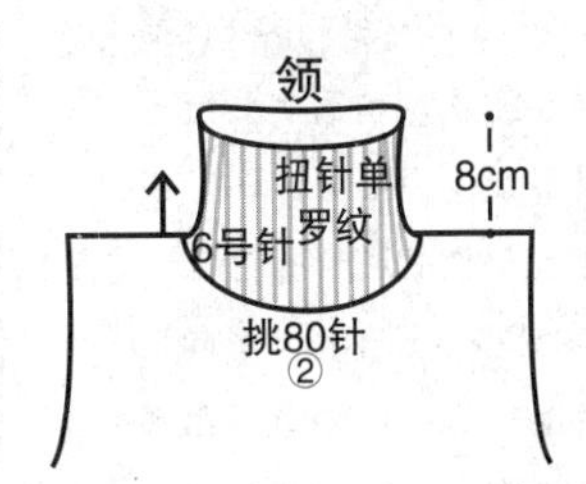

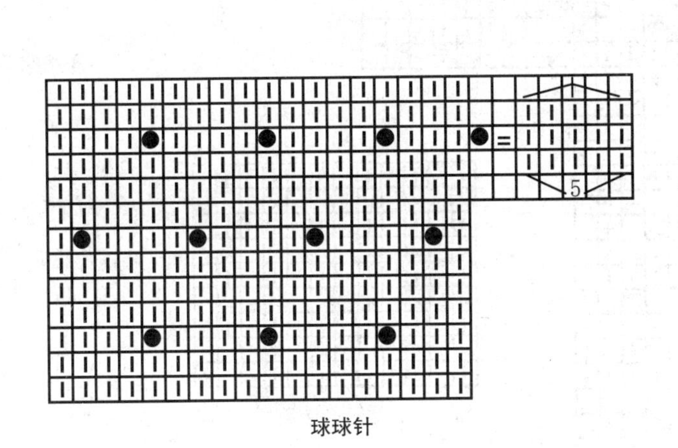

球球针

扭针单罗纹

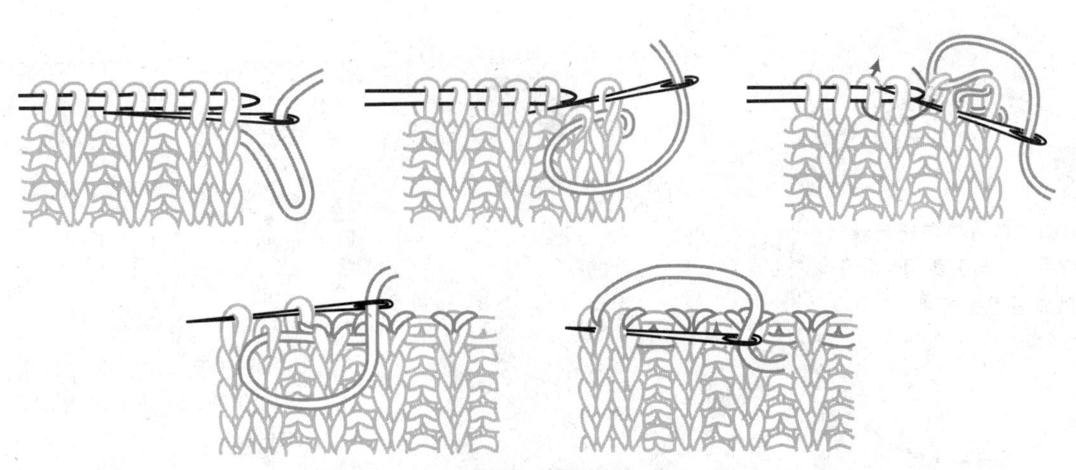

单罗纹收针缝合方法

编织简述：

从下摆起针后环形向上织，减袖窿和减领口同时进行，前后肩头缝合后挑织领子；袖口起针后环形向上织，统一加针后形成泡泡袖效果。减袖山后余针再次减针，与正身整齐缝合。

编织步骤：

① 用8号针起120针环形织12cm扭针单罗纹。

② 换6号针按正身排花环形向上织20cm后减袖窿，①平收腋正中8针，②隔1行减1针减4次。

③ 距后脖18cm时前片改织正针，同时减领口，①将前片左右均分，②隔1行减1针减6次，③隔3行减1针减6次。前后肩头缝合后，从领口处挑出88针，用9号针环形织1cm扭针单罗纹后收机械边后形成领子。

④ 袖口用8号针起40针按袖子排花环形向上织40cm后，换6号针统一加至60针改织苗圃针，总长至45cm时减袖山，①平收腋正中8针，②隔1行减1针减13次，袖山余26针时，统一减至13针后紧收平边，与正身整齐缝合。

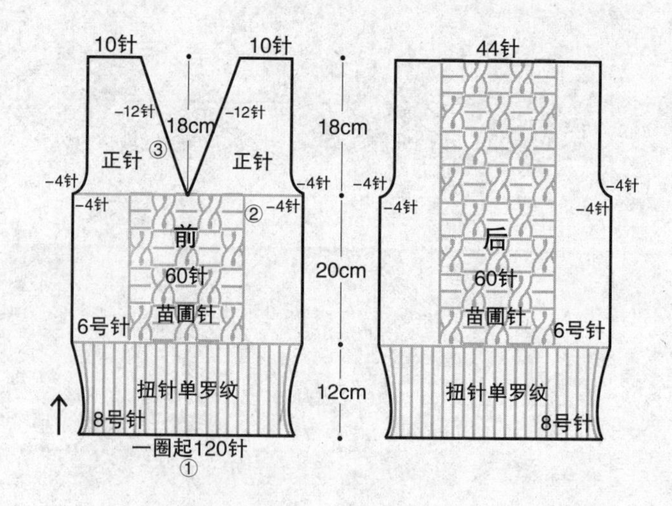

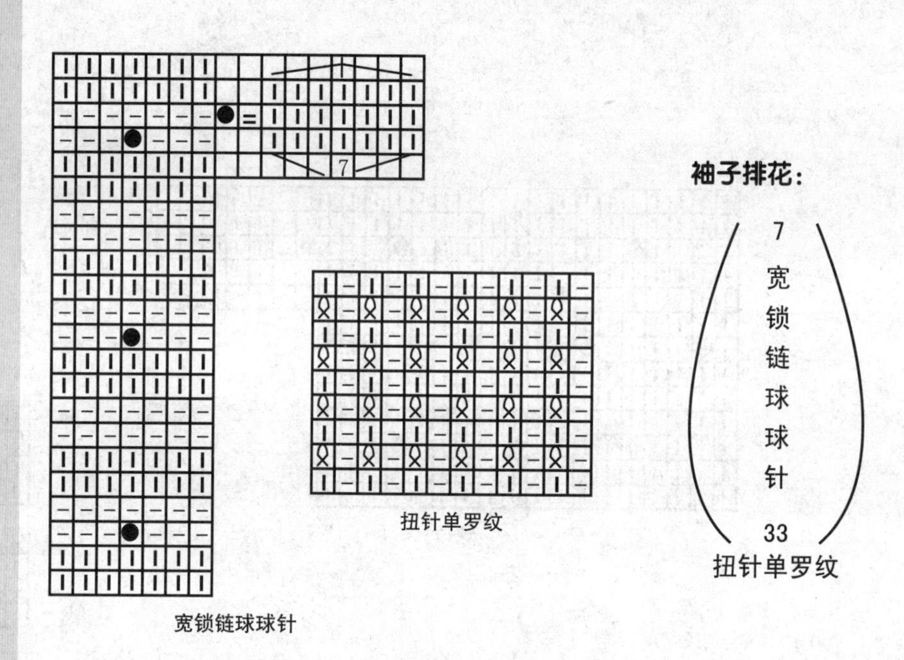

Tips:

袖山完成后再次统一减针并紧收平边，与正身缝合后可形成自然的泡泡袖效果。

46

材　料：
278规格纯毛粗线

用　量：
450g

工　具：
6号针　8号针　9号针

尺寸（cm）：
衣长50　袖长57　胸围63　肩宽23

平均密度：
$10cm^2$=20针×24行

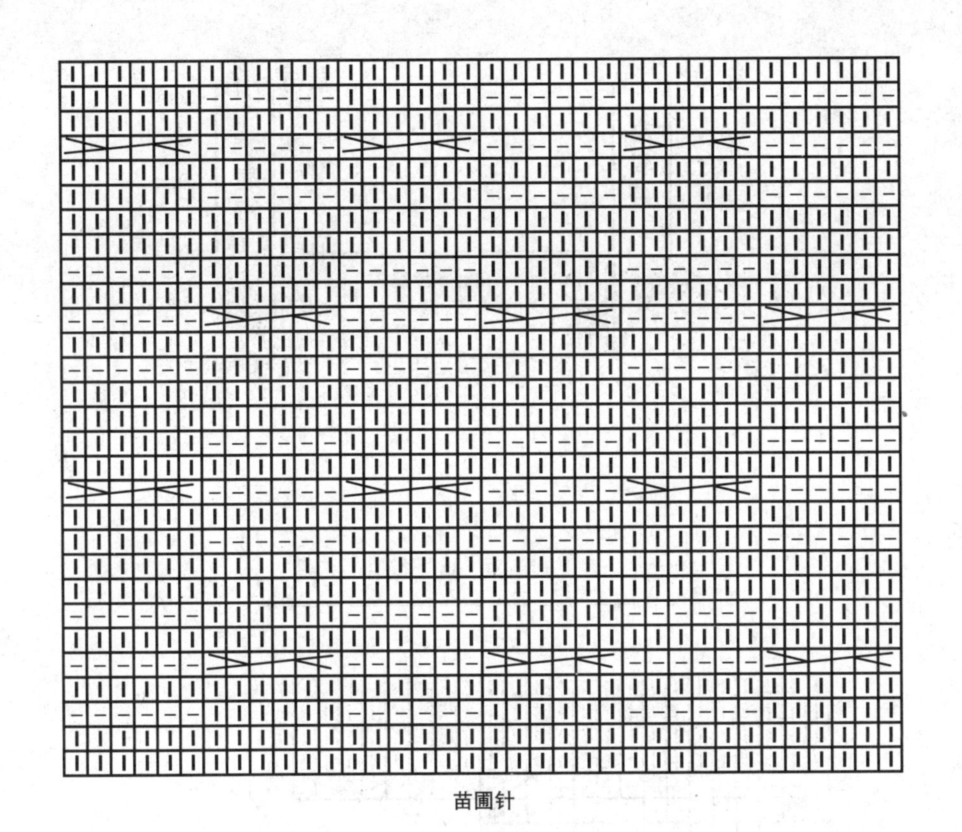

苗圃针

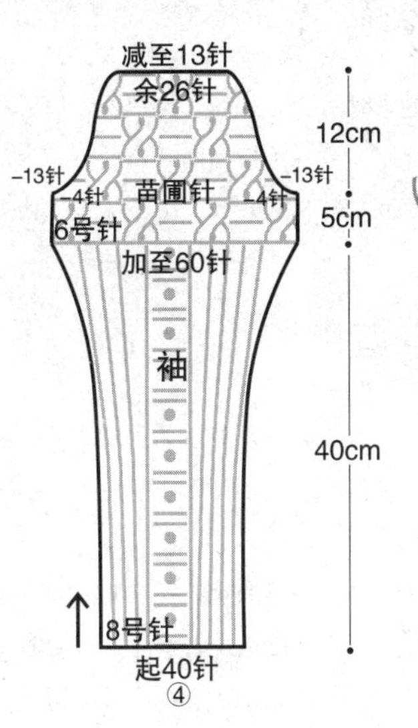

正身排花：

28正针	1反针	30苗圃针	1反针	28正针
	1反针	30苗圃针	1反针	

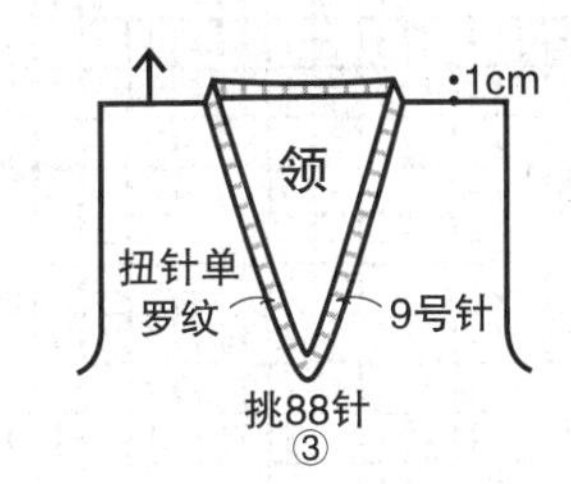

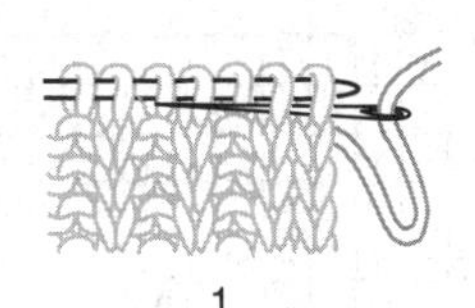

1

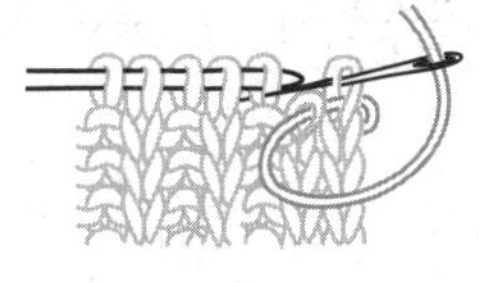

2

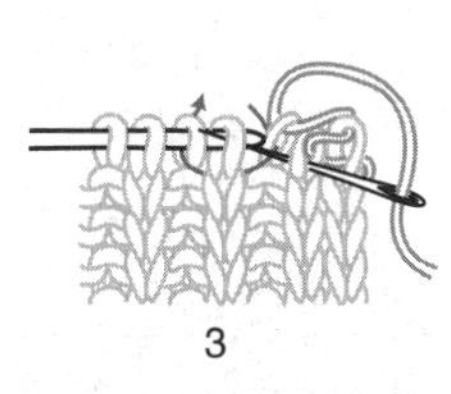

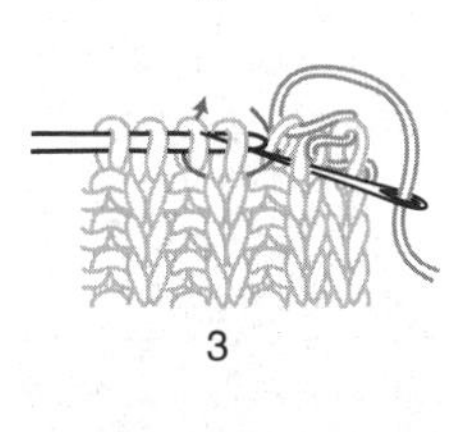

3

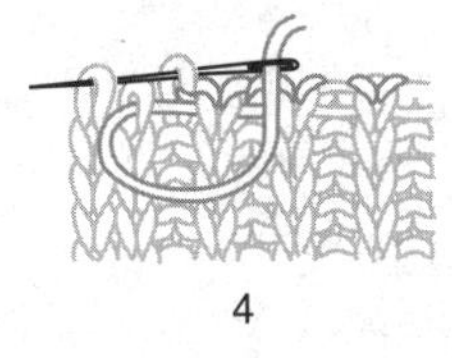

4

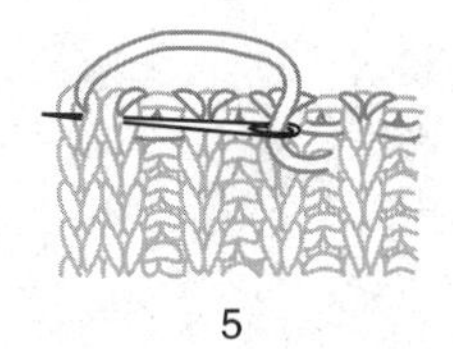

5

单罗纹收针缝法

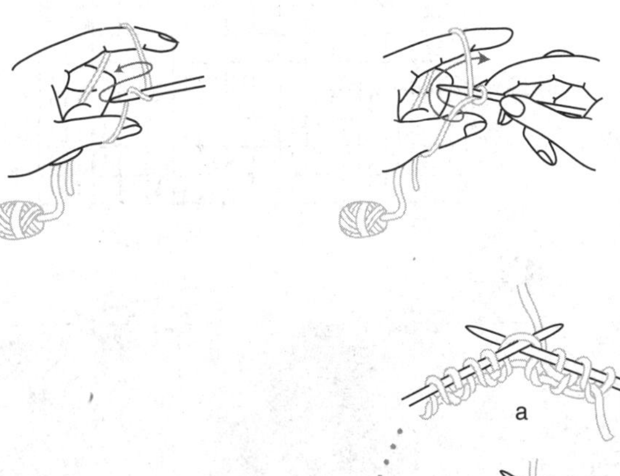

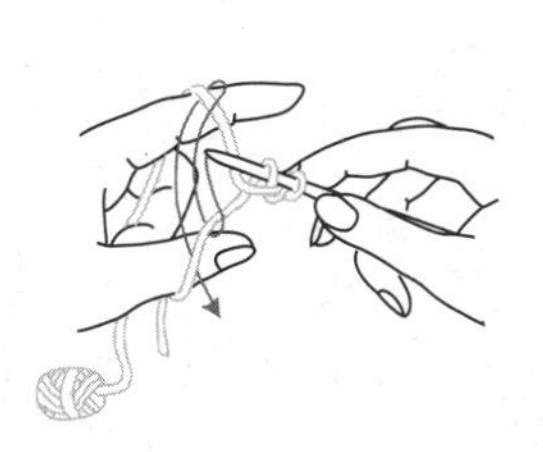

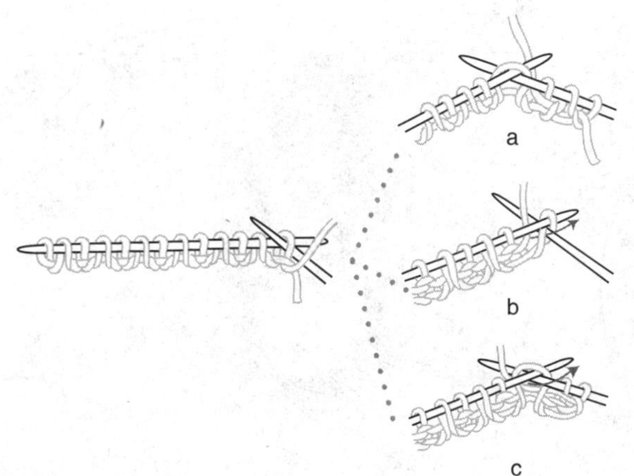

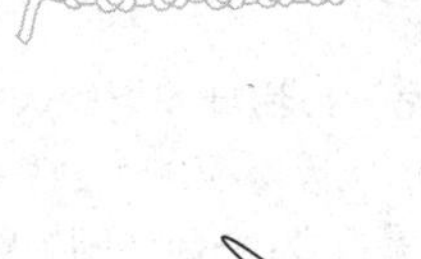

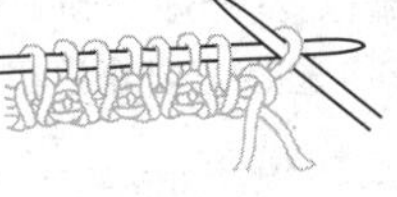

单罗纹起针方法

编织简述：

按图解织两个方片后，再织两个肩带和一个后背片，将各片按相同字母缝合后形成马甲，最后挑织下摆。

编织步骤：

① 用8号针起4针，按图解加针形成方片，边长至13cm时收针，共织两个相同大小的方片。

② 另线起1针，在一侧隔1行加1针共加16次，加出针织双排扣花纹，整片共17针时向上直织23cm后形成肩带，共织两个相同大小的肩带备用。

③ 另线起88针往返向上织13cm扭针双罗纹后形成后背，将各片按相同字母缝合后形成马甲。

④ 用6号针从下沿挑针处挑出157针，往返织10cm樱桃针后收边形成下摆。

Tips:

后背的扭针双罗纹以3正针开始，然后按2正针2反针向前编织，最后余3针依然织正针，两侧各多出的1正针用于缝合。

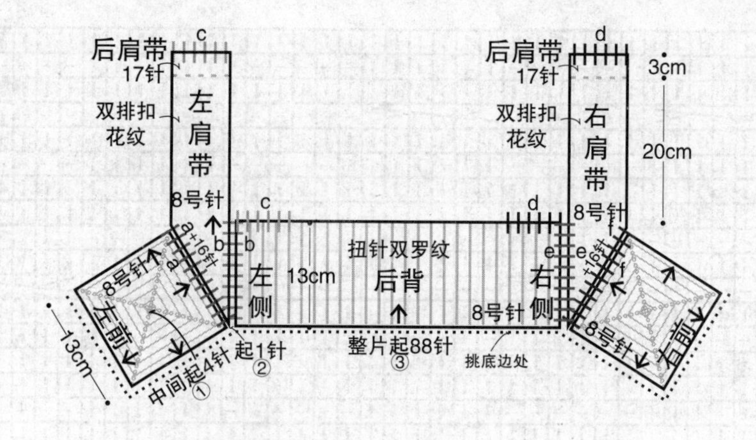

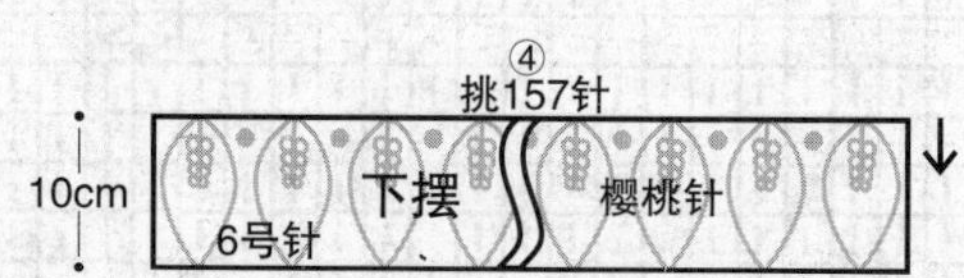

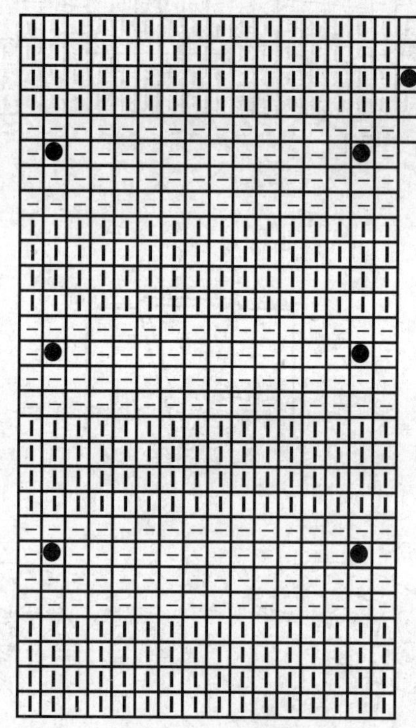

双排扣花纹

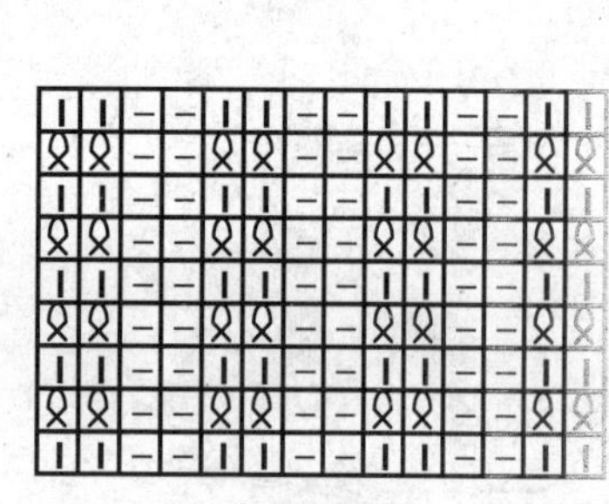

扭针双罗纹

47

材　　料：
278规格纯毛粗线

用　　量：
400g

工　　具：
6号针　8号针

尺寸（cm）：
以实物为准

平均密度：
10cm²=19针×25行

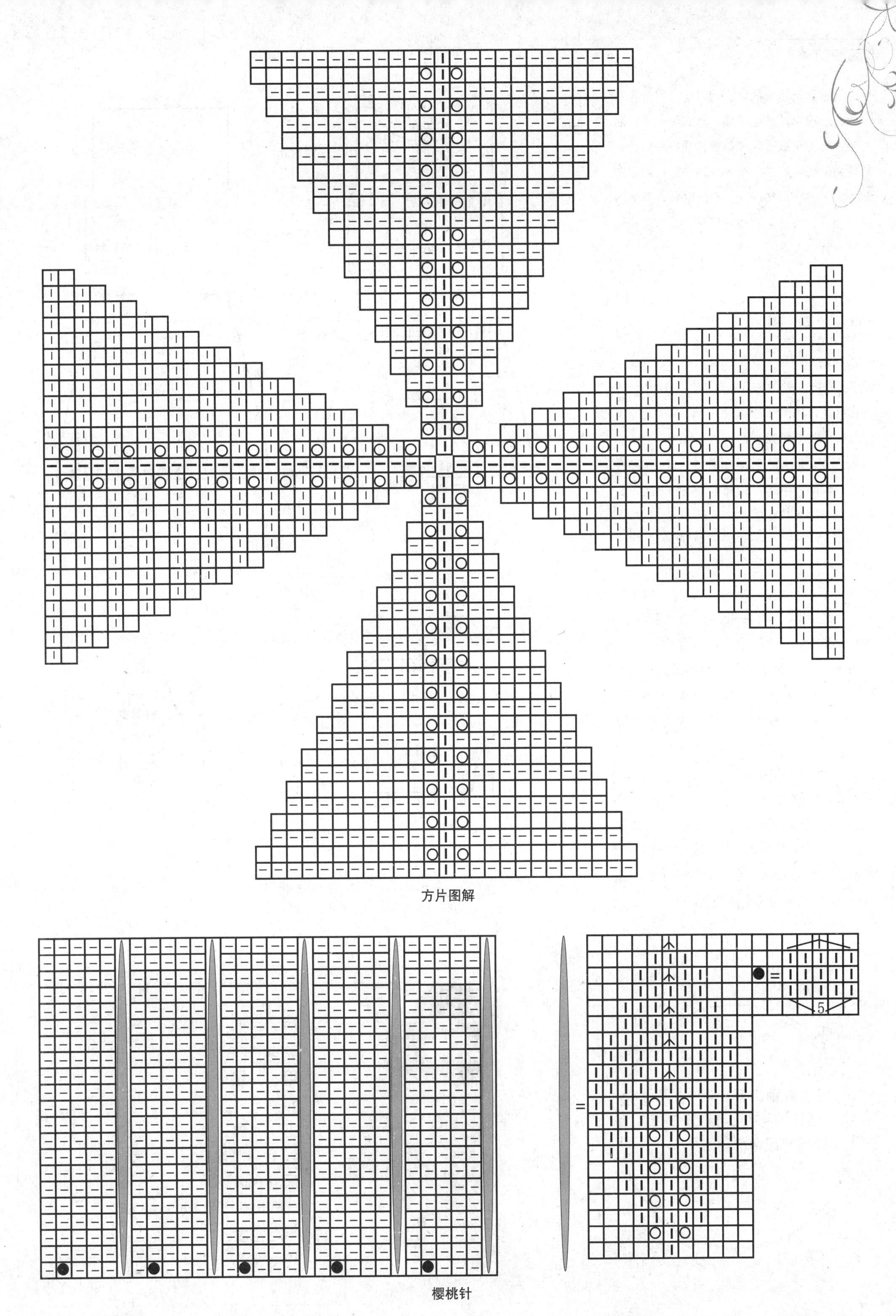

方片图解

樱桃针

编织简述：

从裙下摆起针后环形向上织，同时在四个减针点规律减针至腰部，再次统一减针后完成正身，至腋下时减袖窿，领口后减针，前后肩头缝合后挑织领子。袖口起针后环形向上织，统一加针后向上织泡泡袖，至腋下后减袖山，余针再次减针后平收，与正身做泡泡袖缝合。

编织步骤：

① 用8号针起180针环形织3cm扭针单罗纹。

② 换6号针按裙摆排花环形向上织25cm，同时在桂花针的两侧隔5行减1针，共减8次。4个减针点共减掉32针。

③ 总长至28cm时换8号针并统一减至100针向上织4cm，中间的32针宽锁链针不变，左右各18针改织扭针单罗纹。

④ 不换针改织10cm正针，中间为3组球球针。

⑤ 总长至42cm时，换6号针再改织15cm星星针后减袖窿，①平收腋正中6针，②隔1行减1针减3次。

⑥ 距后脖7cm时减领口，①平收领正中10针，②隔1行减3针减1次，③隔1行减2针减2次，④隔1行减1针减1次。前后肩头缝合后，用8号针从领口处挑出80针，环形织8cm扭针单罗纹后收机械边形成高领。

⑦ 袖口用8号针起40针环形织13cm扭针单罗纹后，换6号针统一加至66针改织正针，总长至16cm时减袖山，①平收腋正中6针，②隔1行减1针减13次，余34针统一减至10针后平收，与正身做泡泡袖缝合。

6针 6针 7cm ⑥ -8针 -10针 -8针 18cm
-3针 ⑤ -3针 星星针 前 6号针 50针 15cm
8号针 ④ 正针 10cm 扭针单罗纹 8号针 一圈减至100针 ③ 4cm
双桂花针 -8针 ② -8针 双桂花针 6号针 25cm
8号针 扭针单罗纹 一圈起180针 ① 3cm

38针 -3针 -3针 星星针 后 50针 6号针 正针 8号针 -8针 -8针 6号针 扭针单罗纹 8号针

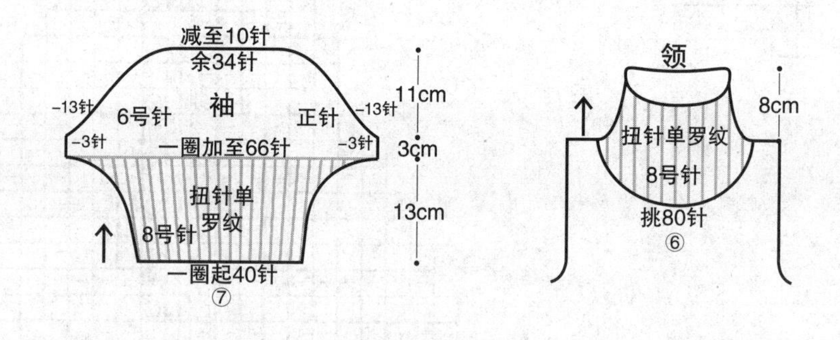

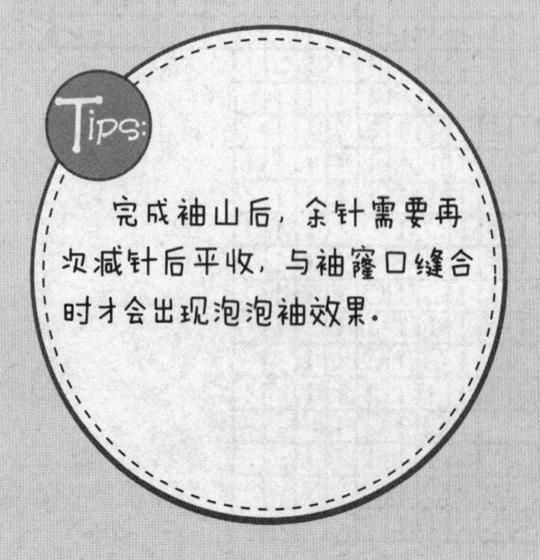

48

材　料：
278规格纯毛粗线

用　量：
550g

工　具：
6号针　8号针

尺寸（cm）：
衣长75　袖长27　胸围58　肩宽22

平均密度：
$10cm^2$=17针×24行

裙摆排花：

	1 反针	2 鱼骨针	1 反针	32 宽锁链针	1 反针	2 鱼骨针	1 反针	
50 双桂花针								50 双桂花针
	1 反针	2 鱼骨针	1 反针	32 宽锁链针	1 反针	2 鱼骨针	1 反针	

扭针单罗纹

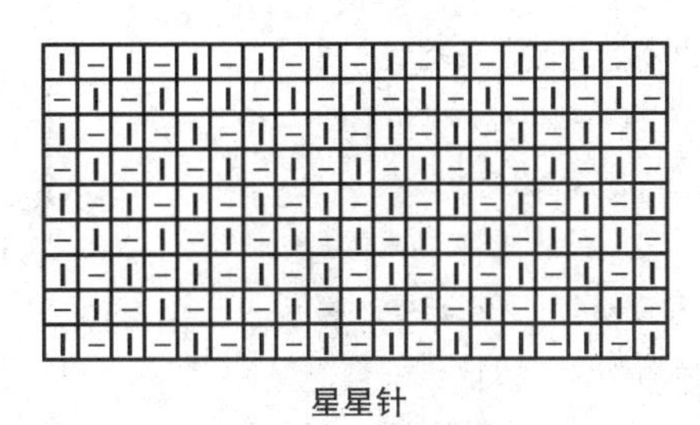

星星针

宽锁链针

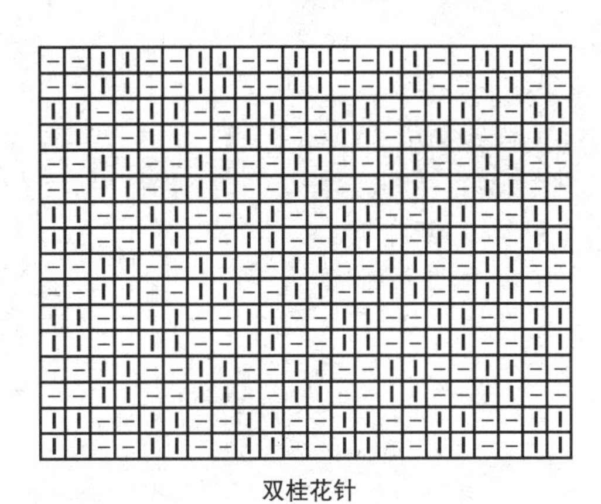

双桂花针

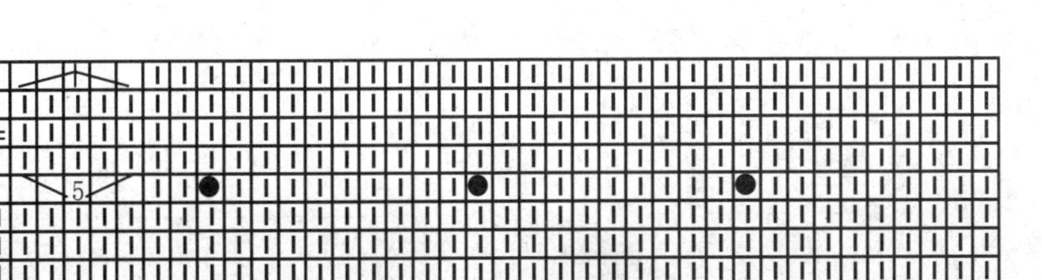

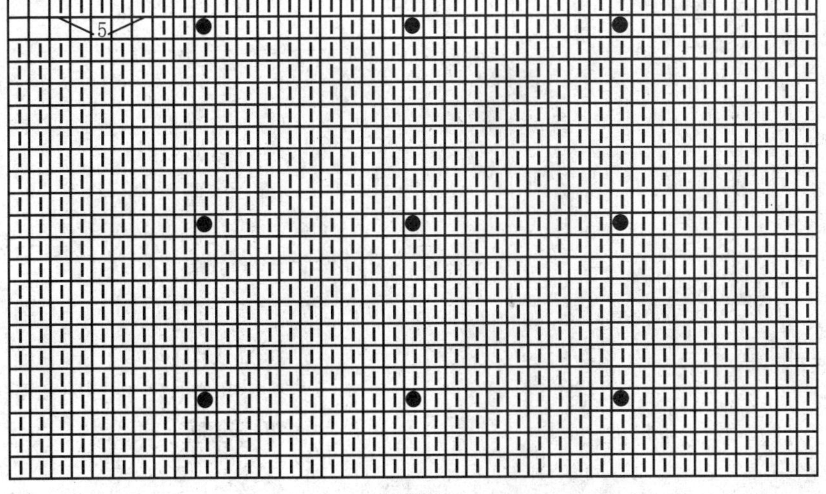

球球针

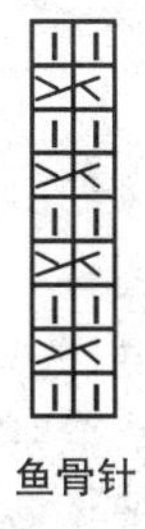

鱼骨针

编织简述：

从下摆向上环形织，花纹的特点可使下摆自然弯曲。减袖窿后再减领口，领后挑织；袖口起针后织正身下摆一样的花纹，然后改织正针，相应长后减袖山，余针平收，与正身缝合。

编织步骤：

① 用6号针起150针按图解织10cm底边。

② 按排花环形织正身，并以桂花针边沿的1正针为加减针点，内减针外加针共6次。

③ 总长度至30cm后织袖窿，以腋下正中2针为界，隔1行减1针锁链针，同时在界外加1针，加出针织锁链球球针，针目不变。

④ 织袖窿的同时领口用相同方法加减针，以6针麻花为界，隔1行外侧减1针，内侧加1针，领口左右各减7针，中间减1针。用6号针挑80针环形织3cm锁链针，前后相同V形领，收平边。

⑤ 袖口用6号针起43针，其中25针织与底边一样花纹，余针织锁链针，10cm后，改织正针，并隔13行在袖腋下加1次针，每次加2针，加4次，总长至42cm时减袖山，①隔1行减1针减8次，余针平收，与袖窿口缝合。

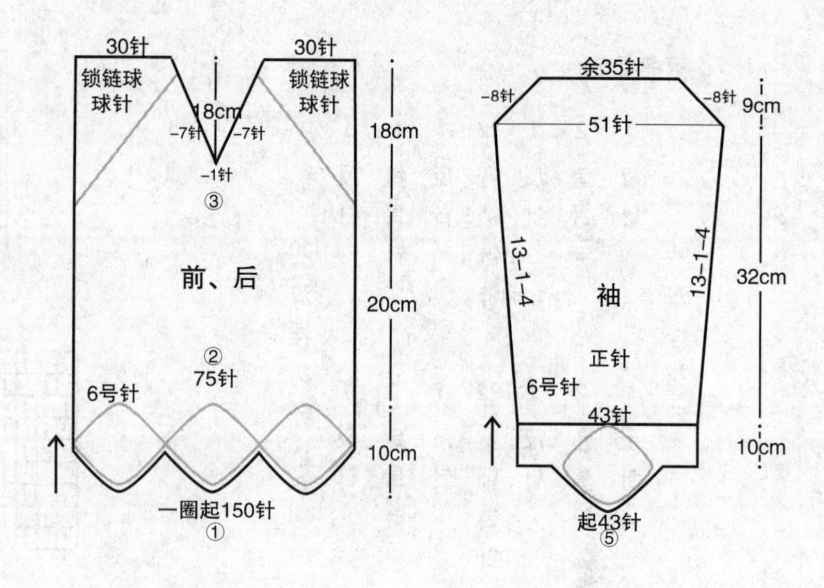

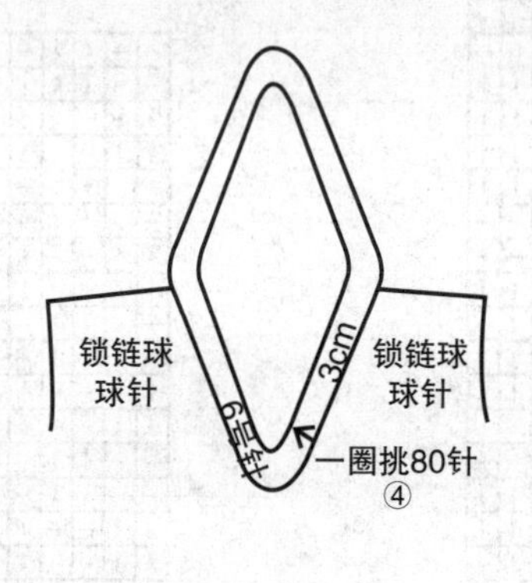

整体排花：

11	1	17	13	17	1	11
锁链针	正针	桂花针	对扭麻花小球针	桂花针	正针	锁链针

后背同前面

49

材　料：
286规格纯毛粗线

用　量：
450g

工　具：
6号针

尺寸（cm）：
衣长48 袖长51 胸围75 肩宽30

平均密度：
$10cm^2$=20针×24行

Tips:
以加减针点为界，在界的两边一侧加针一侧减针是这款服装的特点，分别在底边、正身、领口、袖窿、袖口出现这种编织方式。

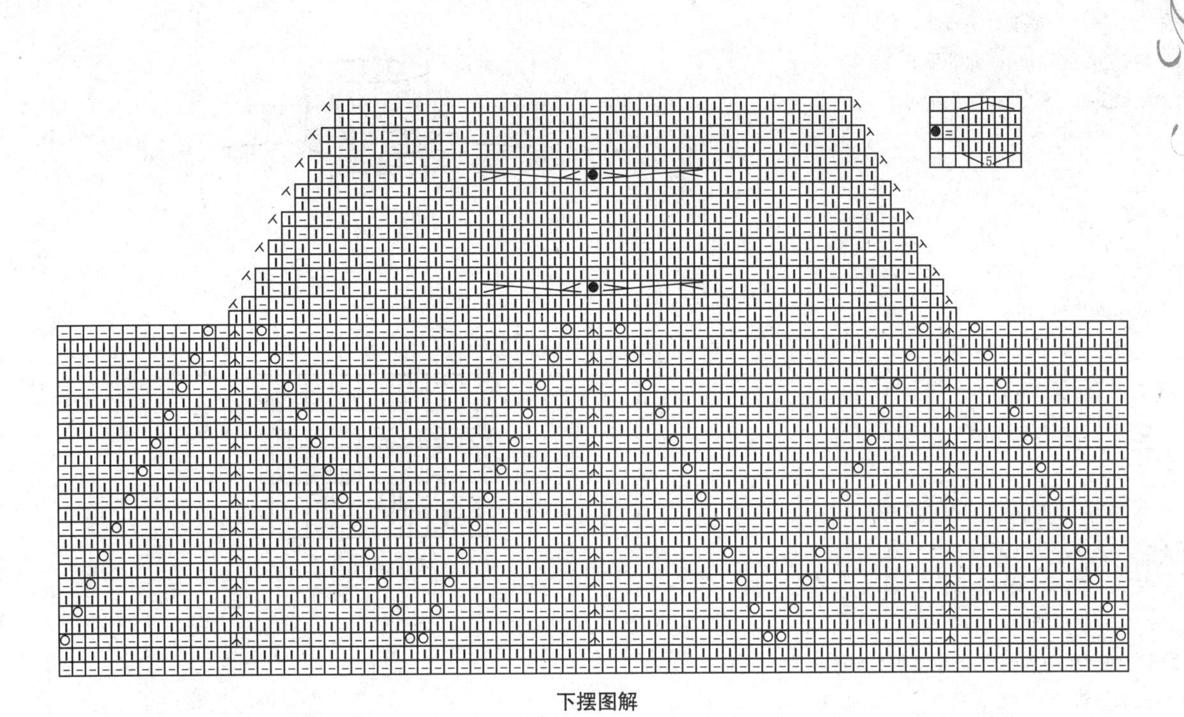

下摆图解

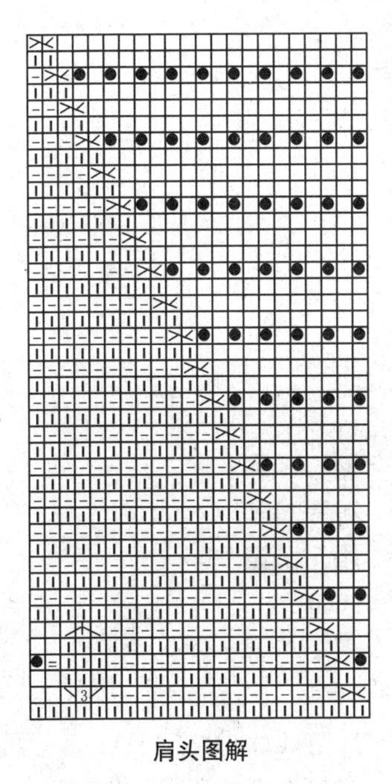

肩头图解

领口减针方法

编织简述：

织两个相同的衣片，在两肩头取相同针目缝合后，分别在两端挑针织两肋，在肋部缝合后，余针为袖窿口，在此处环形织正针并按规律减针至袖口；领子后挑织。

编织步骤：

① 用6号针起59针按正身排花往返织47cm形成衣片，共织两个相同大小的衣片，分别在肩部取15针缝合。

② 从两衣片的侧面各挑出168针往返织4cm扭针双罗纹后，分别取肋部48针缝合以连接前后片。

③ 余下的扭针双罗纹一次性减至48正针改织袖子，并在袖腋处隔11行减1次针，每次减2针，共减4次，至26cm处余40针改织21cm扭针双罗纹后松收机械边。

④ 两肩缝合后，余下的58针一次性加至80针环形织6cm扭针双罗纹形成领子，收机械边。

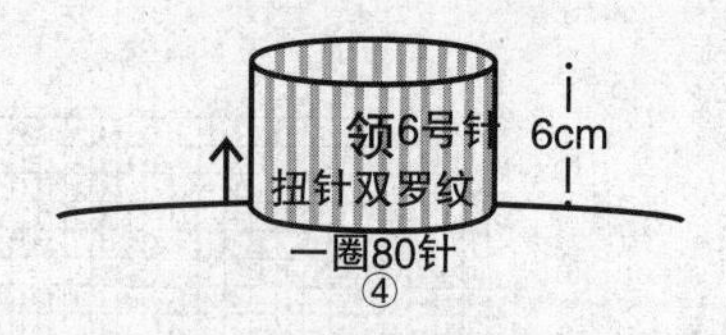

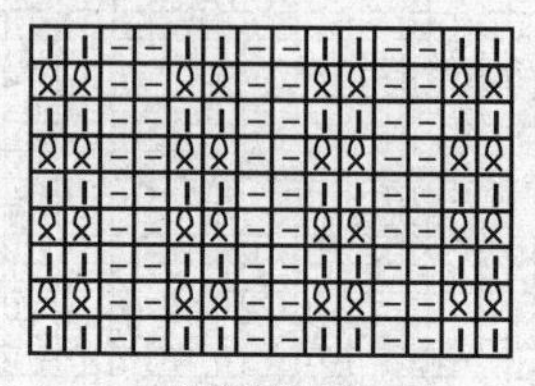

扭针双罗纹

正身排花：

12	8	1	17	1	8	12
正针	麻花针	反针	海棠菱形针	反针	麻花针	正针

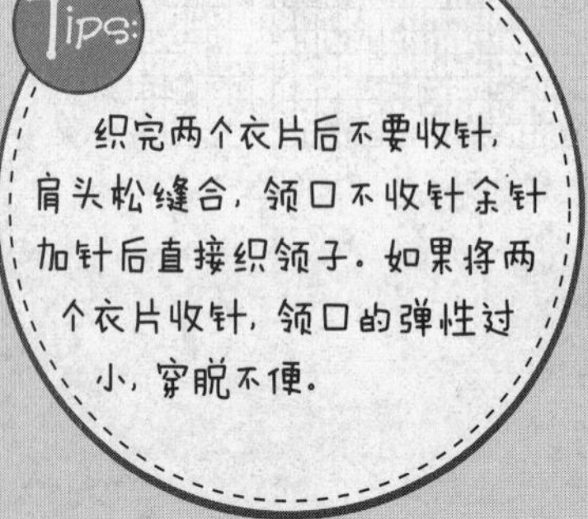

50

材　　料：
286规格纯毛粗线

用　　量：
450g

工　　具：
6号针

尺寸（cm）：
衣长47 袖长47（腋下至袖口）
胸围75 肩宽37

平均密度：
$10cm^2$=20针×26行

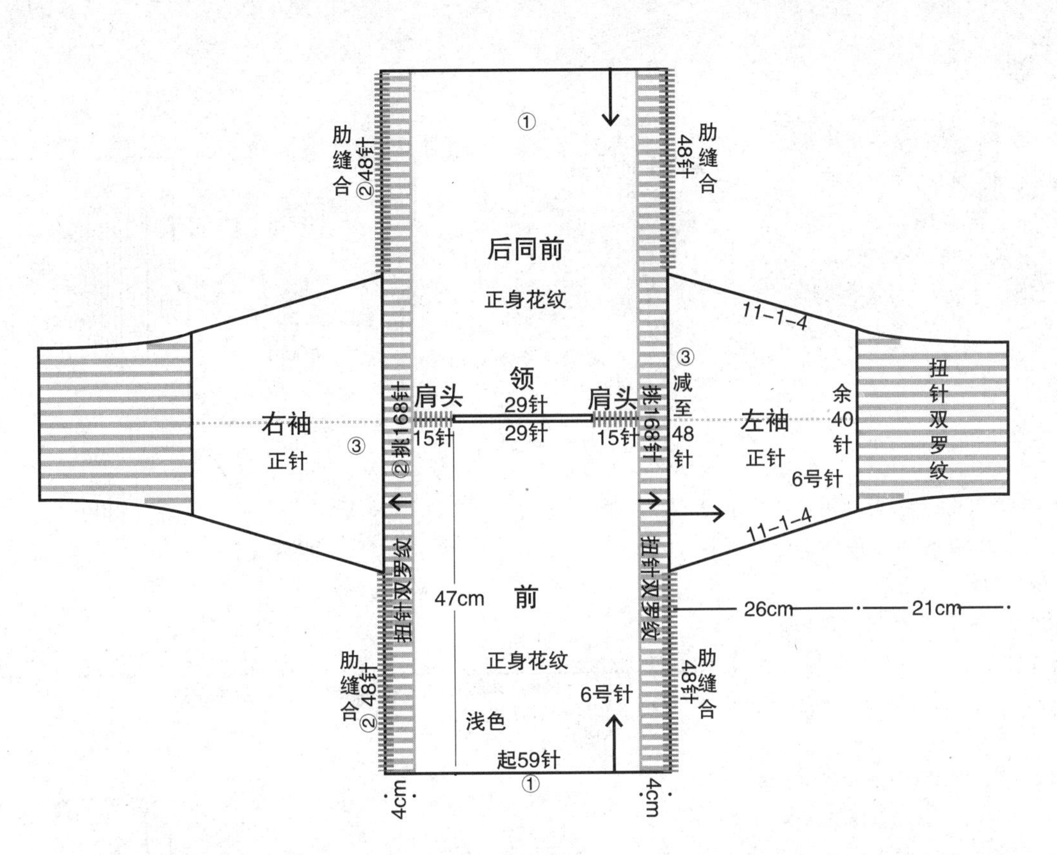
①
肋缝合②48针
肋缝合48针
后同前
正身花纹
11-1-4
右袖
正针
③
②挑168针
肩头
15针
领
29针
29针
肩头
15针
挑168针
③减至48针
左袖
正针
余40针
6号针
扭针双罗纹
11-1-4
扭针双罗纹
47cm
前
扭针双罗纹
26cm
21cm
正身花纹
6号针
肋缝合②48针
肋缝合48针
浅色
起59针
①
4cm
4cm

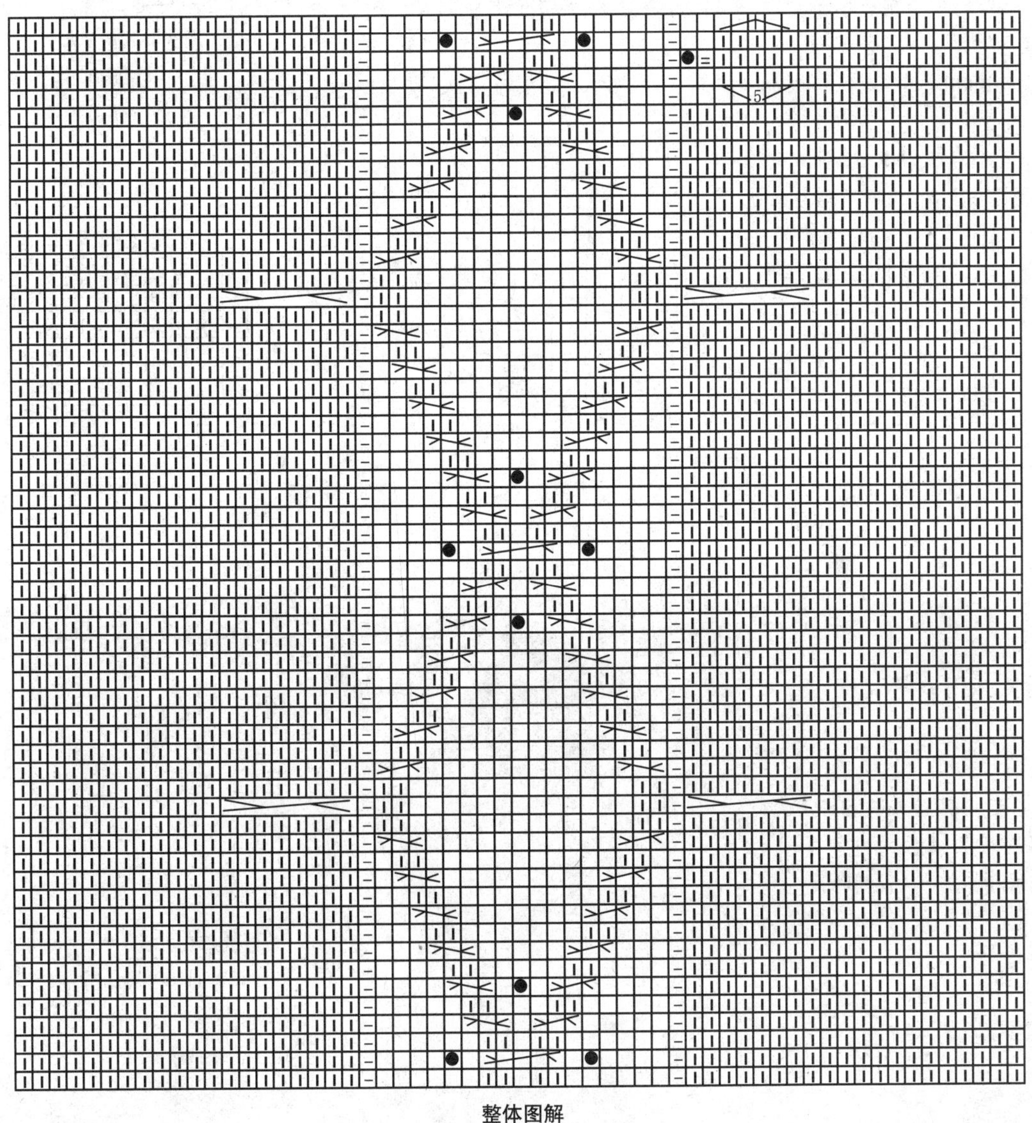

整体图解

编织简述:

从下摆起针后环形向上织，相应长后统一减针形成收腰效果，至腋下后减袖窿，领口后减针，前后肩头缝合后挑织领子；袖口起针后环形向上直织，统一加针后形成泡泡袖效果，减袖山后余针平收，与正身整齐缝合。

编织步骤:

① 用8号针起198针环形织2cm扭针单罗纹。

② 换6号针改织30cm水波纹后，一圈均匀减至128针改织3cm菠萝针。

③ 按正身排花向上环形织16cm后，16针花纹完全在右肩，向上直织花纹的同时减袖窿，①平收腋正中6针，②隔1行减1针减3次。

④ 距后脖8cm时减领口，①平收领正中8针，②隔1行减3针减1次，③隔1行减2针减1次，④隔1行减1针减1次。前后肩头缝合时，注意右肩比左肩略紧。从领口处挑出80针，用8号针环形织8cm扭针单罗纹后收针形成高领。

⑤ 袖口用6号针起40针环形织40cm扭针单罗纹后，统一加至80针改织4cm菠萝针后减袖山，①平收腋正中8针，②隔1行减1针减17次，余38针统一减至19针并紧收平边后，再与正身整齐缝合。

Tips:

由于右肩的花纹比左肩涨针，所以在肩头缝合时注意手法，比左肩略紧些，以保持两肩尺寸相等。

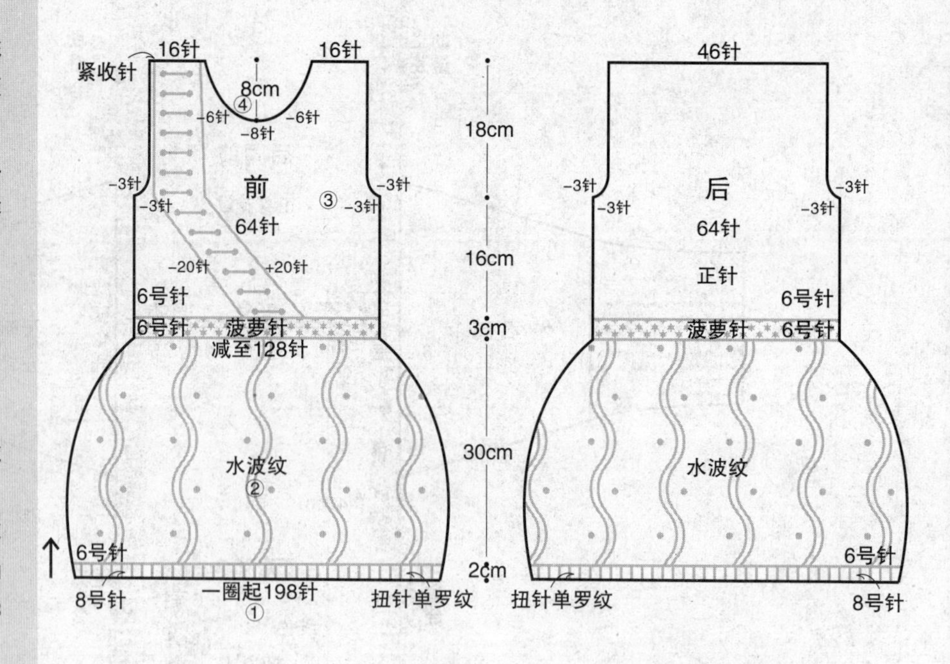

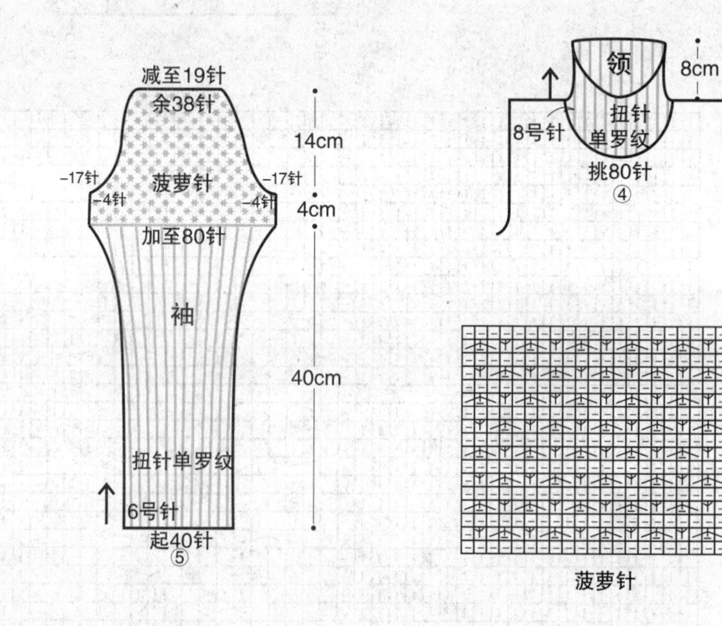

51

材　料:
278规格纯毛粗线

用　量:
550g

工　具:
6号针　8号针

尺寸（cm）:
衣长69　袖长58　胸围67　肩宽24

平均密度:
10cm^2=19针×25行

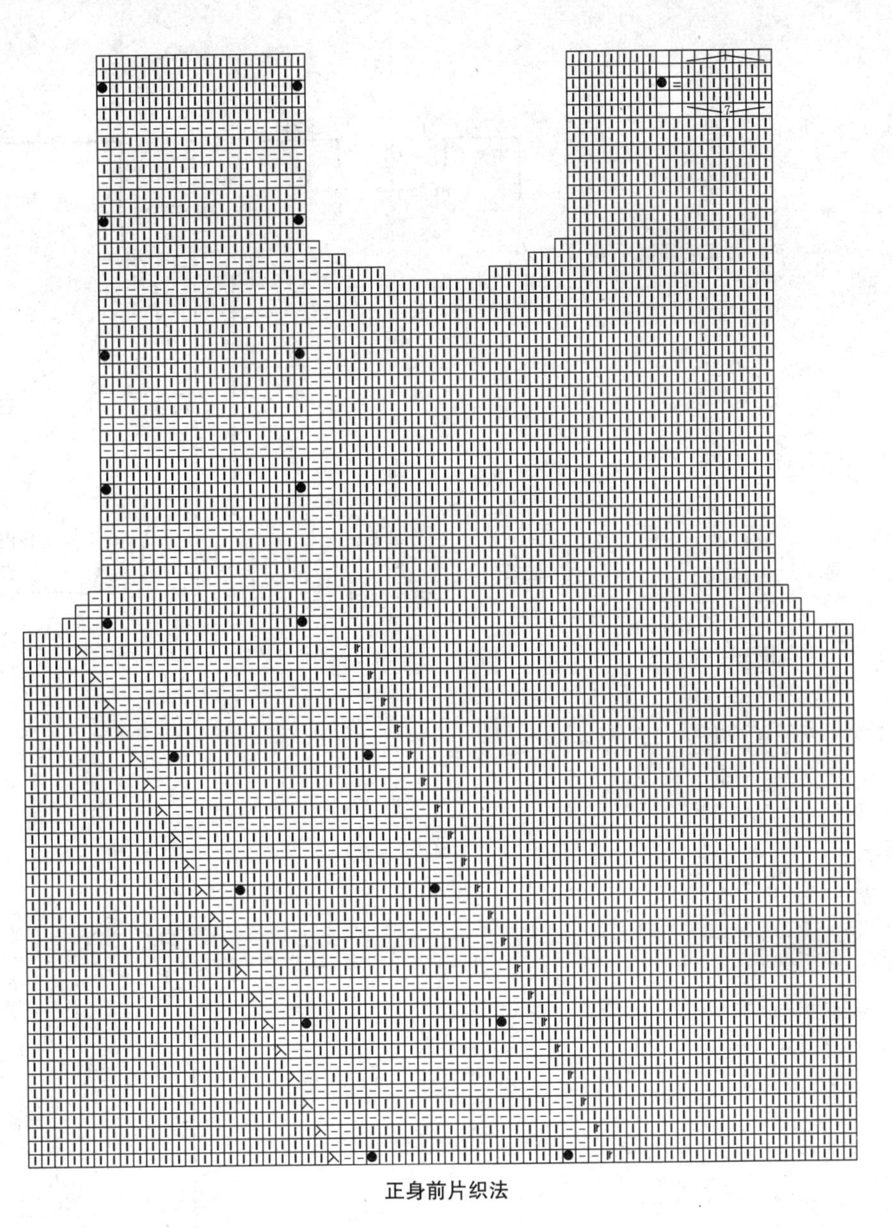

正身前片织法

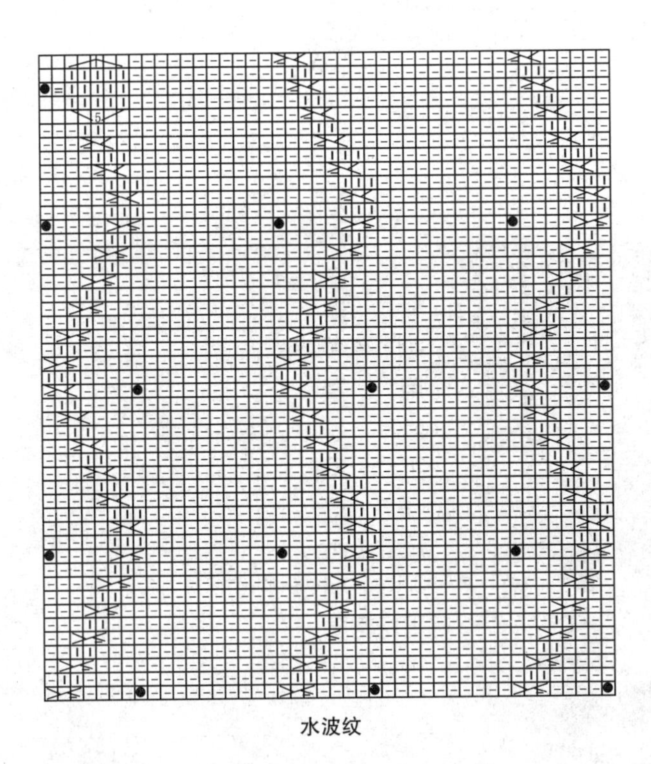

水波纹

扭针单罗纹

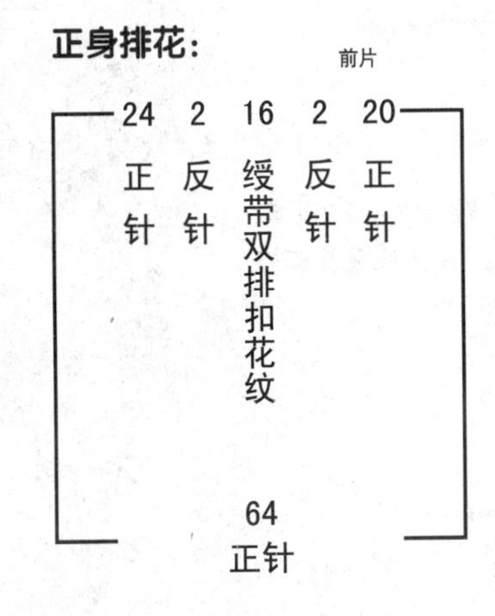

编织简述：

从下摆起针后按排花环形向上织，先减袖窿后减领口，前后肩头缝合后挑织开领；袖口起针后环形向上织，统一加针后至腋下，减袖山后余针不收针，继续向上织相应长后重叠固定再与正身缝合。

编织步骤：

① 用6号针起156针环形织10cm扭针单罗纹。

② 不加减针，按正身排花向上环形织32cm后减袖窿，①平收腋正中10针，②隔1行减1针减5次。

③ 距后脖7cm时减领口，①平收领正中12针，②隔1行减3针减1次，③隔1行减2针减1次，④隔1行减1针减1次，前后肩头缝合后，从领口处挑出101针，注意领口正中各重叠挑10针，用8号针往返向上织12cm扭针单罗纹后收机械边形成开领。

④ 袖口用6号针起44针环形织40cm扭针单罗纹后，统一加至66针改织6cm双元宝针后减袖山，①平收腋正中10针，②隔1行减1针减12次，余32针继续向上织16cm后平收，将多织出的部分重叠，整理成普通袖山形状后再与袖窿口整齐缝合。

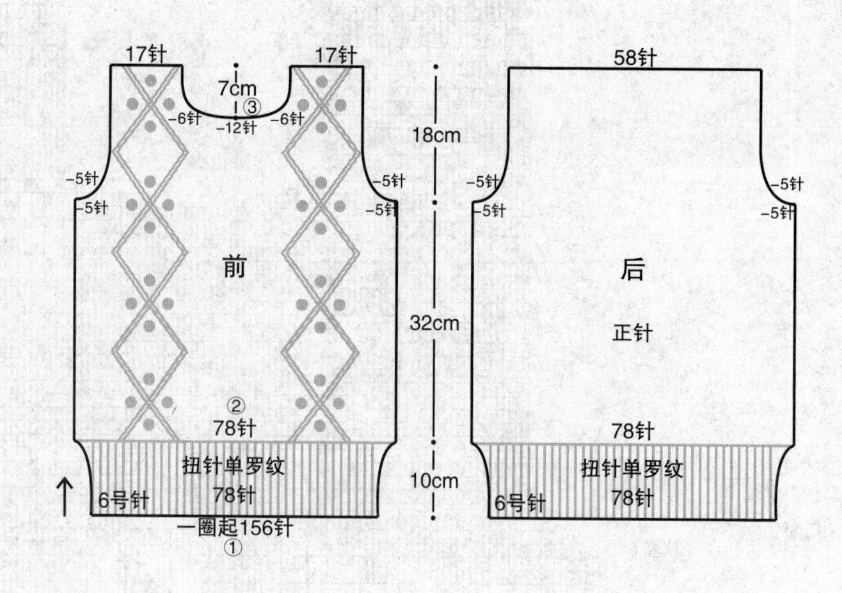

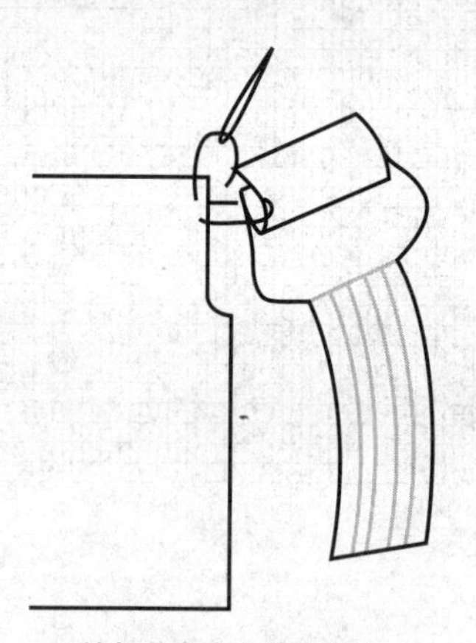

袖与正身肩头缝合方法

Tips:

双元宝针弹性大，仅用于局部或织围巾，用于织全身时注意计算密度。

52

材　料：
280规格纯毛粗线

用　量：
550g

工　具：
6号针　8号针

尺寸（cm）：
衣长60　袖长58　胸围78　肩宽29

平均密度：
10cm²=20针×24行

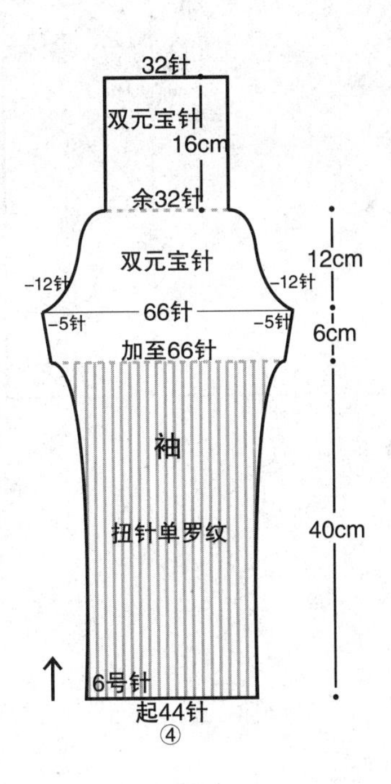

正身排花：

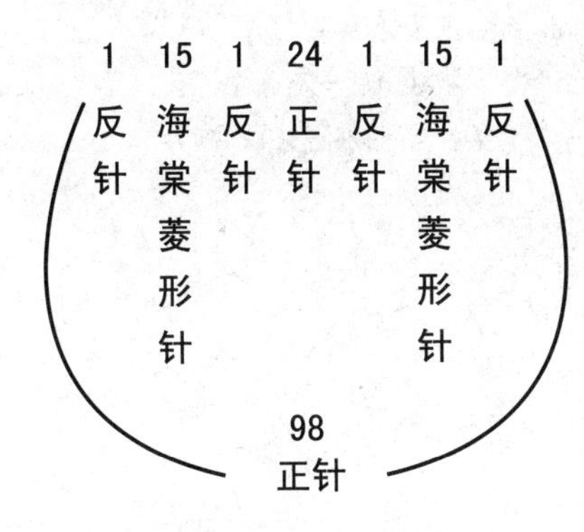

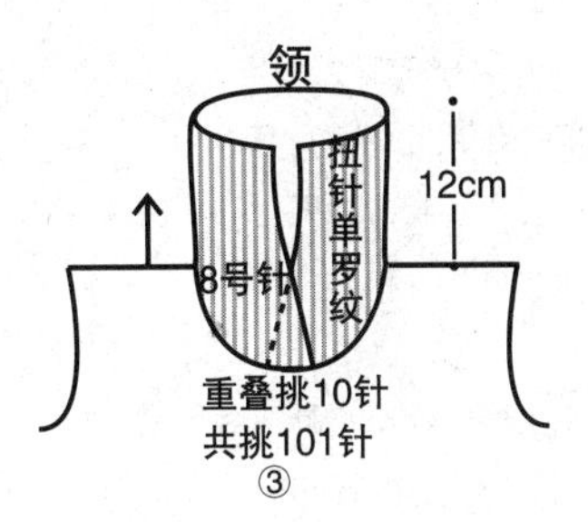

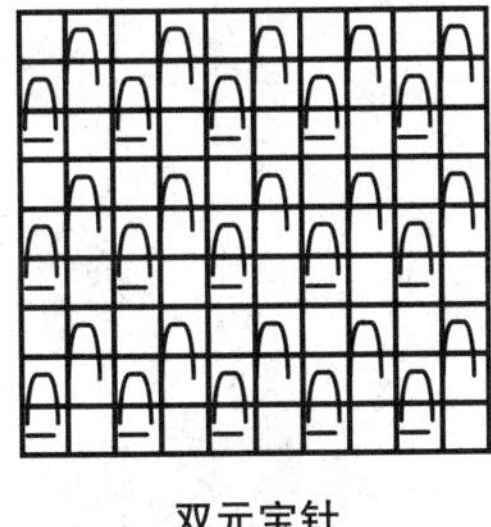

双元宝针

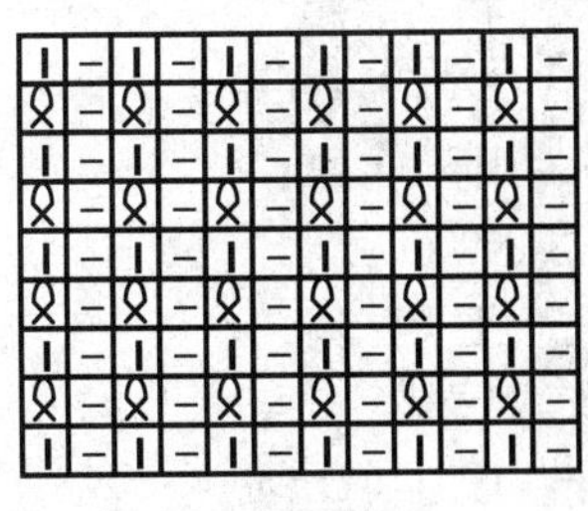

扭针单罗纹

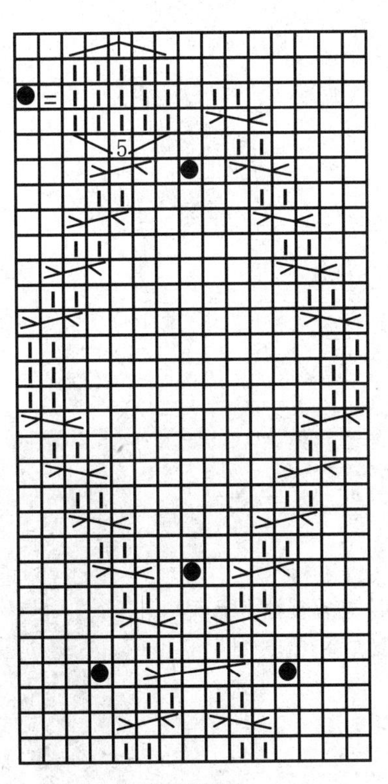

海棠菱形针

编织简述：

从下摆起针整片向上织，至腋下分针减袖窿后再减领口，余针不收针待织；袖口起针后按花纹织至腋下，减袖山后与正身缝合，余针与正身领及肩头针目一同挑起织领子。

编织步骤：

① 用6号针起200针按整体排花向上织大片。

② 至33cm时减袖窿，①取腋正中，在左右分别隔1行减1针减23次。

③ 距后脖9cm时减领口，①平收领一侧19针，②隔1行减3针减1次，③隔1行减2针减2次，④隔1行减1针减1次，左右前片所有针目被减光。后背比前面多减3针，后脖余针串起待织。

④ 袖口用6号针起40针环形织12cm扭针双罗纹后统一加至52针按排花不加减针环形织31cm后减袖山，①以正中的2反针为界分开，分别在两边隔3行减1针减12次，余28针不收针。

⑤ 将正身与袖缝合，从领口挑针，和袖山的余针串起并一次性减至60针织2cm锁链针形成领子，收平边。

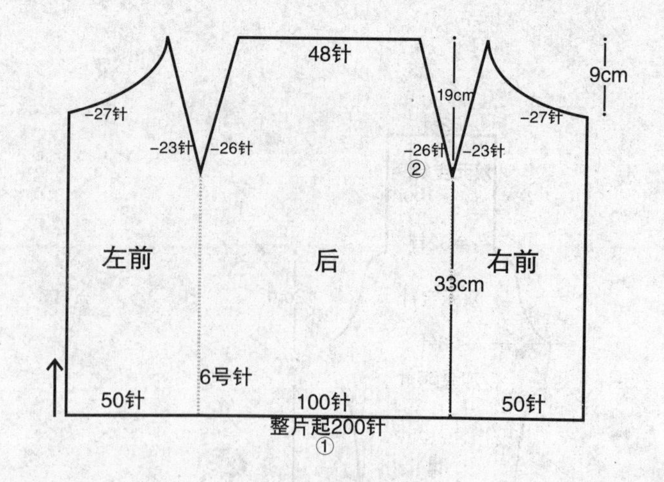

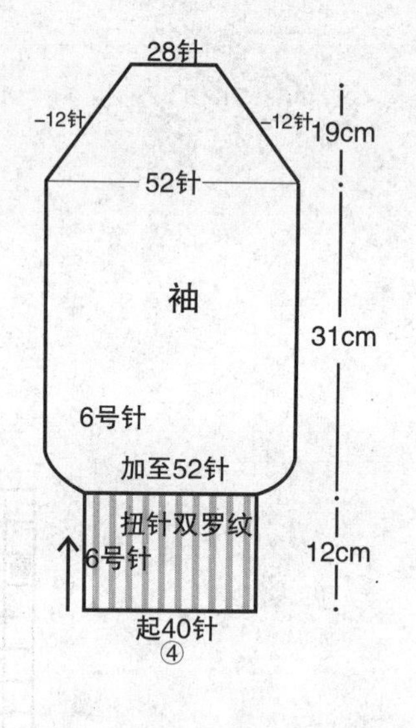

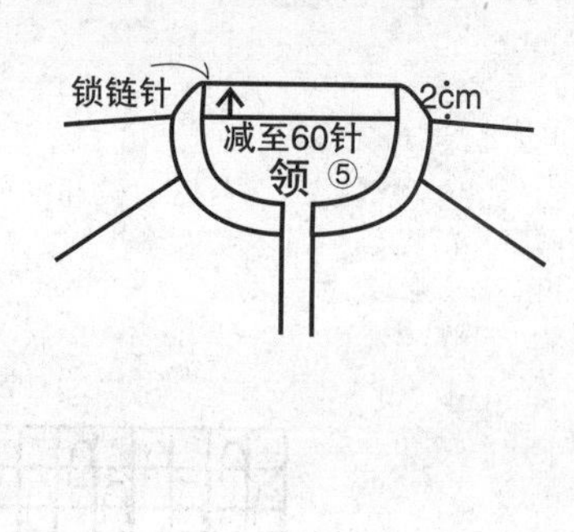

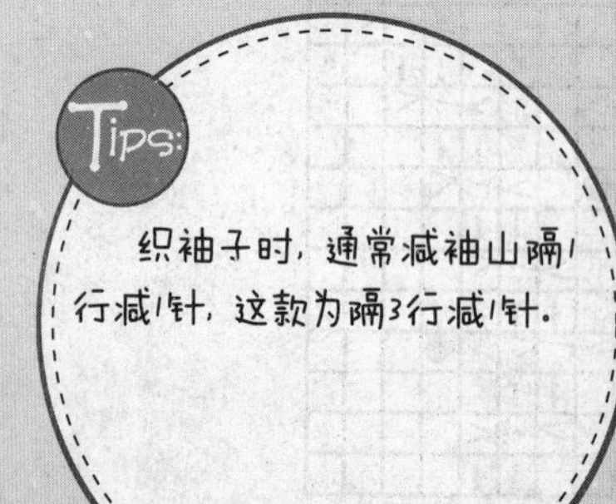

53

材　　料：
273规格纯毛粗线

用　　量：
600g

工　　具：
6号针

尺寸（cm）：
衣长52　袖长43（腋下至袖口）
胸围83

平均密度：
10cm²=24针×26行

袖子排花：

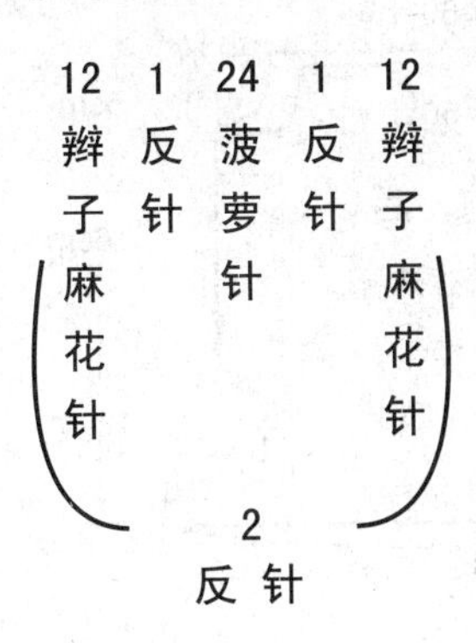

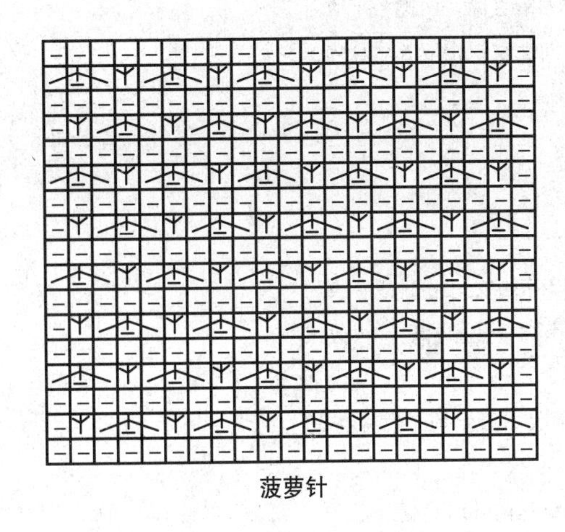

菠萝针

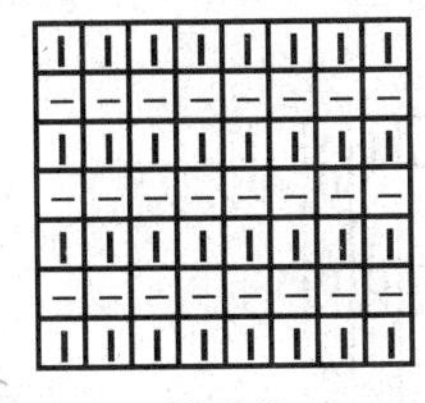

锁链针

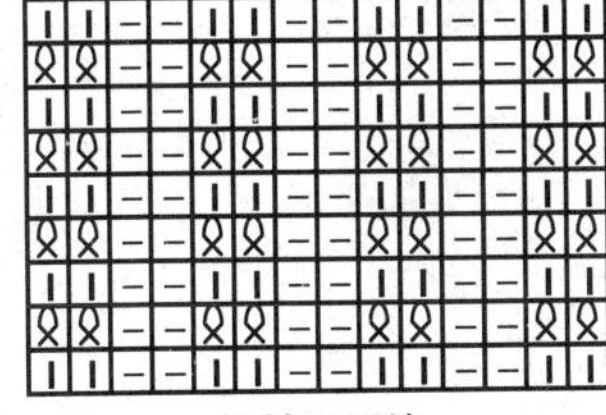

扭针双罗纹

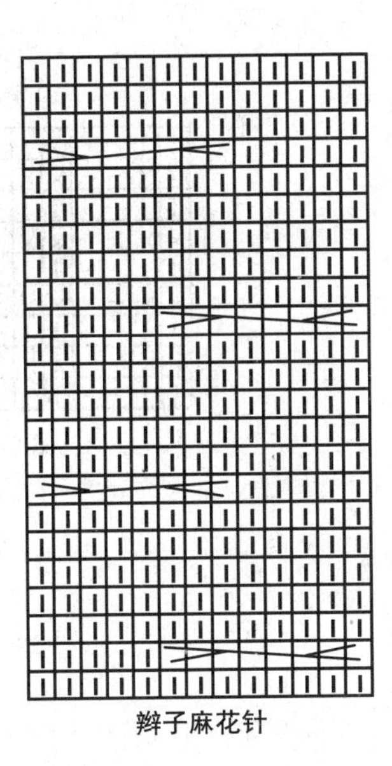

辫子麻花针

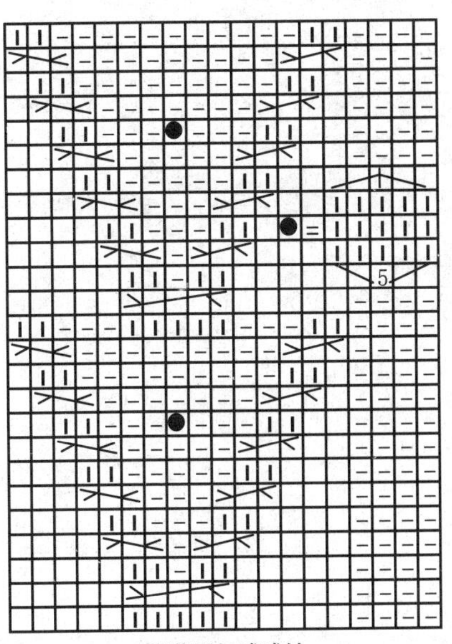

半菱形加球球针

整体排花：

2	16	1	12	4	13	4	13	4	12	1	36	1	12	4	13	4	13	4	12	1	16	2
正针	菠萝针	反针	辫子麻花针	反针	半菱形加球球针	反针	半菱形加球球针	反针	辫子麻花针	反针	菠萝针	反针	辫子麻花针	反针	半菱形加球球针	反针	半菱形加球球针	反针	辫子麻花针	反针	菠萝针	正针

编织简述：

按花纹环形向上织直筒，两侧各平收针后，前、后片余针向上直织相应长后从内部缝合。

编织步骤：

① 用6号针起180针环形织2cm扭针双罗纹。

② 不换针改织12cm绵羊圈圈针后，再改织16cm星星球球针。

③ 取左右各40针平收。只余前、后片各50针向上直织5cm。

④ 将前、后片的50针从内部对头缝合。

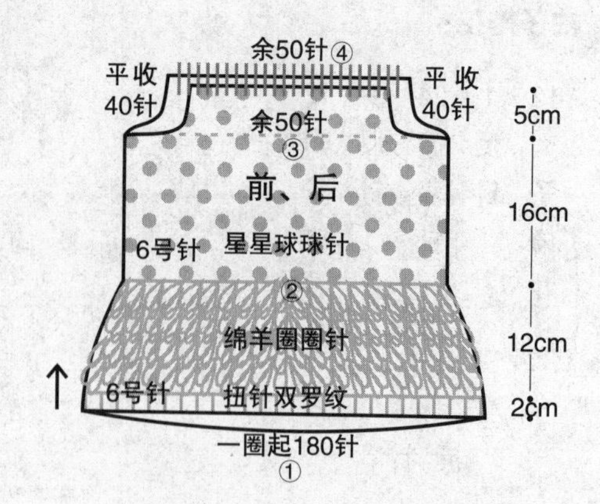

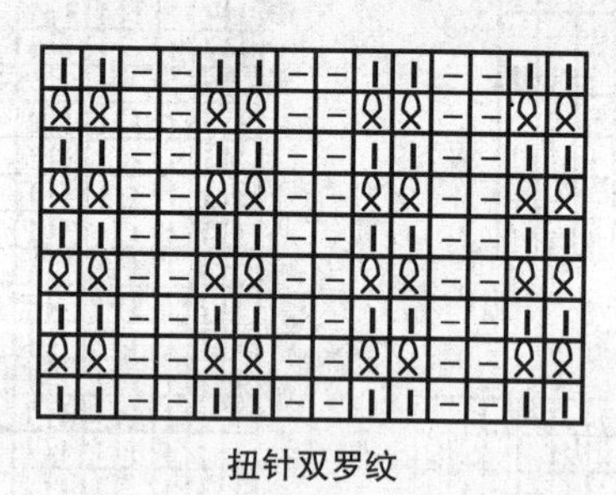

扭针双罗纹

54

材　　料：
278规格纯毛粗线

用　　量：
400g

工　　具：
6号针

尺寸（cm）：
以实物为准

平均密度：
$10cm^2$=18针×24行

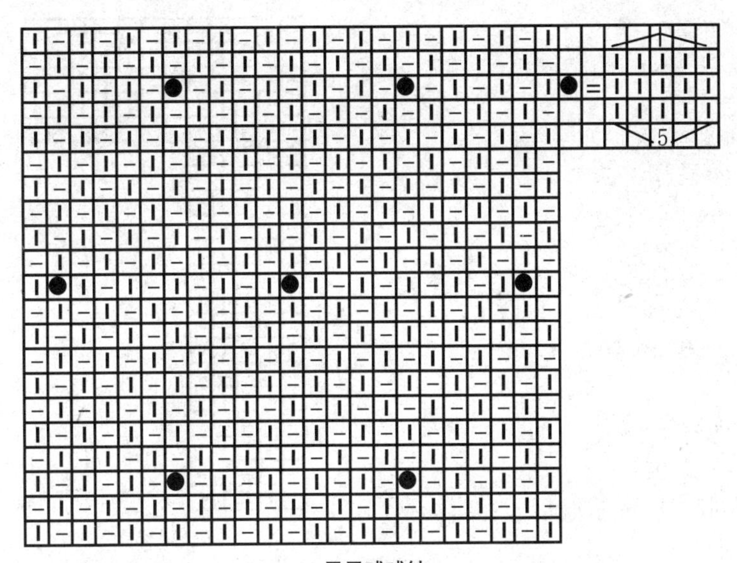

星星球球针

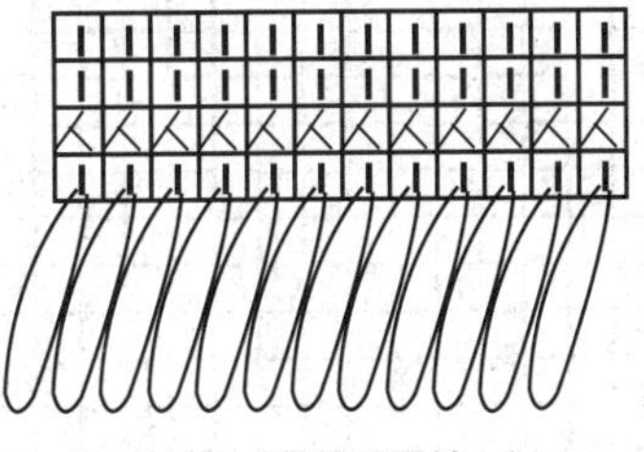

绵羊圈圈针

第一行：右食指绕双线织正针，然后把线套绕到正面，按此方法织第2针。
第二行：由于是双线所以2针并1针织正针。
第三、四行：织正针，并拉紧线套。
第五行以后重复第一到第四行。

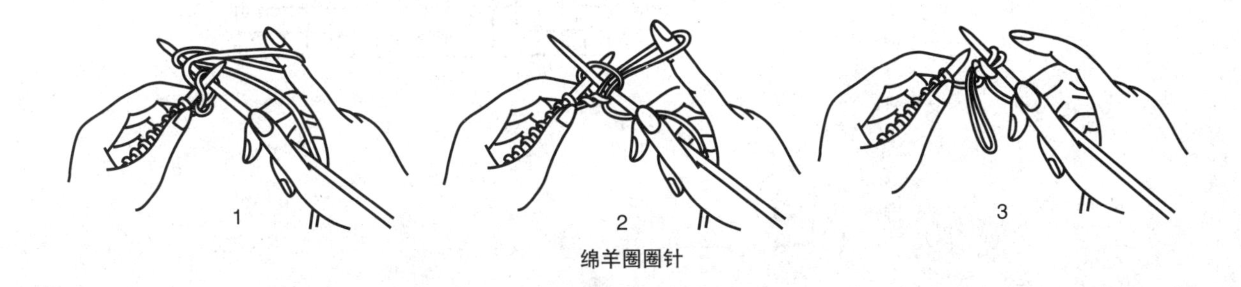

绵羊圈圈针

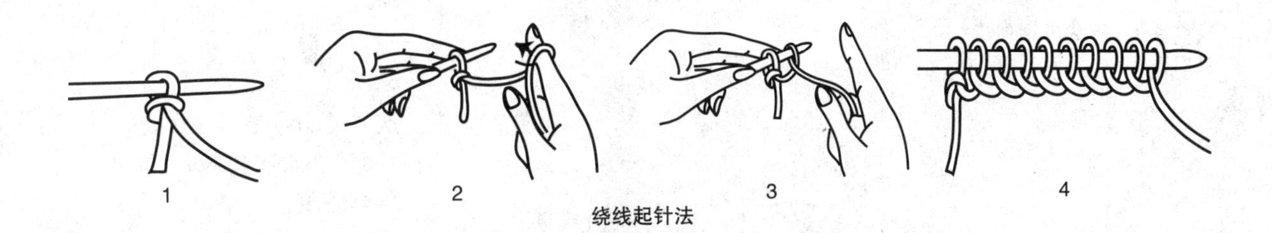

绕线起针法

编织简述：

从下摆向上整片织，至腰部统一减针织扭针单罗纹后织胸部，门襟针法不变。袖窿和领口同时减针，领后挑织，注意反面向外，领翻下后花纹在外；袖口起针环形织雨伞花后统一减针再统一加针，重复若干次后减袖山，余针平收，与正身整齐缝合。

编织步骤：

① 用6号针起181针，中间往返织171针雨伞花，左右各5针织锁链球球针。

② 至18cm后，将中间的171针统一减至139针织2cm扭针单罗纹后，改织正针。

③ 至18cm后减袖窿，①平收腋正中6针，②隔1行减1针减5次。

④ 减领口与袖窿同时进行，①平收一侧9针，②隔1行减3针减2次，③隔1行减1针减1次。

⑤ 领口用6号针挑起所有针目，第2行时统一加至200针往返织雨伞花，24行后，大约10cm后松收平边。注意翻领，花纹在内。

⑥ 袖口用6号针起60针环形织12cm雨伞花后，统一减至36针织2cm正针，再次加至60针改织10cm反针,然后再一次减至36针织2cm正针统一加至60针织10cm反针并一次性减至44针织正针，至46cm处减袖山，①平收腋正中6针，②隔1行减1针减12次，余针平收，与正身整齐缝合。

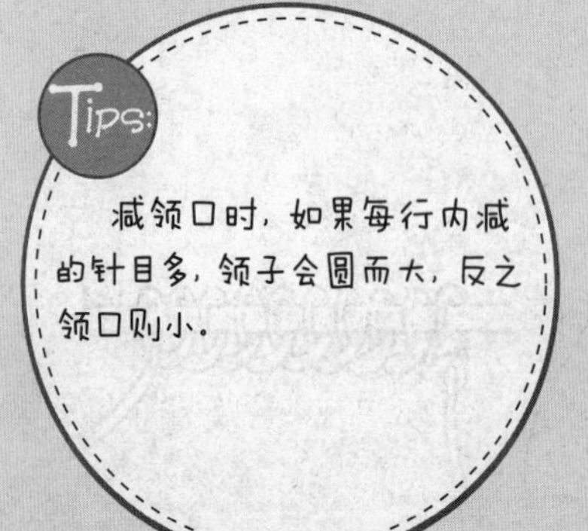

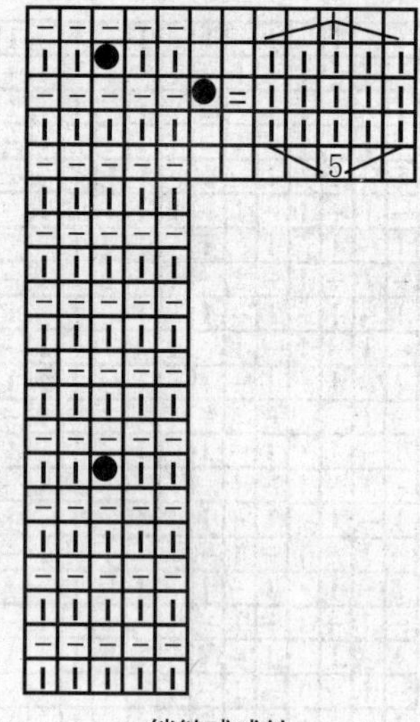

锁链球球针

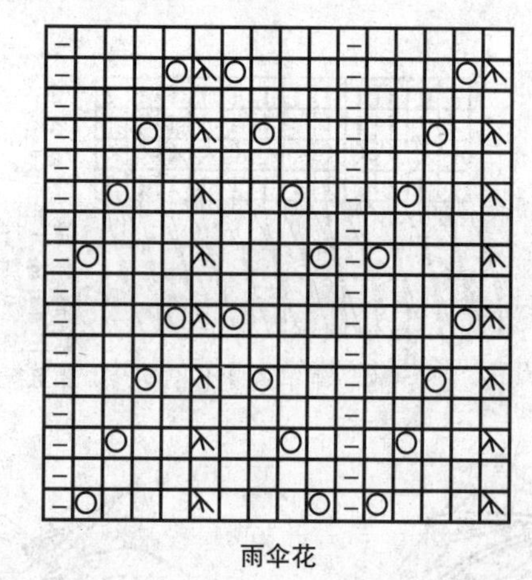
雨伞花

55

材　料：

286规格纯毛粗线

用　量：

500g

工　具：

6号针

尺寸（cm）：

衣长56 袖长58 胸围74 肩宽28

平均密度：

$10cm^2$=20针×24行

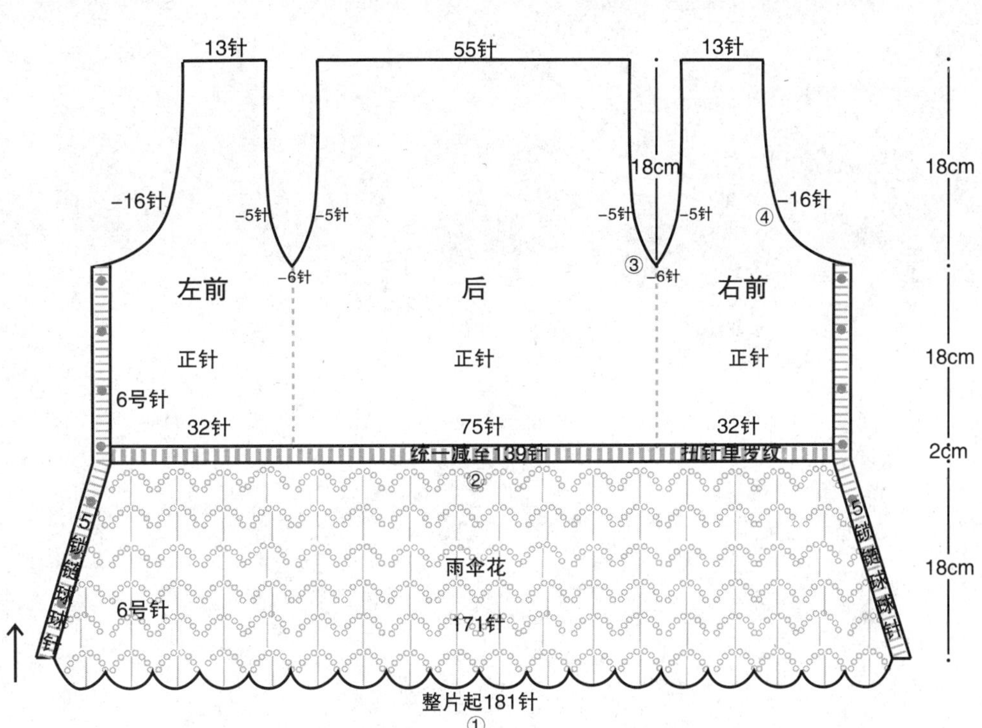
13针
55针
13针
18cm
–16针
–5针
–5针
–5针
–5针
–16针
④
18cm
③
–6针
–6针
左前
后
右前
正针
正针
正针
18cm
6号针
32针
75针
32针
统一减至139针
扭针单罗纹
2cm
②
雨伞花
18cm
6号针
171针
整片起181针
①

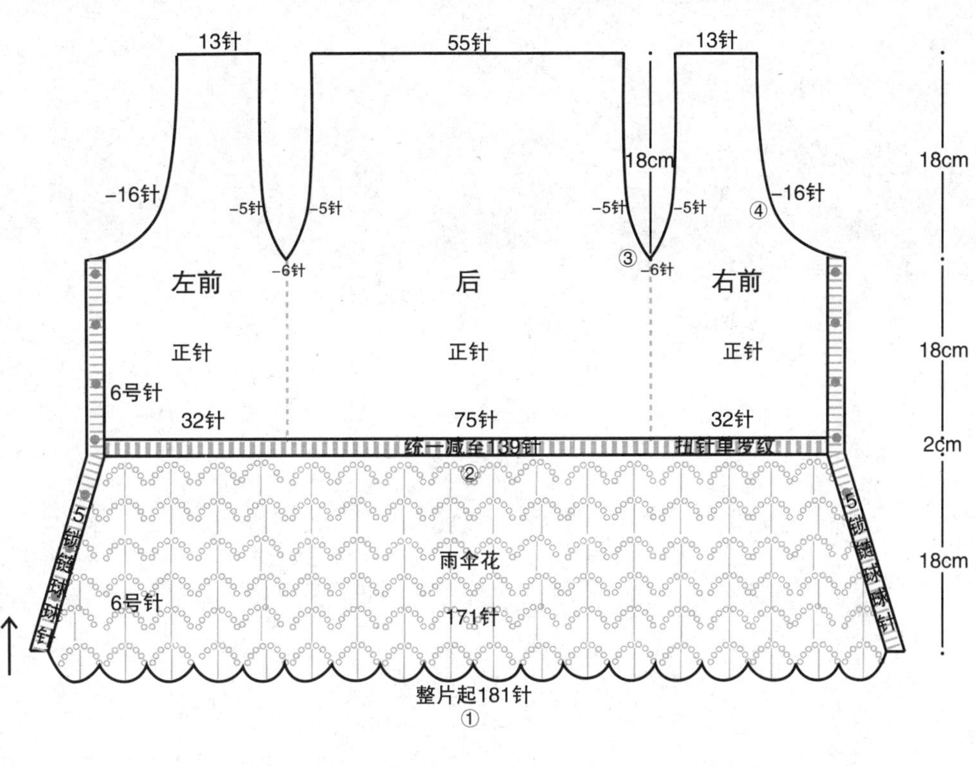

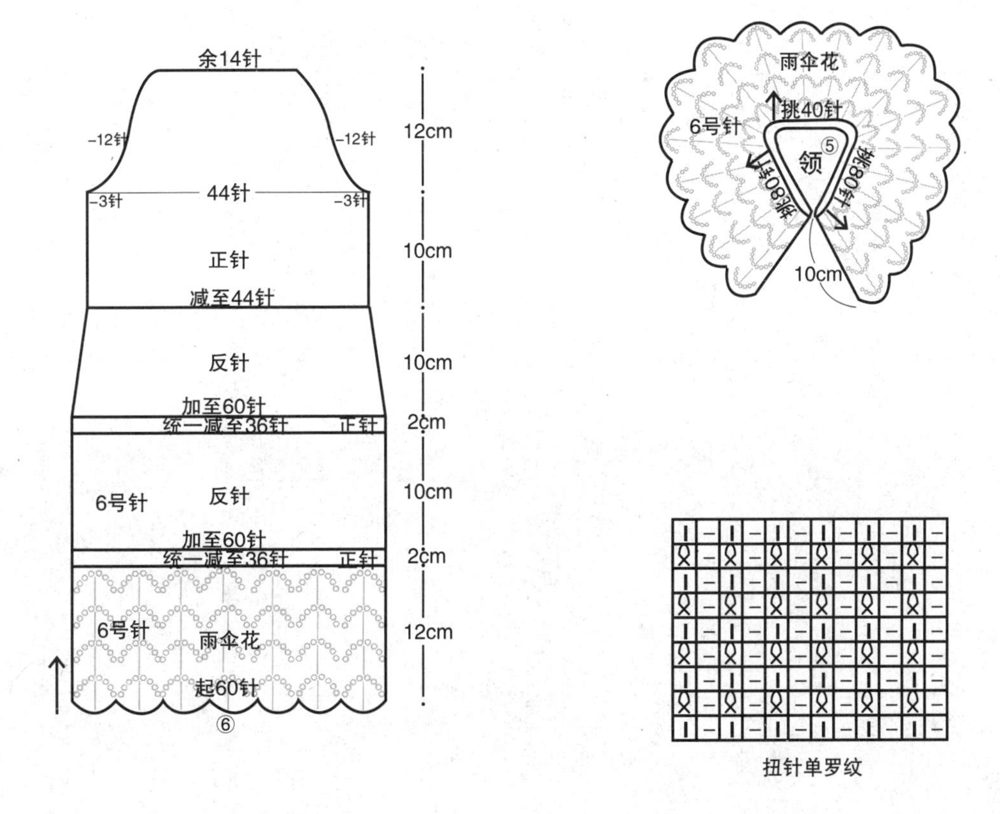
余14针
12cm
–12针
–12针
–3针
44针
–3针
正针
10cm
减至44针
反针
10cm
加至60针
统一减至36针
正针
2cm
6号针
反针
10cm
加至60针
统一减至36针
正针
2cm
6号针
雨伞花
12cm
起60针
⑥
雨伞花
挑40针
6号针
领⑤
挑80针
挑80针
10cm
扭针单罗纹